中国兵器史稿

周 纬 著

中华书局

图书在版编目(CIP)数据

中国兵器史稿/周纬著. —北京:中华书局,2018.1
(2021.5 重印)
ISBN 978 - 7 - 101 - 12416 - 3

Ⅰ.中… Ⅱ.周… Ⅲ.武器－军事史－中国－古代
Ⅳ.E92 - 092

中国版本图书馆 CIP 数据核字(2017)第 008990 号

书 名	中国兵器史稿
著 者	周 纬
责任编辑	傅 可
出版发行	中华书局

(北京市丰台区太平桥西里 38 号 100073)
http://www.zhbc.com.cn
E-mail:zhbc@zhbc.com.cn

印 刷	北京瑞古冠中印刷厂
版 次	2018 年 1 月北京第 1 版
	2021 年 5 月北京第 2 次印刷
规 格	开本/880×1230 毫米 1/32
	印张 16¾ 插页 2 字数 220 千字
印 数	5001 - 8000 册
国际书号	ISBN 978 - 7 - 101 - 12416 - 3
定 价	39.00 元

目　录

Zhongguo Bingqishigao

插图目次（共一百二十八器）

图版目次（共八百五十四器）

凡　例

一、本书未列参考书目，因三十余年以来参阅之中文、日文及英、法、德、意等文关于亚洲兵器之著作，为数实巨，势难悉数采列。故于各图版各插图每一器之上，注明来源及参考之书，并于文字内，或于页尾，随时注明中外参考书之原名，以备读者搜求研究，即此已不下二百余种矣。

二、凡外国人名及个别地名注以西文原名，以便查考，但以一次为度，屡见者不屡注。

三、图版及插图中所列各器，有系实大者，则注以实大。但印刷时缩小者，不符实大，故加注长短尺度，以免有误。

四、图版所示实物共八百五十四器，插图所示共一百二十八器，两共九百八十二器，除前人所拟理想图数十器外，其余九百数十器,均系中外博物馆、图书馆、皇宫及私人藏器,内有百数十件,系清乾隆藏兵。以上九百数十器中,尚有从未影印公开,系由著者出资首次摄影量度公之于世者。对于各方襄助及惠赠影片之热忱,于此竭诚表示感谢之意。读者有此九百数十器之图形及摄影,不啻身入中国兵器历史博物馆中一游,虽不完备,系统则未敢或乱也。且中国古兵之较佳较美者,有已入外人之手,亦可于此书中见其形象。

著者

导　言

　　一民族固有之兵器,实与其人种、文化、历史、科学、美术、技艺,及其民族之消长生息强弱盛衰,有密切之关系。是以世界各国,既有古兵博物馆之设置,以资观感,复各有其兵器史,以利学者及军人之研究,并供人民阅读。吾国兵器在商周已臻发达,惜无著述遗留,汉人所著之《考工记》承周代文化之后,对于合金之术尚有所昭示,但亦略而不详,且仅及周末之兵器。自汉以来,以迄于今,除宋曾公亮之《武经总要》及明茅元仪之《武备志》图示宋明两代所用兵器尚详外,其他关于兵器之著述,大都不出商周二代兵器之范围,仅《金石索》采纳较广,《西清续鉴》稍列西北回蒙二族之兵器耳。推原其故,一则因发掘之事业未盛,商以前之铜兵尚无出土者,而石兵之出土又系近年之事,故前人论兵,其远不能超越商周,亦事实之所宜然。二则因铁兵发生,周末仅有萌芽,而铁质易腐,且无铭文,海内藏兵家多不及汉以后之物,或存有三代以下非古之见解,然亦因实物不多及不佳之故。至于边疆各民族,如蒙古、回、藏、苗、瑶、彝、羌,及"戎""番""夷",以及缅甸、马来等族之古兵器,均有可观,且早已见知于世,帝国主义者劫夺甚多;海内人士则收藏尚少,历代以来从无注意及此者。清高宗之收入十数器于《西清续鉴》,尚属创举,但无继响者。盖因畴昔藏器之士,存玩古之见者较多,既以三代为古,复专重铭文花纹及器形之考较,遂偏重器之外表,而对于三代铸造之术及科学艺术之实质反少研究;三代以后之器更无论矣,边疆各民族之器更无论矣。清代海通以后,实学之思想渐盛,故清儒之论周代兵器,一祛从前附会神奇之说,而以实物为著论之根据,如程瑶田其翘楚也。程氏所著《通艺录》中之《考工创物小记》,对于周代长兵、短兵及射远器,如戈、戟、剑、匕首、弓、矢之类,均一一为深切详晰之研究,庞然巨籍,并无一语涉及神奇怪诞之说,或虚无附会穿凿不经之语,此诚清季儒者渐重实学之明证,而为前人之所不及,后人之所宜致其钦迟者也。嗣后趋重科学,考古之学盛,著书立说之士日多,对于兵器一端不乏知言之士。如陆懋德之《中国上古铜兵考》上篇①,对于钺、戚、斤、戣、瞿、戈、戟、矛等古长兵,解释考据颇周(仅戟形有误),

---

① 见北京大学《国学季刊》,第二卷,第二号,一九二九年。

且图示其装柄使用之形,巧具匠心。马衡著之《戈戟之研究》一文①,图示戈戟之形式及附件,及所仿造之柲(拟图有误)。一九三一年郭沫若著之《殷周青铜器铭文研究》内有《说戟》一文,图示戟之形及其装柲之形,纠正马衡之主张,图形大有不同。一九三二年李济著《殷虚铜器五种及其相关之问题》及一九三一年著《俯身葬》二文中有《勾兵之研究》②,证明商及周初之戈,胡均甚短,多半连胡亦无之,雕戈只是戈之一种,《考工记》的戈至早不过是周末之戈。一九三二年广州黄花考古学院之《考古学杂志》,载有胡肇椿著之《戟辨》,以广州木塘岗出土铜戟,辨正马衡说戈戟同为一物之误。一九三五年《中央研究院历史语言研究所集刊》第五本第三分载有郭宝钧著《戈戟余论》一文,根据河南辛村卫墓出土之铜戟十五具,及汲县出土长胡戈十余事,证明程瑶田初年所说之戟不误,及阮元《揅经室集》中所载龙伯之可信,于是戈戟之形大明,装柄之式亦定,自此可以毋庸再辩,诚如郭沫若氏所谓实物为论断之主体也。又如一九三四年徐中舒著《弋射与弩之溯源及关于此类名物之考释》一文③,亦可继《玉海》诸古籍之后而为古式射远器加一旁证。以上为今人图列及研究兵器大致也。但三代以后之兵器,仍鲜著述,且少实物;汉、

---

① 见《燕京学报》,第五期,一九二九年。
② 殷虚,即殷墟,虚同墟。勾兵,或作句兵。
③ 见《中央研究院历史语言研究所集刊》,第四本,第四分。

晋、六朝、唐、五代、宋、元、明、清两千年以来（舶来品除外），吾中华民族固有兵器之变迁沿革，其铸造如何递变，其形式如何更易，其历代制造所受外族影响如何，其向外发展传播之势力范围如何，均无所考焉。著者于此困难过程中，曾向全国各省各县之博物馆、图书馆、各大学、古物陈列所、民众陈列所，以及其他公私收藏兵器之处所及人士，兼及蒙、藏、回，及苗、瑶、彝诸民族，征求自汉以下以迄清季之中国兵器摄影或图形，以及关于兵器未知之著作；一征不应再征之，且曾函请各方相助为理而自行担负各种费用；如是者劳劳十数年，甚至大庙丛林之藏有古兵者，亦不舍置。今者检查所获结果，尚并非各代均有，虽一切旅行及摄影等费，均由著者担任，尚有吝不肯摄，或置诸不理，或诮为多事者。甚矣，吾侪学者专门研究之难也。因《亚洲古兵器图考》①之编辑，先成中华民族古兵器一集，名曰《中国兵器史稿》问世。碌碌三十年，所得仅此！因略述经历甘苦及编述旨趣以代导言。

---

① 作者遗稿《亚洲各民族古兵器考》及《亚洲古兵器制造考略》合为一本，以《亚洲古兵器图说》为题，一九九三年由上海古籍出版社出版。

第一章　石兵

（角、骨、蚌、玉兵器附）

第一节　原始石器时代及旧石器时代之石兵

原始人类，工兵不分，石器即石兵也，以石片斫物则为器，以石片格斗即为兵。故叙述石兵，应自叙述石器始，石器明则石兵亦明矣。石器时期之年代，颇难为准确之估定，尤其原始石器时代，在真原始人未确定以前，实难限定其年代也。若依各国考古学家普通估计之法，则可假定新石器时代约在距今七千年至九千五百年之间，旧石器时代约在距今九千五百年至四十万年之间，再远则为原始石器时代。但其间尚有区域问题，恐亦未可一概而论也。

原始石器时代之石器，现在出土者颇少，故尚未能为各期之分析。至于旧石器时代之石器出土者既多，欧洲人曾为之分期如下：

旧石器时代前期分为舍利（*Chellean*）文化期及阿雪利（*Acheulean*）文化期。

旧石器时代中期名为摩斯特林（*Mousterian*）文化期。

旧石器时代后期分为奥利那西（*Aurignacian*）文化期、梭鲁特（*Solutrean*）文化期及马格德林（*Magdalenian*）文化期。

旧新两石器时代过渡期名为阿奇林（*Azilian*）文化期。

各期之名字，均由欧洲地名而出，但因已成习惯，故他洲如美洲、亚洲等处之考古团体，掘出石器，亦皆援引上列诸时期，以相附合，以相比拟。法国考古学家德日进（Dr.Teilhard de Chardin）、桑志华（E.Licent）、步日耶（H.Breuil）诸氏，在中国各地发现旧石器时代之石器，亦均举以与上述诸期相比拟而定其年代。近年荷兰人在爪哇发现"爪哇猿人"或"爪哇人"，及前期旧石器时代石器，欧洲考古学家亦均认为与舍利文化期之石器因同式而同期。

吾人苟欲认识上述各期石兵之特性，以便手执一器，即可分辨其期代，而为发掘时或鉴定时之标准，则不可不知此各期石器之形式及制造之法。兹为介绍如下：

在旧石器最古之舍利文化期中,几于只有一种石器,法人呼为石拳,英人称为手斧。其形式至为简单,亦甚易辨别,大都系天然石块,略如中国端阳节所食之短体肥胖之粽子形,边上当然凸凹不平,底部稍圆而较为平整,半系古人挑选之故,半系用多磨平之故。此种老石兵,欧洲最多,在小亚细亚与中亚细亚各地亦有出土者,在中国出土之旧石器时代之石器中(如周口店等处出土之石器)则未曾见及,说者谓此可为中国人种非从西来或中西不同源之一证。阿雪利文化期出土之石兵较多,可分为石刀、石刮等类,不难一望而可辨别其形式,但其制造之技术仍甚为简陋,较之舍利期并无改进,仅将天然石子敲去其碎片而用其中心石核耳。降至摩斯特林文化期,虽然石器仍形粗陋,但其技术已有进步;因不但利用石心(石核),且已知同时利用敲下或落下之石片制器,而制造之方法亦已较上两期为进化。盖在上两期中,制造石器之法,系以石击石,去其碎片,留其中心,可谓一击或击一次而成;摩斯特林期之石器,则须再击始成。其法系选择石子之一面或一点而敲击之,一击即可获得大小合意之石片,石片敲下之后,再将石子敲击以成器,且整齐其边角,使成锐利之边锋。是以摩斯特林期石器制造之特点有二:(一)将撞击的力量缩小在石之一点。(二)再击或二重手工之打琢。奥利那西文化期的石器与摩斯特林文化期的石器大致无甚差别,然亦小有不同之点,此系先后人工差异之故,欧洲考古学家大都能辨别。再降至梭鲁特期,则石兵及他种石器之制造尤形进步,已有两面边锋,犹如制刀者已能制剑矣。迨至马格德林期,制造石器之技术更加长足进展。从前制作石器系以石击石而用其中心石核及碎片,其始仅一次打击,其后则多次打击,击而后琢;马格德林期石器之制造,已知利用居间器击打,而不复以石块击石块。譬如斯时燧石器之打击,均曾经过一种中间媒介的工具,如石凿、石钻、石锤之类,而不直接用力打击其石块;是以马格德林期之石器,其体积面积均能大小如意,制成各种不同之器具。斯时人类之知识已大形进化,可谓已有科学观念,因吾人至今亦尚沿用此种方法凿石也。至于阿奇林期,系旧新两石器时代之过渡时期,有人名之为中石器时代,亦有人名之为尾旧石器时代。在此时期中,马格德林期的艺术已不复存在,系另以么石器(日人译为细石器,即含有结晶成分之小火石所制之石器)代表斯时制作之石器,此外并无他种特征。

就骨角等器言之,人类自有生以来,即知利用此等俯拾即是之天然兵器。至前后旧石器时代,骨角器使用的范围愈形扩大,可为其时代之又一区别。在舍利期及阿雪利期中,是否仅用天然骨角为器,或已知加以人工制作,虽尚不能断定,但曾经使用骨角兵器则毫无可疑。降至摩斯特林期,则确知业已开始人工修制骨角器,但其形式及使用范围是有限制的,颇为简单,其制造之技术当然亦甚简陋。至奥利那西期,则人工进步,遗有以鹿角制成之骨针及他种骨器甚多，恐已有骨镞之可能。再迟至马格德林期，则骨器之种类愈多，制作的技艺亦愈形进步，因斯期之人类已知利用间接琢击刻划之工具也。至新石器时代之前，阿奇林期中，则斯时驯鹿业已绝灭，鹿角制器因以不见，而骨器制作的艺术亦复呈衰落之现象。就美术方面言之，绘画及雕刻之遗迹，在西欧前旧石器时代之遗迹中，尚无确定之发现；在奥利那西期中，则确已发现雕刻及造型艺的开始；降至马格德林期，则最初的艺术已达最高之成就。此种自然形象之造型艺术成为旧石器时代之动物画家及雕刻家之专长，实为人类史上之特彩①。

中国近十余年以来，发掘之工作渐盛，各地出土石器颇多，时有所闻所见。但旧石器之出土者，仍以东北及西北诸省为著，西南亦略有发现，中部及长江流域尚只有新石器出土，广西则最近曾发现中石器时代之石器②。今就现有之出土物，比照欧洲分期法，而分别中国旧石器为：

前旧石器时代　前期周口店文化；

_____

① 参阅法国考古学家拉德(Lartet)、皮野特(Piette)及步日耶诸氏关于旧石器时代艺术之法文著作。

② 沪江大学慎微之君于一九三七年春间，在上海亚洲文化协会讲述伊于一九三四年大旱时在浙江湖州距太湖之南七英里之漾湖涸底掘出石镞、石刀、石斧、石钺、石匕首、石剑、石矛头、石标枪、石锤、石铲、石锄、石凿、石镰刀、石锥、石棒以及石楔、石磨盘、石匙、石沟槽、石纺锤用圆轮、石舂臼等器，据云其中有旧石器时代之物。但慎君尚未公布其器物图形及报告，故未敢断定是否确有属于新石器时代以前之物。

后旧石器时代　后期周口店文化及河套文化;

尾旧石器或中石器时代　达赉湖(在东北北部海拉尔附近)文化及广西文化。

此种分别,当然尚过于简陋,且难免错误;盖因中国地大物博,发掘之工作甫经开始,此时颇难分区断定,应俟将来出土物增多,地点增多,详细比照鉴别,始能如欧洲式之细分期代也。今如就现时各处已经掘出之石器而论(石兵居其大多数),则已有下列之成绩:

旧石器时代之石器:河北周口店,宁夏水洞沟及中卫,新疆酒泉①,四川珙县及峨眉,以及西康等地。

旧新两石器时代过渡期或旧石器时代尾期或称中石器时代之石器:广西武鸣及桂林,东北北部达赉湖等地。

新石器时代之石器:内蒙古乌里乌苏沙漠及哈达庙等地,新疆温宿、哈密、吐鲁番等地,东北地区齐齐哈尔站道南昂昂溪、查不干庙、林西、双井、赤峰、凌源及锦西县沙锅屯、貔子窝等地,陕西斗鸡台等地,河南渑池仰韶村及安阳殷墟等地,山东历城县龙山镇城子崖等地,山西大同等地,河北龙关县黄土坡、董家窑等地,江苏南京栖霞山、金山卫及镇江等地,浙江杭州古荡、杭县良渚镇及湖州漾湖等地,福建武平县南小山及厦门南普陀等地,四川珙县、峨眉等地,广东雷州及香港附近之拉吗岛及兰岛等地,

---

① 旧时区划,周口店今属北京市,酒泉今属甘肃省——编者注。

近年均掘出新石器时代之石兵及石具等石器甚多。

至于骨兵、角兵及蚌兵器,则凡石兵出土处大概均有,唯因较易腐碎,故完整者较少;但山东、河南等处,近年曾发现大量古代遗物,其中颇多完整者。其最古者当推周口店出土之物,次古者推西北各省出土之器,山东、河南等处出土者则已距铜器时代不远矣。玉兵即系石兵之一种,《越绝书》载风胡子对楚王曰:"黄帝之时,以玉为兵。"玉为美石,人类制石器时遇石质之坚美如玉者,特别细加琢磨,摩挲玩赏,以满足人类爱美之天性,斯即玉兵之滥觞,在传说中之黄帝时代,庸或有之。现在出土玉兵之较古者系河南殷墟出土之玉镞、玉匕首、玉刀、玉戈、玉矛头、玉斧、玉圭等器;其较佳者以白玉或碧玉所制之矛头,多有配以铜管柄而镶嵌绿松石者,均系铜器时代之物。殷代白玉有系来自西北者。

中国出土石兵之最古者,当推河北房山县周口店十余年前所发现之物。先是奥国人师丹斯基(O.Zdansky),于一九二一年十一月在周口店采得化石很多,于一九二六年在此化石中发现两个人之牙齿,定名为"中国猿人"或"北京人",嗣复陆续发现人齿颊骨、脑盖骨以及体骨多具,一九三九年春,复发现完整无缺之人首化石,于是"北京人"之人群存在已毫无疑义。北平地质调查所自一九二七年起开始发掘,至今未辍(历年工作及鉴评重要人士,为杨钟健、裴文中,法国考古学家德日进、桑志华、步日耶及奥人步林[Bolin]诸氏)。据中外人士之鉴定,此遗址之时代当为原始石器时代或前旧石器时代,距今约四十万年。发掘时发现有人类用火之遗迹,因为地层内有灰、有焦骨、有烧过之石,并有木炭。原人之下臼齿、破牙床、牙齿、破骨及头骨化石在数年以前业已屡次发现,近年除出土整骨不少外,最近且获全首化石。原始之石兵,数年前即已掘获颇多,大都均在第二石英层之间,即发掘处第八、第九、第十层之间。一九三一年一年中即已掘得石器两千余件,其中人工痕迹显著而成器具者有数百具(据德日进诸氏之鉴定,其中石器大都为早期即最老旧石器时代之物)。其石质有数十块为绿色砂岩、石英砂岩、石英斑岩及绿色页岩,余均为石英,并有燧石数块。其类似兵器之石器,可就其形状分为七种:

(一)椭圆形　前端一钝尖,腹部前方为凹入利刃,脊部前为凸出利刃。

(二)菱形　腹部同前,脊部为一稍直之利刃。

(三)肾形　前端为圆形利刃,腹部全为利刃。

(四)长刀形　前端为一尖,腹部为外凸之利刃,脊部及后端皆为宽面。

(五)正方形　四面皆利刃。

(六)三角形　前端为三个面所成之尖,腹部为利刃,脊部及后部为宽面。

（七）梯形　腹部为利刃，其他三面为宽面。

周口店出土物中，亦有骨兵及角兵，其最显著而完整者，为鹿角及其他动物腿骨打成之凿及刀，锋刃尚锐。体上有人工割切之槽，其浅槽作平行线形，或作交叉形，深槽较为宽大，均只有一槽，在器腹之中部，切工有时甚为平整（均见第一图版）。关于周口店石兵、石具之制造法，据裴文中氏之报告，第二石英层所发现之石器，其制造之方法系将力量缩小至一点而打击，出土石器之半数均具如是一次打击之痕迹，并且在石器之边上曾发现再击之痕迹。但此第二石英层所发现之石器，并非周口店出土中所含最古之石器：一则因第一石英层中，已发现炭火遗迹，可以联想至欧洲摩斯特林文化期；二则因法国考古专家步日耶是年（一九三一年）来华视察之结果，认为周口店之“中国猿人”或“北京人”，业已广用石器，此种“中国猿人”之生活期，伊虽未敢确定为原始石器时代，然信必可当欧洲之前旧石器时代，约在距今五十万年以前。据步日耶教授之视察结果①，因周口店猿人曾用花岗石子及他种石块为工具，以击碎骨角且割划石块。步氏在周口店小河中，拾得甚多；其中有一沙石块，系在较近地面之地平线上捡得者，作复杂方体形，其四平面均有人工锥刺之痕迹联作凹条形。此种凹条痕之石器，在法国自摩斯特林期起，各级

---

① 见步日耶：《周口店石器及骨器手工》，载《地质专刊》，一九三一年法文版，第十一卷，第二号。

地层均有,在西班牙台维拉地方亦曾发现阿雪利期之遗物。至于锥刺凹条之用意或其用途,则专家之见解不同,有谓系为便于把握而不致滑手者,有谓系为捣磨谷粟之用者,尚无定论。步氏又在曾受人工之石英之下层中捡获一沙石厚块,三面均经打制,几成直角,其左面必曾为琢割之用。据云在法国加洛勒河高流域之老旧石器时代之一地层中,曾经发现多数同样之石器,均系舍利后期之物。在西班牙之加斯梯洛地方亦曾发现此种石器,系在摩斯特林或前摩斯特林之地层掘出者。步氏又曾寻获曾经打琢之其他沙石块数具,但其人工较为简单,中有一器类于斧锛,仅一长边锐利。周口店猿人又曾用石刀割物,步氏曾在小河捡获石碎片数具,均有人工痕迹;其中一石刃较宽而薄,有未发达之球形柄,想系为割木之用。但从未见有杏核形之石具,如尚有他种岩石(沙石化石)之大型石具,伊以为当在有灰迹大地层之根底求之。因步氏曾在其地寻获沙石化石块数件,业已变腐,难认其原面,然其普通外形颇类三面形之大型打击石块,或两面形之杏核形石具,但此不过言其形式颇相类似而已。至于曾经人工之燧石,仅见及带沙质之燧石打制片一块。反是,乳色石英块极多且大,在灰层下及灰之上洞中寻获至数千件之多,有大如人首者,而大如拳头者更多。其中数具必曾为锥台之用,其一边线尚凸而且锐;又有较小之多面体石英块,显系石核器,且有重用之痕迹。石英矿层系在隔水之对面,洞中或近处并无此种原料也。尚有三四小石英块，两面曾经加过工，颇似两面石器；其他则较为圆体，或系将石核器改变为小斧之用者。多数均无再击或修整之痕迹，用痕则显然可辨。此外尚有贝壳形石具颇多，有宽锋如剪刀者，有窄锋如凿者，其中颇有形如老旧石器时代之角连垂线形之石凿者，想曾用以割锯鹿角者。亦有略作螺锥形或方体形及尖锐如鸟喙形者，又有直形及凸形或凹形之石英刮，但其尖不甚锐。统上观之，乳色石英所制之石具，可谓完全无缺，各类均有，令人忆及法国协浦雷地方发现摩斯特林人所制之各种含沙石英石具。步氏结论谓：

> 北京"中国猿人"或"北京人"，与前所观测者不符，并非无人类知识之动物；其头脑已与真人甚相接近，已属于人类。虽当时尚未脱去兽类之性质，然已有渐进之聪明，开始抑制群兽，火及打制石器是其武器。此非最古原人，其艺术及实验科学均由其多级祖先传授而成，惜此时吾人对其祖先尚一无所知耳。然则吾人在周口店所获之意外之事实，非但并不减少"北京人"之意义，且可扩充其结果，逐渐往前推进，以追求而达于吾侪人类之来源。

又一法国考古专家德日进主教，在华传教多年，曾参与周口店发掘工作，据云其地最下层，即 C 层，系炭灰与石器层，此层所

出之石器有数千件之多,可以为下列之分类,以研究其制造之法①:

一、击碎或打制之石子。可以分类如下:

(一)方形石器　在 C 层中,觅得绿石三面方之大石块数件,三面打制,一面有锋,或系打劈之器。此方形石器系 C 层中常用之器,用痕显然可见。

(二)切体石器　多数系较小石子,曾受直下之打裂,如切割形,想系切去石子圆头之故。其平面想系为压碾之用,其凸出之部分则用作圆锤,但用痕不显。

(三)石斧　C 层所获之石子,大多数作石斧形,如下:

(1)笨斧,或原石斧　此为最简单之石斧,大都为绿色宽平之石子,其天然之边有一处或数处受过捶打者,裂而成锐形,用久乃成利锋。亦有长扁形石子,上端受捶打,下端犀利,较似斧形者。又有作蚌壳形者。尚有曾经先后两次击打,假作"再击"形者。

(2)踵斧,或制踵之石斧　均系绿色石制,其用以击劈之一端作锐锋形,其上方对端则经人工打击成方形或多边形,想系便于把握之故,故称之为踵。

(3)利斧,或带刃之石斧　均绿色石制,其一边有人工斜击

① 见德日进:《周口店石器工业及北京人之遗迹》,载《中国地质学会汇刊》,一九三二年英文版,第十一卷,第四号。

形,成为利刃,虽略如刮刀,然体形较大,且受有工作时之痕迹,故仍系石斧。但制时打裂痕与用时打裂痕实难分别,有时只知制时打裂痕之粗陋,或竟难于辨认。此种锐斧,其刃既属人制,则所选择之石块或石子当然上大下小,上重下轻,上宽下窄,而且上端便于把握,下端稍为打磨,即成刃矣。

二、石英核。此类小型石器,大都作圆锥体,由不规则之人工打击而成,均系石英制,因其小故名之为核。均曾经"再击"之手工,有反复之痕迹,略如之字形。但有时确系石子之中心核,未受许多人工,有时直接用为石斧石锤,亦无再击之痕。可为分类如下:

(一)扁圆核 此类石英核,大都作不整齐之形体,有一面平一面凸下锐而两边作棱角形者,有两面平下锐而两边作凸角形者,有两边及上端均凸凹不平仅下锐者,有经过"再击"者,有用花纹石英制而作圆锥形或蛤蜊形者。打击之人工均甚显明。

(二)圆锥核 此类石英核石器,其形体较为完整,有如圆锥体,其底面及锥体上"再击"之工痕显然可辨,工作亦较为细致。

三、石刮。除上述圆锥及锥形斧外,C层中石刮极多,其较大者有如利斧,前已述及。今就其多数较小者言之,可分为线形、凸形及凹形等数种如下:

(一)线形石刮 其较大者有如石英制而形如镞头者(长一

二〇公分①），有用缺边绿色石子制而形如桃者；其较小者多用近于么石之石英块片制，其质为半透明之水晶石。工作亦颇细致，有作镞头形者，有作蛤蜊形者，有作长方形者，均上凸而下锐，两面较为平滑，边亦较为整齐，亦有直如线者，此均水晶石之原体使然，人工仅使之锐利便用耳。

（二）凹形石刮　此类石刮不多，其发现者仅石英制数件，形如鸟首，上颈方而下首锐，又粗糙水晶石制数件，形如不完整之镞头或锚头。

（三）凸形石刮　此类石刮更少，其出土者，或系偶然之器，不得视为广用之品。其形体有长而上曲，形如军刀之尖者，一边直如刀背，一边曲如刃尖，上端尖锐而下端平；有用花纹石英制而形如方贝壳者。

（四）复形石刮　此类少数石英石刮，不但一两边曾经"再击"，抑且四边均经"再击"。有正视之作正方形而侧视之作蛤蜊形者，有作长方形体者，有作马甲形者（背心形），有作两边宽平之杵形者，亦有横看如僧帽形者。各边"再击"之痕迹显明，是否可成为一类制之器，则尚属疑问。

（五）石锥，或尖头石具　C层中觅获尖头石器四件，其上端均尖锐如锥，下端平面，未经"再击"，想系"北京人"有意制成之

①　本书中，公尺即为米；公寸即为分米；公分即为厘米；公厘即为毫米。——编者注。

石锥。有形如香蕉者,有形如镞头者,有形如短肥之竹笋者,亦有形如不规则之茧壳者。

(六)石灰石制石器 C层出土者中有两件,一作方帽形,一作尖帽形,工作颇细,下端均平,疑系捶打或捣磨之器。

关于周口店C文化层石器之制造方法及其上两层A与B文化层石器之制造方法,德日进均有阐述,因限于篇幅,姑予节译。德氏之结论,认为"周口店石器自成一类,不能强与他处出土之摩斯特林期或较古期之石器相比,应视为周口店特有之文化期。周口店地层,远在石器时代以前,盖在地质时代之早期更新统之间。'北京人'就文化方面言之,可以视为老旧石器或前旧石器时代之最早一代表"。然则"北京人"或竟为东亚之原始人,尚在"爪哇猿人"之前,生存于四十万年以前之世界亦未可知。因"北京人"关系中华民族之来源至巨,故不惮详述其原始式之兵器焉(关于周口店出土之石兵骨兵,参阅第一图版第一、二、三、四、五、六、七等号)。中国旧石器时代之石兵,近十数年以来,因发掘工作之发展,其他各地陆续出土者亦正不少。其较先发现而有专书记载者①,当推法国教士考古专家桑志华、步日耶及德日进诸氏于十余年前在宁夏与内蒙古鄂尔多斯左近长城南边水洞沟地方掘得之旧石器时代石器。其中较著之石兵,如石髓石器,颇类欧洲出土早期旧石器时代之石兵;石英石石凿,有似摩斯特

———————

① 见桑志华、步日耶、德日进:《中国之旧石器时代》,一九二八年巴黎法文版。

林文化期之人工式样者;石灰石石刃,有似奥利那西文化期之人工式样者;石英石双面石刮,亦有似属于奥利那西文化期之人工式样者。其他许多石灰石及石英石等等大小石刃,均系旧石器时代之物(关于宁夏水洞沟旧石器时代之石兵,参阅第一图版第八、九两号)。一九三二年德日进氏又与杨钟健君随同中法人士所组织之法国锡特洛因(Citroïn)爬行大汽车队西北考察团前往甘肃、内蒙古及新疆一带考古,获得旧及新石器时代之石器不少,其中有他处未曾发现、从未经人研究者,颇饶兴趣而有价值①。其旧石器时代之物,有威城(宁夏、兰州间)迤南中加儿河流域获得之石英石制石锤、石凿,杂斑累累,又作蚌形,琢打简单。内蒙古通古尔地段获得之石斧、石核锤及石英石凿,其人工琢打之痕迹似较为整齐,然其形式古笨,想系旧石器时代之物,但未能确定。在新疆哈密与肃州(酒泉)间获得石英石尖刮、石英石尖凿及石英石一面平之圆刮。尖凿之尾部曾经人工打琢修整,尖刮又似石刀,德日进均断为旧石器时代之物,然存疑问。吾人以为自一九三五年广西发现中石器时代石器证明与越南中石器有关。一九三六年前后,马来半岛及南洋群岛发现腰形石斧,与内蒙古、西藏、新疆同形石斧有关,同时出土之其他石器又与广西中石器有关,于是中石器时代石器之系统逐渐露其重要

---

① 见德日进、杨钟健:《蒙古新疆及中国西部发现之新石器时代石器》,载《地质学会杂志》,一九三二年英文版,第十二卷,第一期。

性。此项内蒙古、新疆之石器，德氏未敢断定为旧石器时代之物，而又非新石器时代之器，或者为中石器时代之石器欤？四川成都华西协合大学古物博物馆藏有中国旧石器时代之石兵等器数十件，系该馆人员在四川及西康各处搜寻及发掘所得者。内有数器系在四川觅获与摩斯特林文化期之石器同式者，其他各器多系西康出土者，石质以黑石块者为多，沙石次之。四川出土者，有作磨盘圆凸纹，颇似碎磨石片，打工均甚简单，仅边上间有打制痕迹；西康出土者，其黑石片仅边刃上稍有人工，颇似天然石片，其他沙石器则打击之人工较显（第一图版第十、十一两号）。

中国原始石器时代及前、中、后旧石器时代之石兵，现在业已出土者似尚只有此数处，但绝不止此，国内必有多数地方，均蕴藏旧石器时代之石兵甚多，将来发掘之结果，想必陆续有以昭示吾人也。

第二节　中石器时代之石兵

中石器时代，或旧石器时代尾期，或旧新石器过渡时期中之石器，在中国出土者，当以裴文中、桑志华诸君于一九三五年在广西武鸣及桂林掘获之石器为其首次[1]。石兵不多，但有青石磨

---

[1]　见裴文中：《广西洞穴内之中石器时代文化》，载《地质学会杂志》，第十四卷，第三期，一九三六年。

盘一具极堪注意,据断为研磨颜料之用者,因其上面尚粘有红色也。其器一面平,一面满体凿刻梯形及山形槽纹,非但可以证明新石器时代以前之广西地方已有略知艺术之人类居住,抑且与越南东京化平省地方出土之石器花纹相类似,但较彼丰富复杂,其间关系甚显。其他石器,除多数磨盘石及少数秤石或压重石外,有石杵及墓石等人工物。石刃则有石斧、石刮、石凿及中心石刮、一边石刮、双边石刮等器,打制之痕迹显然,形式亦有与旧石器时代之石器相同者。但磨杵锤杵等器已加磨制人工,唯磨工粗糙,远不如新石器时代石器磨工之平滑整齐也。中国原始时代及前、中、后旧石器时代之石器中,均未见有石镞,广西中石器时代之洞穴中,亦未发现此类射远兵器(第二图版第一、二、三、四等号)。

第三节　新石器时代之石兵

中国新石器时代之石器,近二十年来,各地均有所发现,尤以最近数年出土者为多。地质调查所、中央研究院历史语言研究所、各省图书馆、博物馆、古物保存所以及考古专家辈之努力,发掘事业之进展甚速,出土器物日多,专门报告何止数十种。是以一九三六年新加坡赖佛斯博物馆所出《马来石器汇刊》(英文版)第一册中,曾有英国考古学家加能费斯(Callenfels)在其专著中赞美中国人近来对于石器时代器物之研究及工作,谓"骎骎乎驾于日本之上",进步甚速,盖实有所据而云然也。

新石器时代之石兵,业已大形进化,非但人工磨制精良,兵器平泽锐利,可与现代之石器相比而无逊色,抑且各种兵器均有,如石刀、石刃、石匕首、石刺刀、石枪、石矛头、石戈、石镞、石棒、石斧、石圭、石镰刀、石锛、石铲等器(日本且有石盔发现),几于全套武装均有。既然出土之地点较多而广,可依地理由西北而东北而东南而西南,分省叙述,并各依出土先后以列之。

瑞典考古学家安特生氏,于十余年前,在甘肃、新疆一带曾发现新石器时代之石器,为数不多(陶器则甚多),但其中有一兵器可与注意,即骨石合制之刀是也。其刀以骨为干,而以燧石薄片嵌入为锋口,出土于西宁县周家寨①(第一图)。

一九三二年,法国教士德日进与杨钟健在甘肃、内蒙古及新疆一带收获新石器时代之石器不少,其中有类似他处出土之物者,有异于各处出土之物,而从未经人研究者②。此类石器大多数均系打琢石器,极有兴趣及价值。其中有大石铲三具,其长达三十公分,想系新石器时代居住沙漠地方人民所用之大型石铲;内硅晶石制平杵形大铲二,发现于内蒙古乌里乌苏沙漠中,两头作圆形,体平而如板;又绿岩石制尖脚形大铲一,发现于新疆吐

---

① 见安特生:《甘肃考古记》,载《地质专报》,甲种,第五号。
② 见《地质学会杂志》,第十二卷,第一期。

鲁番东边七角井子地方,其切面略如合盖蚌壳形,边上之打琢痕迹较多。琢腰平面石子二件,颇似近年马来半岛出土之腰形石斧,系在新疆温宿出土者。此种中部左右琢入凹成腰形之腰形斧(第三图版第一号),出土范围甚广,北至蒙古、张家口等处,南至马来半岛,中达四川、西康及西藏等处,均曾发现同式样之器,今又在较西之新疆温宿地方觅获,可以证明当时利用此等石兵之人群,其足迹几遍及于亚洲之东南北各处,是否与广西中石器时代之人类同期或在后,尚待证实,今只能假定为新石器时代之石器耳。一边琢腰两面有刃绿石小刀一具,其切面作合蚌形,又圆锥形或馒头形火山石块小石锤一具,均获自内蒙古哈达庙地方,颇似"满蒙新石器时代式";而半琢腰之刃,又与腰形斧同其源流。据德日进之记载,谓此次在内蒙古搜寻石器之结果,并未发现磨制石斧,仅获打制(琢制)之器,然则此种石器之属于中石器时代,固有可能性也。新疆西部七角井子地方出土之石器,尚有立体如锥(蛇头形)、平面如扁蚌之绿石块制石凿或石琢二具,系用扁平石块制成,而琢打其一边者,其尖喙凸出可认。德氏又在新疆温宿地方获得黄色柔沙石制之石刀,磨制甚平,磨工颇细,其形略如雪茄烟,底圆而上尖略歪,两面磨平,一边开口,有三缺痕,想系用损者。德氏谓此刀颇似数年前李济在河南殷墟发现之刀。又在温宿获一石刀或石刮,则较上刀大为简单,系用天然长扁一头圆形、一头直形之石子琢打其一边而成刃者,切面作叶形,想较上刀为古。温宿出土之石器,据云大都均系用天然石子制成,石子大小不等,大率长圆形或圆形,其体扁直平泽者居多。或琢打其一边而成刃,或琢打其圆体而成磨盘与冲捣器,或琢凹其腰而成腰形斧。此种石子制之石器颇多与近年马来半岛出土之石子制石器相仿佛,彼此应有关联(第三图版第一号)。

东北诸省近十余年来,出土新石器时代石器颇多。如中央研究院历史语言研究所梁思永氏,曾先后在吉林昂昂溪及热河查不干庙、林西、双井、赤峰等处,掘出新石器时代石器及骨器多种。安特生氏,亦在奉天①锦西县沙锅屯掘出仰韶时代遗址之琢制石镞数种及磨制石斧(第六图版第十一、十二、十四等号及第三图版第六号)。昂昂溪之骨兵,有渔叉及骨刀等器(第七图版第十四、十五、十六、十七等号),应系古代渔人所用,其中亦有角制器数件。石兵则有精琢不同式之石镞(第六图版第九、十两号),精琢类于矛头之石器(第六图版第三、四、五等号),琢边石刀(第四图版第一号),石斧锛(第三图版第二、三两号),以及么石制石刀及类于石矛头或匕首之兵器。

热河林西之石兵则有大石核制之石刀、石刮刀、石凿、石槌等器;么石制之小刀及刮、锥、凿等器;非么石制之钻、割、刮等器;精工琢打而成之非么石制石刀、石刮、石钻、石槌等器以及捶

---

① 旧时之奉天省为今日之辽宁省,奉时府即今之沈阳市。此处指辽宁省。编者注。

制捣器、磨器、大小石磨盘及手磨棒杵等器。赤峰出土石器,有制作简朴,颇类旧石器时代石器之石兵二件、粗糙石刮、石槌、磨制石斧碎片及捣磨石器。其中有一大石子制之石斧,石皮尚在,琢痕清晰可数,颇堪注意(第三图版第四号)。

从前热河凌源地方,曾出土双孔燧石小刀,嗣后河南殷墟等处亦掘出此种双孔小燧石刀极多。章鸿钊氏谓为石粟鉴①。《集韵》云:"鉴,刚也,其刃长寸余,上带圆銎,穿之食指,刃向手内,农人收获之际用摘禾穗,与铚镰制不同,而名亦异,然其用则一,此特加便利耳。"录之以备参考。

奉天锦西县沙锅屯洞穴层出土之石镞,多系琢打制法(长者疑系矛头),形式亦与河南出土者不同(第六图版第十一、十二、十四等号),然安特生断为仰韶时期遗址之石兵(一九三六年,北平研究院史学会考古组,由徐炳昶君领导,曾在陕西宝鸡斗鸡台地方掘出新石器时代之石兵多件,尚未详细报告)。

日本关东厅博物馆及东京帝国大学文学部,均藏有东北南部貔子窝及牧羊城出土之石镞多具,大小长短不等,有平底、尖底、弧底及半圆底诸形式,均磨制之物(第六图版第十五、十六两号)。日本帝国大学又藏有河南安阳小屯出土之尖长石棒一件,判为石镞,恐系矛头,作三角锥形,茎部切面作圆形(第六图版第六号)。又东北南部牧羊城出土骨镞,茎长而刃无棱(第七图版

---

① 见章鸿钊:《石雅》,载《地质专报》,乙种,第二号,一九二七年。

第十三号）。安特生图示河南渑池县仰韶村出土新石器时期末之磨制石兵数件①，称为仰韶文化期之制作品。中有石矛头一具，其形式已与后来脱胎铜制矛头相仿佛；板岩石镞三具，均底平而尖锐，体形则各不同（第六图版第十七、十八、十九、二十等号）；绿色石锛一具；白色大理石凿一具；绿色石斧二具（第三图版第五号）。各器磨工颇精，琢痕乌有，且形式整齐锋利，已接近铜器时代，故安特生断为新石器时代尾期之物。又日人小林胖生曾居北平多年，搜集吾国古兵极多，即铜镞一项，闻在河南等处收集者，已有数千件之多。其所收藏之仰韶村出土石镞，由章鸿钊君选印十件于其《石雅》一书中，但其中多数恐系石矛头，仅一、四、五等号，或为石镞，然四号又类小刀，其头形体恐亦非作镞用者。总之，仰韶期接近石铜器时代，或已至石铜器时代。石矛之形式，已甚进化。又因石矛头或者脱胎于石镞，或者同时创制，形制略同，择其小者短者装小柄短柄为箭而射远者为镞，择其大者长者装大柄长柄而刺近者为矛首，故仰韶出土之石矛头，辄被误认为石镞也。近十年来，中央研究院历史语言研究所在河南安阳殷墟等处发掘之结果，发现石兵不少，但石镞迄未多见，骨镞则甚多，贝蚌镞亦有。李济因而假定殷人所用石镞或许是别处输入的，但即系别处输入的，如殷人喜用之，殷墟中亦当有巨量遗镞，因石镞较骨、蚌镞耐久，埋地不损腐，而战士载镞其

---

① 见安特生：《中华远古之文化》，载《地质汇报》，第五号，第一册，一九二三年。

数量必较他种兵器为多,故小林胖生能在河南一省以贱价搜获精美铜镞至数千枚之多(内有殷周及战国之物)。今殷墟少见石镞,恐系石镞至殷代业已退化,铜镞业已进化至相当程度,非石镞之所能冀及,故殷人或殷之前代人遂放弃石镞而改用铜镞也。至于殷墟出土其他石兵之所以尚多者,非但系殷人祖先之所遗留,亦因便于利用,其值较廉,故仍继续制造,而与铜兵并用耳。如大批出土之小石刀二种,一作雪茄烟状,可切、可割、可刮;一作扁豆荚形,而两端各有一孔,与上述热河石粟鉴同形,可以穿索悬腰,可以敲燧石发火,亦可切、可割、可刮,便于使用,或且可为农具,如章鸿钊氏之所引证者,是以殷人仍普用之。以安阳一处出土者计之,此类小石刀已有数千具之多,可知当时制造之多及使用之广(第五图版)。此外尚有长方厚背、凸背、三角及长方曲身四种直刃形之石刀。凸背尖端曲刃石刀、梯形双刃石刀,均已去铜刀之形式不远,用法亦与铜刀同样便利,而值较廉,且不生锈,故不畏汗,置诸怀中,反较为耐久使用(第五图版)。其他石器,如石斧、石锛,磨工均甚精泽,且有穿小孔者,或者亦曾与铜器并用(第三图版第七、八、九、十、十一等号)。故殷墟出之石兵,已在石铜器时代之后,其较佳者,均系铜器时代之石器,较仰韶期之石器更为晚近之物矣。近年河南浚县大赉店史前遗址出土之石器,其时期则较早。据刘耀氏所图示者①,尚有打琢痕迹,

---

① 　见刘耀:《河南浚县大赉店史前遗址》,载《田野考古报告》,第一册,一九三六年。

但磨工业已精泽,恐非新石器时代末期之物,当为石铜器时代之石器。计有彩陶期覆盂形大刀一件,似斧而非斧,似割牛刀而非刀;且三面均有琢打而制之刃,人手只能把握上面;但上面虽平,而有一边作凹入之短槽,或为缚柄之用,此器或系安柄之战斧,亦未可知。又有玉斧一具(第九图版第十二号)、玉戈或玉矛头一具(第六图版第三十四号)以及黑陶期中心穿孔之板岩小石刀、小石锛及无孔之火成岩小石斧,体厚而类于凿,均系磨制石器而略带有琢痕者。又河南安阳等处,亦曾掘出骨制斧、锛及骨镞、蚌镞不少(第七图版第四、九、十、十一、十二等号,第八图版第一、二、三、四等号)。

中央研究院历史语言研究所又曾于一九三〇年及一九三一年在山东历城县龙山镇城子崖掘出石兵、骨兵及角蚌制兵器甚多。据云,城子崖系中国黑陶文化遗址,其时期大约在仰韶期以后之石铜器时代,距离新石器时代之尾期或者尚不甚远。在黑陶层之上层,曾同时发现铜兵,经断为战国时期之物,与下层石、骨器无关联,乃系后代人遗留于其上面者①。城子崖之石兵,均系精工磨制者,形式已接近铜器。其中如扁豆荚形双孔石刀及中部穿孔之石斧,均与河南及热河出土者相类似,是否属于同一黑陶文化期,尚待证实。其他尖头形、长方形及曲头形之石刀,磨工均甚整齐锋利,亦有类似河南殷墟出土之物者。石镞之出

---

① 参阅《中国考古报告集之一——城子崖》,一九三四年。

土者则较殷墟为多,形状各自不同,大都作三棱体,亦有作六角形者,式样均已接近铜镞,其较大者亦恐系石矛头(第六图版第七、八、二十一、二十二等号)。石凿、石斧、石刮等器磨工均甚完好,大约均系红铜器已开始时之石器。城子崖出土之骨兵甚多,尤以骨镞为最。骨镞较石镞长,战镞之切面大都作等边三角形;猎兽及捕鱼之骨镞则切面扁圆而镞头间作双钩形,人工均甚完整平泽,或者已用金属器工作(第七图版第一、二、三、五、六等号,第八图版第五、六、七、八、九等号)。骨制矛头亦不少,有两边向内凹入者,已接近铜矛形式。骨刺兵亦有,形如细角,颇为锐利,不亚近代刺刀(第八图版第十三号)。骨刀长体者多亦有宽短而穿孔者,共计掘出骨器三百四十四件之多,其残缺者尚不在内。角器之完整者,亦掘出一百三十六件,其兵器中有长刀可以安柄者,有尖锋匕首(第八图版第十号),及锤棒等物;角镞则未之见,想因角质或形不宜于制镞之故。蚌镞(贝壳镞)则出土者不少,盖因蚌壳之体小者,常天然具有镞形,质坚而利,稍加磨制即可用也。唯因蚌之形体无定式,故蚌镞之切面亦各不同,但中均有孔,便于贯矢(第七图版第十八、十九、二十、二十一、二十二等号)。其他蚌制兵器,有铲刀、锯刀等器,大都均较石器为大而较薄,盖以蚌体使然,用为铲锯,反较石铲、石锯便而易制多矣(第八图版第十一、十二两号)。城子崖蚌器共出数百件,不完全者居多数,恐其实数尚不止此,必较石器骨器尤多,山东滨海,蚌壳易得,故佩用者极多,但因年久压碎,故多数难于辨认耳。

日本东京帝国大学文学部,藏有我国东北南部及河南、山西等地出土石兵多具,有东北南部琢制(打制)石斧一,山西石槌一;但槌上琢痕颇类近代之物,而石槌之用途,至今尚可于内地及边域见及。此二器是否石器或石铜器时代之物,殊难断定。又有河南小屯出土磨制石刀一、山西大同出土磨制石斧三,内一斧上部有孔,类于锛。此四器则似属新石器或石铜器时代之物,但或者在后亦未可知。

河北龙关县黄土坡董家窑曾有石兵出土,北平历史博物馆藏有数器,均系磨制者。其中有孔之燧石斧磨工极精;又燧石锛及有孔燧石刮二具,亦系精磨之品;又沙石斧或锤一件,左右各有一小耳,或为双手抬高凿下之用,或为安柄之用;灰石锛一件,较大于燧石锛;灰石刀及燧石刀各一件,一如矛头,一如厨刀。以上各器,想均系石铜器时代之物。

山西万泉县等处,曾于一九二九年前后出土石兵多件,现存于南京古物保存所者有燧石刀、燧石凿、燧石斧(三件)、燧石镞等器,均系磨制之器,系新石器时代末期或石铜器时代之物(该所又藏有一九二九年河南洛阳汤湾出土之上部穿孔燧石大石圭一具,一边有锋刃;又燧石制长石凿一件,体厚而重,即其残存之体,已长十一英寸六分,厚至二英寸)。山西太原民众教育馆藏有骨镞数具,其形式仅具平边矛头形及两叠边形,或系新石器时代之物亦未可知。

南京和平门外四十里远之栖霞山脚下,在二十余年以前开筑京沪铁路时,曾有筑路工人发现类似石兵之石器。一九三〇年,南京古物保存所前往该山脚试掘,唯掘地不深,广仅数丈,工作范围太小,未能获得多数同样之石器,以资考鉴。现所存于该所者,有似石器非石器之石核及石块十余件:有类似石镞而过大者,有类似旧石器时代之石拳(手斧)而形式不无可疑者,有类似石凿之残体者,均系黄色石灰质石制,均非磨制之器,人工打琢之痕迹亦稀,颇似天然石块;仅有一二器似确曾经过人工打琢者,但痕迹模糊,无从鉴定,须俟将来续在该处或附近为较大规模之发掘,获得大宗石器时,始克断定其时代。无论如何,江苏、浙江等处,以及长江流域,在新石器时代(或者远在旧石器时代),即已有人群居住,地下必埋藏石兵等石器甚多,且区域甚广,到处均可以随时发现,此则为必然之事实,无可置疑者也。近年来如金山卫、镇江等地,与浙江之绍兴、吴兴、嘉兴、武康、湖州等处,均已先后发现石器不少,尤以古荡及良渚镇之发现为至关重要。

一九三九年七月十二日,南京市有大飓风过境,清凉山附近老树及竹笆等均被吹倒,在掘土修笆时,作者于离地面仅尺许处(旧为塘池)发现石器一枚,似远古石器时代之石锤,且中部有人指(拇指)把握之痕迹甚深,此器可证明南京一带,在远古石器文化时期即有中国本土人群居住（可称为远古吴越文化时期），且此器不同于北方出土之器，而形式雅观，亦南中国古文化之一特征也。此器略如一中国式布鞋形，根直而首尖，底平而两帮（边）自底上联成一锐角，三边两头，一头可凿，一头可捶打，中段指痕陷入至半寸之深，可见其用期之久。器重通秤四斤四两，约合市秤五斤（二公斤有半），长三〇七公厘，一边（鞋底）较平狭，其最宽处约为七〇公厘，两鞋边（鞋帮）之最宽处均为一〇〇公厘，锤首（鞋跟）长八〇公厘，宽四〇公厘，尖首（鞋尖）长二五公厘，宽约十公厘，系用沉渣地层之硅质石灰岩石制。器面似略有打制痕迹，而非磨制者。其三面平滑，系半出于天然，半由于握用之期甚长之故。

一九三五年，浙江杭州之古荡地方，由卫聚贤前往掘出新石器时代或石铜器时代之石兵甚多，业已刊布报告①。其石器均系精工磨制之器，就其具有兵器性质者而论，可分为五种：

一、石斧锛与石钻凿。锛之较大者为燧石制（此系杭县第二区出土之物），磨工完好，形式厚重，体上有用尖器划成之花纹，横直线及圈形、弧形均有，似非偶然之事，惜公布之他器上，未见有同样之花纹。其余两斧锛，一为千枚岩制，一为变质凝灰岩制，均为磨琢兼施之器（第三图版第十二、十三两号）。双尖形之

① 见卫聚贤：《杭州古荡新石器时代遗址之试探报告》，浙江博物馆及吴越史地研究会编，一九三六年。

石钻形式特异,为流纹岩制,磨工完好。在北方出土石器中,罕见此式石钻,可见新石器时代或石铜器时代之中国南方居民,早已有其特殊之文化。

二、石刀或石刃。有千枚岩质之石镰刀,其刃锋宽而锐(第四图版第二号);硅质石灰岩之石镰刀体有双孔甚大,但与热河及河南殷墟出土之双孔石刀不同形;杭州出土之刀作长方形,而刃锋略向外凸,略如新式剃刀片形(第四图版第三号)。又有柄可资把握之三角形石刀,如马蹄形,千枚岩制,切割划刮均可用,或为割兽皮之用(第四图版第四号),北方出土石器中未见此形式,但越南各地出土石刀及铜刀(如越南东京附近清化东山出土之物),则颇多具此形式者,几于完全相同,如出一手所制。

三、石镞。形式简单,可分为有柄无柄两种,正面大都作长叶形,切面作◇▷形;亦有多边者,磨工均甚平滑。其较长而有柄者,恐系石矛头,因古人之石矛未必甚长,仅较箭镞稍长,其杆亦然,仅较箭杆稍长,后人所谓短标枪是也。如镞均千枚岩制,仅有少数系硅质石灰岩制(第六图版第二十三、二十四、二十五、二十六、二十七、二十八、二十九等号)。

四、石戈与石钺。有长脊以装柄,其形制已为最进化之石器,千枚岩质。石戈二,一为千枚岩质,一为硅质石灰岩质,体虽短而有柄可以装杆,当系长兵勾兵,故名之为戈。

五、石铲或石锄。所以名之为锄者,因其上部之圆孔甚大,可以纳木柄而用大力锄田,有如锛之作用也。杭州出土石锄特多,磨工亦较精细。长度似亦可为锄田之用;形式则大都长方,下部略宽,刀锋锐利,有直形及弧形之不同;石质则以变质凝灰岩居多,亦有千枚岩及绿色千枚岩质。此种石锄,不但磨工极精细,形式已接近铜锛,且其上部大圆孔之琢制极为匀称细巧,无异今日良工之手艺,恐非仅用石器工具可以获得如此磨琢良美之器物者,故吾人可以推定杭州古荡出土之石器,系新石器时代最晚期或系石铜器时代之物,且有代表中国南方优美柔和高尚古文化之价值焉。

浙江湖州漾湖于一九三四年大旱时涸底露出石器不少。慎微之君乃作小规模之发掘,即已获得新石器时代之石器至百余具之多。其中各种石器均有,石兵极为完全,如石刀、石棒、石镞、石斧、石锛、石锤、石镰、石戈、石矛头,均有出土者。粗工磨制者固有,精工磨制完美如新者尤多。但慎君迄未发表其器物图样及报告,无从据以研究耳。

迨至一九三六年,浙江杭县良渚镇之石器与黑陶之发现,确为南方考古界之创获,可将吴越文化之源流推远几千年。何天行君谓"从中国文化的起源与发展而论,此次的发现,不啻为东南古文化奠一新基础与途径"[1],非过言也。先是杭县良渚镇一

---

① 参阅何天行:《杭县良渚镇之石器与黑陶》,吴越史地研究会丛书,一九三七年。

带,向以出玉著名,民之掘玉者,对于石器及黑陶器均弃而不收,以致历久不彰。所掘之玉,并非天然玉,皆吴越文化时期之殉葬玉器,与石器同埋于地下者也。据云土色愈绿者,则出玉愈佳,而伴有骨器之粉。玉器之排列,亦有定式,且凡见有石铲处,大都有玉器,圆口者与玉贴近,或玉居石铲之中与四周;刃口高处即指玉器之所在,但如遇平口石铲,则绝无玉器伴存。出玉之土层恒较为细腻,大部分精细石器,亦出于此层之中。一九三五年,西湖博物馆施昕更君在良渚调查地质,见有黑陶遗址,掘获黑陶器极多,并获有黄沙陶器及骨器石器。嗣由何天行君继续掘得并觅获石器甚多。但因遗址均潜藏于水潭以下,仅能为部分之收获,尚待将来公家为大规模之发掘始能确定地层之遗迹。何君关于石器之报告如下:

就杭县良渚镇所发现的石器形态与制作区别,约可分为前后二期,除小部分未制成石器外,每期又可别为两类:初期石器如板岩石器,石凿、石锛、石锤及石斧等,这一类大都粗制,或击或磨,因刃部有用痕,故知为实用物。这一类应属于史前的石器时代。其次如石刀、石戈、石镞、石镰、石戚、石锉、石杵、石磨盘、石铲、石轮等等,虽亦或磨或击,但较前者为精致。其时代略晚。这一类的石器与古荡所出的相仿,以上是前期的石器(第四图版第五、六、七等号及第六图版第三十、三十一、三十二、三十三等号），疑为殉葬物，时代恐与玉器相等。其中或作玉佩形饰物者。这一类的石器是否与玉器同一时期，抑与石戈、石刀等的时代相近，还不能遽为断定，现在姑且将它们列在后期。此外，这次杭县良渚镇所发现石器里面，一种是向所未见的，现据铜器中古钺形式暂名为钺（戊），此类石器因发现极多，因此更使人注意。其形状略与石锛相符，从这类石器上观察，大约是从石锛所演化而加以修饰的。是否戊字即由代表这种石器的产地而来（金文中"越"字作戊，甲骨中亦屡见戊字），如金文有"矢氏国"，《史记》载夏时有"有戈氏"之国相同，尚不能断而已。

何氏所称之石戊，其报告中云有四具，三具为等边长方形，一具较大，长方不等边，刃较上边长（直长四寸，中阔二寸二分，胡长一寸，刃长二寸三分，中厚五分，胡厚三分）。四戊之外体均作日形，下方为刃，中槽或上或下，均在中心线之上。此类石刃似斧非斧，似锛非锛，似凿非凿，似刀非刀，系属古越文化时期中之一种特形石兵，他处少见，而杭县独多。至于良渚镇出土之马蹄形或短脚形石刀，则与古荡出土者同，与越南清化东山出土者亦同。越国石器时代之文化，与越南或有关联，亦未可知。

福建自一九三一年以来,亦已陆续发现新石器时代之石兵及石工具不少。先是斯年春,厦门南普陀附近东边社山坡及峰巢山开马路时,曾由该地大学林教授于该两地拾得石锛(状如刨)各一枚。一九三六年五月,闽西武平县梁教员在该县南小山(山名为小径背、大洋坪、狮形崠、画眉山、风口崠等)发现石锛、石镞、石凿、石杵、石刀、石砺、石瑷等石器甚多。其大多数均在土面,向上之一面,多生黑苔,质亦变松,盖均新石器时代之遗物也。其中数石锛,与厦门出土者同形,其他石器亦有与浙江出土物相类似者。武平遗址,系绵亘数里十余山峰之古代住所或堡垒,山上石镞最多,散布土面,该小山或为古时战争之要塞。由此发现闽越族之古文化大明,而中华远古东南民族固有之石器时代文化,亦愈信而有征矣。

四川成都华西协合大学古物博物馆,藏有四川珙县出土燧石及硅石制之石斧、石凿及石刃数件,均系磨制者,斧之磨工完好,其形式与河北、山西、河南等处出土者相类似,而与杭州出土者迥异。又藏有四川峨眉出土之石器数件,为琢工多磨工少之器,其中有一心形之凿,体面划有两横线及一直线,如系原用该石器之人所划,则必非偶然之事,或者与广西武鸣出土之石磨盘上所刻之花纹有所关系。且此凿似一天然石块,人工之琢打极少,磨工更无,以列于广西发现之中石器时代物中,亦属可能之事也。又有一鹦鹉喙形石斧,磨打兼施而成,其尖极锐,其形与各地出土之石斧不同;其式如铸,而上端方平,可以为锤,颇类今人所用之钉锤,亦可以为凿,而作曲回之凿工,一器可以三用,可称进化之石器。可以想见四川石器时代之居民,已有颇高之文化矣。此外有腰形石斧,即 ⊐⊏ 中凹石斧一具,颇类新疆、甘肃、内蒙古、张家口及马来半岛出土之腰形石斧 ∞,或者为同一文化期之物,而有相属相联之关系。又石核制有边刃之石兵一件,其面已受磨工。华西协合大学判定以上各石器均为新石器时代之物,然珙县出土之石斧石刃,或属于石铜器时代之物;至于峨眉出土之物,似较为古远,或者属于新石器时代亦未可知。心形之凿,或者更古,然在四川发现他器划有同样花纹之前,殊难断定耳。以上所述,为吾国各省各地出土石兵及角骨贝蚌等项兵器之大致状况也。

新石器时代之石兵,磨工极为良好精致,研究其制造方法,系属极有兴趣之事,且亦有此必要。但因各地出土之石器其制造法未必尽同,而又限于篇幅,不克详述,姑就山东城子崖出土之大宗石兵及角、骨、蚌、贝等兵器之制造法,论列其大要于下:

一、石兵制造法。城子崖石器之制法,依现有之材料来推测,大概分为下列五种手续:(一)取材。按所拟作之器物,择取适当之材料,且往往利用石料之天然形状。为圆柱形者以之作锤,扁平者以之作刀,带尖者以之作矢等。我们于发掘时,常见此类石料。(二)初步打修。在磨光之前,先照器物之形状大致打修一遍,有了大概之形象以后,再从细打磨。(三)打磨兼施。器物之大概形状既成,再就其锋棱露出之处其特著者略打之,其些微者磨之。(四)主要部分之制作。一器物之功用,必有其主要之部分,刀必有刃,矢必有尖,否则失其为刀为矢,故于器形完成之后,再制作其主要之部分。(五)次要部分之制作。钻孔穿槽,以便安柄及系绳,皆为附加之条件。故于主要部分制成之后,始作此类工作。唯斧刀之类,钻孔穿槽,殊属不易。单以钻孔而言,必打与钻兼施方成。有时因打击过重,而致全器破碎,作者于访古平陵期间,获得石刀一片,即系因打孔时用力过大而致碎者。

二、骨兵制造法。今欲断定某器物之最自然之制作方法,即考验此物于制作之时所留工具之遗迹。近代人手工精巧,于器物之上,往往无痕迹可寻。城子崖期之人们却不然,陶器上留有指印是极平常之事,石蚌诸器,多留打制磨制之痕,骨器上所留之砺石痕更为显著。砺石用粗细沙石来磨擦,作成带尖带刃或其他形状之骨器,是为最普通之制法。按其磨制之时,特注意某器之主要部分,其他部分仅磨其大概,或竟不加摩擦,而利用骨块之原形以作把柄。骨器磨制之时,就其磨纹交叉之情形断定,砺石多系固定,而于磨制时常转动被磨之骨块,以求所磨物体之匀称。城子崖上层所出骨器,尚有留锯痕、刀痕、错痕者,以其为石器时代以后物,于此不述。

三、蚌兵制造法。蚌兵之制法,从实物自身所带之遗痕观察,大致与石器略同,分为打、磨、修三步手续。不过因为蚌之本质较脆较软之故,于制造之时,虽可略省时间,但其手工更须精巧。如若用力过大,就会打碎;钻孔修边,一不小心,亦会弄破。刀之磨刃法,多顺生长线之天然弯曲;而锯齿尖之连线,则与生长线斜交。此乃由于齿之用法,不与刃同,若顺生长线而作齿,即齿尖连线与生长线并行,一至应用,齿易脱落,此为必然之事。此种生产知识,必为当时之人在屡次工作经验中所得。遇蚌片较厚者,有时先挖槽,而后钻孔,钻孔皆从两面,以免中途破碎。从作刃、作齿、穿孔这三种技术来看,那时之人们对于蚌器之应用很有经验;就其制造之审慎视之,其对蚌器谅亦为宝贵,或竟在石器之上,盖因蚌器原具有一种装饰性质也。

以上所述,为山东城子崖出土大宗石骨蚌兵制造方法之大致情形也。他处出土物之制造未必一致,且即以山东一省之石器而论,各地出土者形式已迥不相同,其制法亦未必相同,特其大要手续途径,均皆大同小异耳。就手工之粗细而论,浙江杭州古荡及杭县良渚镇出土之石兵,磨工极为精致细腻,非北方出土物所能比及,其光泽之程度,曾令人疑为加釉者,是实为南方优美柔和高尚古文化之一特征也。

第四节　石铜器时代之石兵

瑞典人安特生于一九二三至一九二四年在青海、甘肃等处收获古物不少,归而作《甘肃考古记》,将甘肃之远古时代分为下列六期,总分为二:

(一)新石器时代末期与新石器时代及铜器时代过渡期:

　　齐家期,

　　仰韶期,

　　马厂期。

(二)紫铜器时代及青铜器时代之初期:

　　辛店期,

　　寺洼期,

　　沙井期。

齐家期所获石器大都系小型石器,与仰韶期大致相同,内多研磨石斧、石镰,亦有尖锐骨器。灰色陶器及形式秀丽之薄肉瓶甚多。未见铜兵或他种铜器。

甘肃所见仰韶期之古址为数极多,村落遗址及葬地均有。其中石骨各器,就全体而论与河南者相似,但细察之则微有不同,如河南常见之矢镞,其用骨贝及板岩所制者,甘肃极为稀少。反是,河南稀见之饰珠在甘肃则甚夥,据此及其他情形,觉甘肃仰韶期与奉天沙锅屯仰韶期之关系,当较河南仰韶期为近。仰韶墓地中曾发现经过琢磨之玉片及玉瑗,其形质系来自新疆和田者,故甘肃石铜器过渡期之民族,与新疆必有贸易上之联络。但吾人向认仰韶期之民族缺乏金属器,乃彼等竟能制作脆薄如瑗、坚韧如玉之器物,诚足称异也。

甘肃仰韶古址中有小集团石兵,为河南所从未见及者,如多数骨刀,其上切口为薄片之燧石镶嵌而成(第一图)。李济谓此种骨石刀,在东北北部也出现过,认为河南殷墟厚背带环小铜刀系脱胎于此种骨石刀[①]。此事容或可能,然亦未必一定,因铜质不坚硬,刀用厚背,固所应然也。

Flint flakes 燧石

第一图　仰韶期之骨石合制刀

Andersson:Archaeological Research in Kansu.

仰韶期之骨刀,其切口乃燧石薄片所嵌成

(出西宁县周家寨,照原式缩小二分之一)

马厂期村落遗址之器物,安特生尚未曾发现,仅由购买之陶瓮而知有此期之存在。

辛店期之葬地及村落遗址,则于一九二四年完好发现。此

---

① 见李济:《殷墟铜器五种及其相关之问题》,一九三二年。

期之器物,收获既较多,知之亦最稔。石骨各器,除牛马胛骨所制之鹤嘴锄外,其余均与他期广布之品大致相同。至于铜器虽有所获,极为稀少,就中有形似刀剑之品。

寺洼期包含两种古址,细察之则时代微有不同。寺洼期之模范址在狄道县之寺洼山,附近仰韶期之村落古址有一葬地,除大陶瓮及肥足陶鬲外,有铜器若干件,中有兵器,系甘肃文化较晚期之物。西宁县属之下窑及下西河,除单色陶器外,获有多数铜器小件。

沙井期系从距镇番西三十里模范址之名,此期沙丘中出土器物颇多,在葬地及村落遗址中采获铜器小件无数,内有带翼之铜镞系精工之作。又有多数贝器及绿松石饰珠。此期彩色陶器与苏萨陶器之有鸟形花纹者颇相似,二地文化不知是否互有关联,因其联络路线,至今尚不明确。

除甘肃发现石铜器时代之石兵外,卫聚贤在浙江杭州古荡发现之大批石兵,磨工极为精致,且有与越南出土之物相似者[1],或为石铜器时代之物,颇属可能。至于河南殷墟出土之石兵,虽用时已在青铜器时代,然制时或尚在石铜器时代,亦未可忽视。殷墟出土石镞不多,此为当然之事实,因青铜器时代业已轻视石镞也。骨镞甚多,则因以铜器削制极易而价值较廉也。殷墟出土之石器,以石刀为最多,数以千计,知在铜器时代,尚广用小石

---

[1]　见卫聚贤:《杭州古荡新石器时代遗址之试探报告》,一九三六年。

刀。殷墟小石刀可分为下列数种(均见第五图版):

一、直刃类:

(一)长方式,厚背(第一号)。

(二)凸背三角式(第二号)。

(三)三角式(第三号)。

(四)长方曲身式,长方带穿(第四号)。

二、曲刃类:

(一)凸背尖端(第五号)。

(二)凸背,全体近长方形,有两眼(第六号)。

三、双刃类:

梯形,两刃成角形(第七号)。

殷墟出土之石斧亦甚多,何以青铜器时代尚用石斧? 其理由或系石铜器时代之遗物,或因石斧易裂、价廉,而且坚硬耐用,故用途仍广。殷墟石斧,可分为下列数种(均见第三图版):

(一)圆腰斧　斧身中部最厚,渐曲向外,下端曲向刃,仄面对称。此类最多(第十号)。

(二)平面斧　斧身平面等厚,下端曲向刃,或作锐角向刃,对称(第十一号)。

(三)平面带穿斧　同上。有穿系绳用,对称(第七号)。

(四)戚　平面有穿,两边有齿,刃凸出于斧身,对称(第八号)。

（五）肩斧 似戚，无齿，上端厼向内，如肩之于颈，对称。

（六）锛形斧 平面，厼面不对称，刃边作正三角形。此类极少，只有一具（第九号）。

以上各器，均有属于石铜器时期之可能。至于殷墟出土装置铜柄之玉兵，大半为铜器时代之物，其最古者或亦有属于石铜器时期之可能。又山东城子崖出土之石兵、骨兵及蚌兵，或亦有属于石铜器时期者①（见第六、第七、第八等图版中）。

统上观之，中华远古民族，非但曾经过固有石器时代，且起自距今三四十万年以前之原始石器时代，中间经历旧石器时代、中石器时代、新石器时代、石铜器时代，以至青铜器时代，系统绵延不断。其范围则包括南北东西中二十余省，文化遗迹，遍乎全国，时间空间，在今日均已证明中华领土远自数十万年以来，均由中华本土民族居住发达，繁衍播迁，以迄于今。从前未见中国石器而纷纷主张中华民族或文化西来之说者，今已完全失其根据，而可幡然憬悟矣。至于古代石器，首重石兵者，盖古之人与猛兽争生活，进而与邻族争生存，其日常所需，人不离手，恃以无恐者，只此石兵耳。是以近代考古学家特为重视，根据其形式与出土地，以辨别古民族文化及其后先，直至铜器时期犹然，良有以也。往时金石学家做考古工作，专重文字，古时文字无传，所以不能远及三代以上。亦以民国以前，禁掘古墓，难获实物作

---

① 见《中国考古报告集之一——城子崖》，一九三四年。

证,此方面研究缺乏,势有固然。

第五节　玉兵

　　玉兵为古中国之特制兵器,深具个性。其开始之期,当在新石器时代石兵琢磨精美之时,古籍中虽有黄帝之时,以玉为兵之传说①,但难获实证,现在可见之最早玉兵,尚只有河南安阳殷墟出土商殷之物。商殷玉兵,可以分为无铜柄与有铜柄两种。

　　(一)无铜柄者,其本体亦常有短柄,可以把持,或备安装木柄。此项无铜柄之玉兵,多数系用碧玉或混色玉所制,计有:方柄有孔大玉戚;有柄双孔近于直体长方形圆锋玉斧;玉把上有孔之玉勾兵(玉戈);或宽体尖锋近于剑或匕首形、或窄体圆锋如舌形,柄下接刃处有孔之玉勾兵;其体甚窄而直,尖锋不正,近于刀形,其较长者柄之上面作锯齿形,下划两横线如绳槽,上端有孔之宽体玉戈;及上部两边均有锯齿,下锋两边向外凸出之玉兵等器(第九图版第十三、十四两号)。

　　(二)有铜柄者多用美色白玉及碧玉,计有舌形勾兵(玉戈),其铜柄有孔,上端微曲作鸟项形,格长,两面夹玉刃而刻有象形文字之三角铜夹片亦大,可用猛力钩戳,当为玉戈(第九图版第十、十一两号,第十图版第二号)。直形有中脊锋嘴略偏之

---

　　① 见《越绝书》及《吴越春秋》等载籍。

玉匕首,无夹片而有孔之铜柄长大,上部曲作兽头形而满嵌绿松石。长喙形简单铜柄玉匕首,其圆孔乃在刃之上部直颈较宽处与弯转变窄处之间,孔不在柄上而在刃上,殊为特别。碧玉及白玉矛头多具,其铜柄上遍嵌绿松石,殊为华美(第十图版第三号)。一九三五至一九三六年,伦敦开中国艺术展览会,各国博物馆及收藏家送往陈列之三代玉兵,其数不甚多,而均系佳品。且琢工优良,镶嵌精美,锋刃犀利,部分完全,内地几于罕见。其器亦各分为原体玉兵与另装红铜柄之玉兵两种。其玉之颜色,则绿、黄、黑、白均有,非如河南殷墟出土者大都均绿色,仅矛头用白玉;而南方出土者则只混绿也。其安置红铜柄之玉兵,如矛头及勾兵,亦有镶嵌绿松石者。无铜柄或原柄玉兵,计有英国收藏家那法叶(Oscar Raphael)送往陈列之深绿色略曲玉勾兵或玉矛头一件,其柄之近刃处有一小孔(第九图版第四号),又黑色玉刀一具,近边处有三孔平列,似为缚系于木柄之用,此刀形式特别,有如剃刀(第九图版第二号)。英国伦敦维多利亚博物馆送列之碧玉勾兵一件(第九图版第三号)。以上三器,均系殷或周代之物。送列周初碧玉戚一件,中孔甚大(第九图版第五号)。上海张乃骥氏送列安徽寿县出土汉代玉镞一具,体形宽大,恐不利于实用,玉质白底绿斑,边锋尚锐,想系春秋时代之物,因汉代铜镞渐废而用铁镞,焉有再用玉镞之事,且此镞头太大,双翼各张一寸,不利于射,如果系汉代之物,恐系仪仗或装饰之器(第九图版第一号）。又送列淡黄色心形或叶形尖刃玉兵一件,其柄似已断折,定为春秋时代玉矛头,或者符于事实,因玉质刺兵固略异于石兵,尤与铜兵不同也（第九图版第六号）。安铜柄之玉兵有五件,其中安红铜柄而类似上述河南安阳殷墟出土之物者有两件,一系白玉柄上镶嵌绿松石之矛头（第九图版第八号）,一系玉戈（第九图版第七号）,均嵌工完美,花纹细致,较上述同类之器尤佳,可称殷代美术品,系英伦那法叶收藏。铜柄（似属青铜）玉勾兵三件,一为美人费斯白理（Pillsbury）送列之周初兽头形（饕餮形）青铜柄碧玉勾兵一件（玉戈）,形与商代铜勾兵相似,或系商殷之物,其器有三孔,一在铜柄中部,一在刃之中部,一在刃之近柄及靠边处,此为异于其他勾兵之处,或系因缚铜把于长木柄之上,用玉刃着力钩敌,刃易脱落,故在刃上加两孔以缚绳于长木柄之上乎？（第九图版第十号）一为瑞典赫尔斯托木（A. Hellström）送列之周初兽头形青铜柄黄色玉勾兵一件,此器较上器业已改良进化,不在刃上加双孔,而在铜格之外,另加铜箍一个,包裹玉刃几及其半体,免于钩敌时折落（第九图版第十一号）。伦敦福尔摩斯夫人（Holmes）送列之周初龟形铜柄玉勾兵一件（第九图版第九号）。一为上海张乃骥氏送列之淡黄色玉匕首一具,其柄为雕花银质,经定为唐代物,然恐其刃较古,柄或为唐代以后之物。英国伦敦中国艺术国际展览会中由各处送列之中国玉兵仅此十数件,但均系殷周美术品,颇有国内不易见及之器。今者北平尊古斋黄濬氏所藏安阳出土殷代美术玉兵多件，又悉流出外洋，以致国人所有之器，反不敷研究及参考之用，是可慨已。

玉兵及铜柄玉兵均非实用兵器，大概系仪仗装饰之品，乐舞之器，为显贵者权威象征或用以殉葬，遗存之物，商殷为多。自周迄汉，佩玉之风盛，战具已少用玉为刃，而变为用玉为饰，如玉具剑是也。汉人更喜佩用美玉，如刀柄、剑柄及鞘饰、昭文带等物，均用玉为装饰，玉刃则绝迹。故玉兵虽非实用作战之器，而石刃铜柄，盛行于商殷时代，实透露出由石器时代至铜器时代之递嬗消息，而为其例证，故备述之。

第二章　铜兵

第一节　铜器时代

中华民族最先知用铜为器之时究在何时？稽诸古籍，多难征信。

民国以来，发掘事业渐盛，考古学家辈出，对于铜器时期渐多论断。如马衡氏谓："吾人可信商之末季已完全入于铜器时代。但此为积极的证据，若由消极的证据观之，不能谓铜器时代即始于是时。何则？吾人所见商末之器，其制作之艺术极精，如《考古图》所录亶甲墓旁所出之足迹罍，虽周代重器亦无以过之。此种工艺，岂一朝一夕之功所克臻此。况古代文明之进步，其速率盖远不如今日。以吾人之推测,至少亦当经四五百年之演进,始能有此精致之艺术。然则始入铜器时代之时,至迟亦当在商初,虽其时或为石器铜器交替之时,但不得不谓之铜器时代。故言中国之铜器时代,必数商周二代,其时期约历千五百年。秦汉以后,铜器渐微,而铁器代兴矣。"①

一九三五年,英国伦敦中国艺术国际展览会筹备委员会对于中国青铜器之起源,有简单之论断,略谓:"中国青铜器之发明,最迟当在商初(公元前一五〇〇年左右),或尚远在其前。以我人就现存之商代铜器观之,其制作之技巧已极进步矣。冶金术之起源与制陶极有影响,故古代铜器之形制,大部与陶器相同。如鬲、甗、豆等,在古陶器内极多发现。然铜器之较迟者,或出于他种器物之模仿,如簠即仿诸竹制之筐是也。"②此其说殆与马衡氏所见大同小异。

一九三七年四月,南京《全国美术展览会专刊》载唐兰君之《中国古代美术与铜器》一文,对于铜器时代略有论及,略谓:"中国铜器时代的早期情形,现在还不很清楚。商代的铜器制作,已极精美,决不是初期作品,所以我们假定它是源起于夏代的。由商到西周是极盛时期。春秋以后,铁器渐兴,战国时铜器虽一度

① 见日本《考古学论丛》一,《南京史学杂志》,第一卷,第三期,一九二九年七月。
② 见《参加伦敦中国艺术国际展览会出品目录》,一九三五年四月中文版。

有很精美的作品,但到汉以后就完全衰落了。"①比其说亦仍与马衡所见不甚相远,唯由商初而略推远至夏代耳。

缪凤林君所作《评马衡"中国之铜器时代"》一文②,力辟马氏所谓"中国之铜器时代,必数商周二代"之说,一一指摘其引证之不当,立言甚博。其意似谓中国铜器时代远在三代以前,然并未明言始于何时,而偏重于驳斥马氏之谬误。依吾人见解,马氏固谓"始入铜器时代之时,至迟亦当在商初",既谓至迟,马氏固未敢断定铜器仅始于商初也。

一九二三、一九二四年间,瑞典考古学家安特生归自甘肃,将所获古器物分为六期,前三期均无铜器,后三期则铜器次第增加,且有颇为精美者。安氏曾以其最末期(沙井期)之铜器,与罗振玉在河南所获之殷墟铜器比较,不逮远甚,因谓甘肃出土最晚期之铜器必在商殷之前③。

日本学者梅原末治君近著《中国青铜器时代考》一短册,其结论一方面承认"中国青铜戈戚等有特性之利器,在四邻各古文化国中,皆难以见出,其器形之发展,乃自石器而来,在古代中国之地域,为不动者。换言之,即此种铜利器之特殊的发达,乃表示中国青铜时代之独自性,此后不久即成为具有特色尊彝出现

---

① 见《教育部第二次全国美术展览会专刊》,一九三七年四月筹备委员会印行。
② 见《南京史学杂志》,第一卷,第三期,一九二九年七月。
③ 见安特生:《甘肃考古记》,载《地质专报》,甲种,第五号,一九二五年。

之背景。而由此以来其时代之长短,今日虽尚无可以计出之确证,然其决不能短,则可以推测知之"。是谓戈戚等兵器,为中国特产之古兵也,一方面则主张铜器时代东西一元论之说。谓中国开始之青铜器,来自西方①。

梅原氏此项主张并非新颖,从前欧洲学者已经有人说过。就大体而论,铜器西来说盖与中国人种西来说有相当之联络,其理由大同小异。主张人种西来说者,从前大都以中国未曾发现石器时代之文化为其主要理由,今则中国各地均已先后发现各石器时代之遗物极多,颇有自成一家、深具个性、与西方石器时代之器物迥然不同者,人种西来说既已失其根据,铜器西来说亦自难以成立。铜锡合金之器物未必系由西方传入,中国南部,铜锡均有而颇富,现在发掘工作,仅及商殷,地方多在中原,将来范围逐渐推远,得到中国南方古文化遗址之发现,自有实物可以证明吾人之说也。

与吾人之意见相同者,当推十数年前章鸿钊氏之说。章氏为金石及考古专家,为主张中国人种及黄帝西来说最力之一人②。吾人对于中国民族之见解,虽始终认为自远古以来,中国人种即为中国之主人翁,并非自西而来或由南而至,但颇同情于黄帝西来之说。唯此之所谓西,并非欧洲或亚洲之极西部,不过

---

① 见梅原末治:《中国青铜器时代考》,商务印书馆一九三六年。
② 见章鸿钊:《三灵解》,一九一九年。

在中国之西方耳。至于章氏对于中国铜器时代之主张，则吾人深表同情，认为所见甚为正确。章氏所谓："中国之有铜器，从考古学证之，固当始于公元前两千五六百年，或更进而上之，亦尚未可知也。"①恰与吾人上文所言意见相同。章氏所作《中国铜器铁器时代沿革考》②征引甚博而详，兹摘录其结论如下：

中国铜器与铁器之消长时代，得大别如下：

始用铜器时代　五帝之初，即公元前二十六七世纪。是时石器或未全废，唯书契无可考……

铜器全盛时代　夏、商、周三代，即自公元前二十二世纪至前五世纪……

始用铁器时代　春秋、战国之间，即公元前五世纪。吴楚诸国，冶炼渐精，始制铁兵，唯仍以用铜为多。

铁器渐盛时代　自战国至汉初，即自公元前四世纪至公元之始。是时农具及日用诸器，已盛用铁，唯兵器尚兼用铜。

铁器全盛时代　东汉以降，即自公元一世纪至今日。东汉兵器已盛用铁，其后铜愈乏，甚乃禁用铜器。

---

① 见章鸿钊：《中国石器考》，载《地质专报》，乙种，第二号，一九二七年十二月。

② 见章鸿钊：《石雅》附录。

章氏此种论断,吾人极表同情,所谓铜器始于五帝之初,全盛于三代之时,想与事实相去甚近。将来出土实物日多,自可逐渐证明此说之当否也。唯有两点须加说明:一即红铜(天然铜)与青铜(合金)之时期先后,章氏未曾注意及此。盖因商代以前之铜器,至今尚鲜出土之物,仅安特生在甘肃发现所谓铜器时代及青铜时代之初期铜器,而列入辛店、寺洼及沙井三期。沙井期已有精致带翼之铜镞,据云已当商初时代,约在公元前十七八世纪之时,当已为青铜器矣。究竟红铜器始于何时,章氏所谓铜器始于公元前两千五六百年,是否专指红铜器而言,青铜器在后若干年?是须分别言之,始能证明梅原末治所主张"中国青铜器西来说"之谬误否也。二则章氏之意,以为中国铜器始于公元前二十六七世纪,即黄帝由西方来主中夏之时,铜器系与黄帝俱来者。此意吾人未敢苟同。盖中国南方自远古即为产铜产锡之区,斯时中国南方民族似早已用铜矣。不但红铜兵器为中国古民族所自行创制者,即合金之青铜兵器,亦为中国南方古民族自行发明创作之物,并非来自西方者。将来发掘事业日盛,出土物日多,必可证明吾人之说不谬。现时论述古铜兵,既缺实物,亦寡考据,仅知其远古以来,地下应有,蕴藏或富而已。但因出土实物缺乏,故古兵器之形状种类及其制造方法,均漫无可考,多闻阙疑,慎言其余,为吾人应守之规律也。

第二节　三代铜兵

三代铜兵之出土者,民国以前,已有商代勾兵、斧、戚、矛以及周剑、周戈、周刀及周斧、戚、戟、矛等器。民国以来,发掘之工作渐盛,尤以河南殷墟之出器为夥,于是商殷铜兵及武装,日见其多。但现时发掘之地尚未及夏代遗址,夏代有无铜兵,尚无可征也。

甲　所谓夏代铜兵

夏代铜兵,经前人图示者,仅有吴兴陈经抱之氏所藏之夏青铜匕首一具[①]。陈氏自注曰:"右匕首,长一尺二寸二分又五分分之四。……背面铭各一字,不可识,与夏钩带文字相仿,故定为夏器。"(第二十五图)此器体长而下端有双孔,似为安柄缚索之用。其文字是否夏代钩带文,亦尚待真正夏代兵器陆续出土时,始能证实,陈氏所名,毋乃过早。此外,北平历史博物馆藏有小青铜匕首一具,略具周剑形式,唯铜质较劣,有人谓为夏代匕首,恐亦非是。然则今日谓之尚未发现夏代铜兵可也。

---

① 见陈经:《求古精舍金石图》,清嘉庆戊寅年说剑楼雕本。

乙 商殷铜兵

商殷之际,文化艺术均有可观,铜兵制造,已甚精美。非但铜锡合金已臻美善,抑且雕镂镶嵌,手工精巧绝伦。民国以前,各地已陆续零星出土多器,大都为外人购去,少数留存国内经好古家图而出之者,仅有下列数种:

清陈抱之藏商雕戈一(勾兵),长九寸二分,无铭,青铜质,两面深刻兽面等纹[1]。与清程瑶田所示之商勾兵相似[2](第十四图版第一、二两号),有以内安柄及以銎受柄两种。清冯云鹏藏商"舟戈",有铭,青铜质,其形略似扁舟,勾兵也。冯氏注曰:"此器似戈似戳无胡。戈之胡不如是之短,与《考工记》不合,疑商时戈也。内铭只一舟字,盖人名;古之舟与周通用,鼎彝中每有此名。"[3]清汉阳叶东卿藏商雕戈一具,青铜质,形已与周戈同,但尖锋不作尖形,而作圆形,如手指状。雕刻花纹精细,作鸟兽及回文形,铭文与殷墟文字异[4]。

冯氏兄弟藏商癸钁、商象形马戈戳,骤视似商代青铜矛头,

---

[1] 见陈经:《求古精舍金石图》。
[2] 见程瑶田:《通艺录》。
[3] 见冯云鹏、冯云鹓:《金石索》。
[4] 同上。

作 形,而实横用,属戈类①。

　　清上虞罗振玉藏商勾兵(戈)三具②,系于清末出土于河北保定府者,青铜质,全体刻有商代文字,近于殷墟文字,柄作带角鸟首形,不便安柲,疑系明器(第十二图版第二号)。

　　清吴县潘伯寅藏目形干形勾兵,青铜质,体及柄上,均深刻象形文字。此类勾兵,其形近于匕首,又如矛头,均有孔缚柄,与体近于戈形之勾兵稍异③。

　　清嘉鱼刘心源藏商代大矛头一具,青铜质,铭文近于殷墟文字,体庞大而孔在矛之中部不远,此为特点④。

　　民国以来,发掘事业渐盛,各地出土商殷铜兵渐多,尤以河南安阳殷墟为最。从前商代戈戳,好古家视为奇珍者,现可以廉价求之于市肆。但其较为佳美者及镶嵌绿松石之艺术品,则几于悉数流出海外矣。据李济之研究⑤,殷墟出土之商殷青铜兵,可分为五种:

　　(一)铜矢镞　殷墟出土商殷矢镞,计有石制、蚌制、骨制、铜制四种。蚌镞恐非战争所用,石镞甚少,骨镞极多,其形制变化

------

① 见冯云鹏、冯云鹓:《金石索》。
② 见罗振玉:《梦郼草堂吉金图》。
③ 见吴大澂:《恒斋所见所藏吉金录》。
④ 见刘心源:《奇觚室吉金录》。
⑤ 见李济:《殷墟铜器五种及其相关之问题》,载《庆祝蔡元培先生六十五岁寿辰论文集》。

亦最繁。铜镞颇多，仅稍亚于骨镞，但只有一种形制，即一律系带刺者，为倒须式，中有脊，脊下接茎。此种统一之矢镞，颇有独立性质，且均系青铜时代全盛时之物，而非青铜器前期之物。盖因矢镞只能用一次，消耗甚巨，而实际上铜镞并不优于石骨蚌等镞，当然至铜锡价低廉之时，各种铜器早已普用之后，铜镞始获盛行也（各种矢镞均见第十六图版）。

（二）铜勾兵　中国上古之勾兵，显然可分为两类：一类是以"内"安秘者，一类是以"銎"安柄者。《考工记》所载之制戈法是说以内安秘的勾兵。此种勾兵是中国特产，其演变之阶段，可以在古器物中一步一步地推寻出来；其原始之形制直可追溯到石器时代。殷墟出土勾兵，两类均有。以銎安秘之勾兵，纳柄于銎（第十四图版第二、三、五等号），虽然便利，但效率不高，故不久即为《考工记》所载之以内安柄之戈压倒（第十一图版第二号，第十三图版第三号，第十四图版第一、四两号及第十五图版第三、四两号）。从前英国考古学家裴居立教授（W. M. Flinders Petrie）曾将中国之瞿与埃及之壳形斧列为一类讨论，认为与此类斧形后期之演化有关系[1]。但吾人细阅裴氏所示各种图形，其中颇多疑问。又有人谓西伯利亚地方曾有铜勾兵出土不少，颇似于中国瞿形，然其时代晚于商殷，实受中国戈制之影响，而非中国戈制之先型。故商殷铜勾兵，完全系中国特产兵器，绝非外来之物

---

① 见裴居立：《铜器与铜兵》，伦敦出版。

可无疑也。

（三）铜矛　殷墟出土铜矛,均系双锋,仅有两种式样,一种其筒直透于矛尖,一种其筒仅止于矛柄。显然与《说文解字》《鲁颂》郑笺、《考工记》《诗·秦风》《曲礼》等书所载矛之式样不同。考古学家常将矛与矢视为分化同源之器物,盖因矛形之演进常与矢形之演进互相关联。殷墟之铜矛与矢,却有重要之分别:矛身之形制为圆底或平底,柄为圆筒,矢则具刺,带茎,其分化之方向已甚远(第十二图版第一号,第十五图版第一、二两号及第二十图)。

（四）铜刀与铜削　殷墟出土铜刀甚少,只有两种形式:一为直背凸刃或凹刃带柄,有铭者颇多;一为凸背曲刃带柄,柄端有环,有如泉刀,有铭者较少。曲刃凸背之刀,其形式颇近于《考工记》所载之周削刀而较大,后来秦汉诸代所用之削刀,历来各地有出土者,其形亦颇类似。直背凹刃之刀,出土者较少(第十三图版第一、二两号及第十五图版第六、七两号)。

（五）铜斧与铜锛　殷墟出土之铜斧、铜锛不少。所谓斧者,其刃与柄平行,用力方向大概向下,锛之刃则与柄作丁字形,用力方向大概由内向外。另有人谓斧之仄面是对称的,作葛 ▬▬◁ 形;锛是不对称的,如斲,作 ▬▬◣ 形。但木工之斧,亦有不对称者,只有锛则从不对称耳。殷墟出土之铜斧,仄面看均不对称,均系空头形制,刃作凸形,略外出。但亦间有以内安柄之戚(第十一图版第一号,第十三图版第五号及第十五图版第八、九、十等号)。以与殷墟出土之石斧相比,有下列相似之点:刃形不对称似锛,凸出似戚;唯空头即中空形制,则石斧未有耳。据李济之推论,"殷墟铜斧锛之全部形制,极像欧洲青铜晚期与西伯利亚一带所出的空头斧锛,但欧洲的空头斧有三种别样的形制的铜斧作它的前驱,西伯利亚与中国却没有这种历史。西伯利亚的青铜文化完全为无文字的,所以它的年代也不能绝对的断定。殷墟的文化是有文字的,年代有比较靠得住的根据;在这种空头铜斧以前是否有像欧洲前三期那样的铜斧,是研究殷墟全体文化来源极值得严重考虑的一件事"。

自一九三二年以来,以至一九三七年抗日战争起时,河南殷墟出土商殷铜兵器更多,且有武装盔铠以及兵车全套出现。其较为完整经中央研究院存列于其历史语言研究所,并且择要公开展览于一九三七年春南京全国美术展览会者,计有弓、矢、戈、矛、大矛、短刀、大刀、斤、钺、盔、兵车等武器。其矢镞、戈、矛、刀、斧等器,业已述其大致如上,兹述其铜盔及兵车于后:

殷代铜盔,大都作虎头形,或者商殷即有所谓虎贲之士乎?(第三十八图)殷盔常有内部红铜质,而外表色泽光亮,似含有锌、镍等质者,是否当时已知外镀锌镍之法,以未经化验,尚难确指。

关于商殷兵车,据中央研究院发掘报告,河南安阳小屯村墓第二十号，出土物颇为完整，此墓之全部葬物为玉兵一组，铜兵二组，佩玉二组，马饰四组，车饰一组，而主要之葬物则为兵车。发掘时计先后发现六乘兵车，但因车之主要结构部分之木料，早经腐化无痕；二因埋葬时部分之拆卸，结构方面已无法作精确之复原。然而车之形式已可由遗存车饰之排列，推之其大略如下：舆（车箱）略作半圆形，由后升降，一辕，驾四马，两服两骖；两服之轭有全部之铜饰，两骖之轭唯上端有铜饰。大体言之，与《考工记》所记之春秋时期兵车无大区别。马辔即与后代同，唯无金属之衔，而多一双夹腮之铜器。乘车之法为每乘三人：一主人、一御、一右；墓北端之二人乃御与右。墓中之玉兵，一玉戈、十玉矢，乃主人之物；铜兵及佩玉各二组，每组铜刀一，铜戈一，铜弓饰一，铜矢十，璧一，玉觿一，长管形玉器一，短管形玉器一双，兽头形佩玉一，乃御、右之物。车之铜质零件，计有铜马辔饰，铜马铃，铜马勒之夹腮部分，铜轭饰一组，辕端铜饰，铜车饰，辀帆交接处铜饰，辀軫交接处铜饰，舆饰等等铜器，及铜弓饰。此外尚有铜制人面具，颇似近代假面具之制法，是否为仪仗之用，或一部战士之物，未能断定。又商殷玉兵，每附铜柄，镶嵌绿松石，均系显者之物，是以殷墟出土玉戈及玉戚残留之铜柄颇多。

　　商代已入铜器时代，绝无可疑，今则实物已证明商代早已进入精美青铜器（合金）时代。十数年前，为欲确知商代铜兵器及铜容器合金之成分起见，国内考古专家曾将各器分析化验，兹将其结果介绍于下：

最初之测验，系由北平地质调查所梁冠宇君分析，其化验结果如下（化验品为一青铜镞）：

铜	百分之二十八点〇九
铁	百分之二点一六
锡	百分之五点六〇
银	微量
铅	微量
矽酸质	百分之三点六六

翁文灏氏谓：此物气化已深，故碳酸甚多，已成铜绿，盖因分析品系一不成形之商代铜块也。

同时北平化学研究所所长王琎，亦有殷墟青铜镞之化验报告如下：

铜	百分之三十九点二①
锡	百分之十点七一
铁	百分之一点一四

---

① 此二青铜镞所含铜的比例过低，但原文如此，权且列之，疑数字有误——编者注。

氧化矽　百分之七点三九

水分　　（?）

氧化碳　（?）

　　此两次分析品,均系氧化过甚之铜块末,故结果不甚精密,但已证明商代铜兵不但系铜锡合金,且含有提炼未净之铁质,似非偶然之事。

　　一九三一年春,发掘所获较多,乃由英国皇家科学工业学院采矿科教授甲彭特爵士(Sir H.C.Harold Carpenter)代为精密分析,因甲氏曾分析多数埃及古铜器,早有专家经验也。但所送标本,亦均过于氧化,后羼之成分太多,因此化学之分析简直是不可能,只能由显微镜考察,估计所送四项标本所含铜与锡之成分如下:

器别	红铜成分	锡成分	标本号码
刀	百分之八十五点〇〇	百分之十五点〇〇	一、五六二
矢镞	百分之八十三点〇〇	百分之十七点〇〇	一、一六一点一
勾兵	百分之八十点〇〇	百分之二十点〇〇	一、三五九点二
礼器（?）		百分之十点二〇	一、一六一点二

甲氏报告复谓,是项显微考察,虽不能定别此种合金是否尚有他种金属质存在,但关于红铜与锡之比例,不会有何错误。由此观之,殷墟之铜器多含有百分之二十五以上锡质,可以认定完全系青铜时代作品矣。

上述一九三一年伦敦甲彭特教授之显微考察殷墟各种青铜兵器之结果,虽只知红铜(天然铜)之成分均在百分之八十以上,锡铅之成分均在百分之十五以上,他质均无报告;但关于此种对各兵器青铜体质之物理的显微透视,即用显微镜放大视察各器内质机体构合之所获,则颇值得注意,而裨益于研究商殷人冶铜术及铸造兵器学者不少①。据甲彭特之放大摄影所示吾人者,有青铜刀、矛、斧、镞等兵器之内质透视形,放大至一百倍至二百五十倍,镞头则且放大至九百倍(见第十七图版),其中天然铜质及锡质之构合,均历历可见。据甲彭特之报告,大致与汉人所著《考工记》所说之铜锡成分颇相接近,可见中国冶铜之术,在商代已甚进化,吾人所主张中国铜器文化之开始期,尚远在商前,于此亦可获一旁证。第十七图版所列七透视摄影图,虽腐蚀过甚,尚可辨别铜之位置,颇为整齐匀合,并无凌乱夹杂之形,如第二a、三a、四a三图,内质构合排列均极配和合法,匀整可观,以比近代合金之剖视并无逊色。第七图九百倍放大之透视,其铜质均在边缘部分,锡与各质则居中,盖所以增大兵器之外抗力及斩

① 见中央研究院《安阳发掘报告》,第四期,一九三三年。

劈割切之功用,而使内心发展其伸缩性之效能以免撞折劈损,商殷冶铜铸兵之术,可谓精矣。

关于商殷人冶铜之术,今人亦有研究及之者,如刘屿霞氏,即其一人也。刘君自一九三一年春至一九三二年春,曾参加第四、第五、第六各次殷墟发掘,就地就器,研究殷代冶铜术,颇有心得。既发现殷人铸铜之陶器炼锅"将军盔",复因见及殷人所遗之矿砂"孔雀石",而推及殷人采铜之地点,至于鼓风炼炉、燃料、铜范,及殷人所铸各种铜器,均有所阐发。刘氏之功匪浅矣。兹摘述其论"殷人冶铸铜器的方法及其程序"①大要并加补充如下,以资参考。

殷人冶铸青铜方法及其工作程序,据殷墟考察所获,大致可以分为五步:

第一步选砂　矿砂在入炉之前,须加选择,将无用石质淘汰,将矿之成分提高,冶金学谓之"选矿"。殷墟发现之铜砂,成分虽不甚高,但所含石质甚少,显系经过人工选择者,或者系再度选择而被淘汰之铜砂亦未可知。

第二步配合　近代矿石入炉时,为使其易熔起见,常酌配相当熔剂使与矿内所含之石质成渣,而分出金属状态之铜。欧洲等处古代人炼铜尚不知加配熔剂,系任其自然成渣,直至三代以

后尚然，殷代人则早已知有加配熔剂之术，即如其相当分量之木炭，显系有意加入者，且其炭量之配合，必已有一固定之公式。或者殷人尚知用他种配合法，现时尚未能发现。商殷人冶铸甚精，且已有成法，无可疑也。

第三步掺锡 炼炉内所炼得之铜，其质尚欠纯净，所以尚须入炼锅精炼；加锡使成合金（青铜），也就是在这精炼后举行。商殷人用土窑为炼炉，业由带麦秸之红烧土及重至二十余公斤之炼渣大块证明。商殷人之炼锅历来出土者亦不少，土人以其形似，曾呼为"将军盔"，考古工作者因亦以"将军盔"称之。其剖面略如⬛形；其内质有云母碎片及不易认辨之碎石粒，迥异于其他陶器；其体上为筒形锅，下为独脚腿，约重七公斤，容积为三公升，可容铜汁一二点七公斤，最厚处为三公厘。此炼锅下面之独脚腿（倒过来即盔顶尖）高约十公分，大概系防止倾覆，减少接触面，及便利转动者。知商殷人炉锅之制及掺锡之法，均已极进化而有系统矣。至于燃料用木炭，鼓风用革囊竹筒，也是商殷人，并且是商代以前人传来之生产知识。

第四步铸范 合金既成，铸范为器。殷墟出土之铜范颇多，用之次数则不多。大约商殷人很少用捶打法制造铜器，而喜广用模型铸造之法，是以遗范甚多。如礼器有觚、爵等范，兵器有戈、矛、镞刀等范，用具有斧、锛、小刀、锥、针等范，饰品有饕餮纹装饰及贝纹装饰等范，铸造均甚精致匀整，手工极佳，绝非铜器时代早期之物也。

　　第五步修饰　铜器出其铜范以后,尚须修饰,始成为美观合适之器。商殷人修饰手工,精美绝伦,如捶工、压工、磨工、擦工,莫不精巧光润,美丽奇异,坚固耐久,锋锐犀利,达到技艺之高峰。商殷人之青铜器文化,足当全盛之目而无愧矣。且此不仅河南安阳殷墟出土之铜器为然也,清代乾隆时,皇宫中已盛藏其他各地所出商代铜器不少,其雕镂刻画之工作,俱皆精绝。且商殷艺术之美,不仅铜器为然,铜兵为然,玉兵骨兵之雕镂镶嵌,盖与其磨琢之工,并臻丰美。商殷玉兵,已附述于石兵章末(见第九、第十两图版)。商殷骨兵,安阳出土者多佳制,如第八图版所示商殷骨兵,虽然安阳出土物中最美之器,亦固有其历史上之价值也。

　　商殷铜兵,以戚与勾兵及矛头为多,其中体大而面阔者居多,有人疑此种较为笨大之物,应属于仪仗侍卫之器,而非商殷正兵,不为无因。此种大型矛头、大型勾兵及大型戚,于一九三五至一九三六年伦敦所举办之中国艺术国际展览会中,多有送展,如瑞典赫氏(A. Hellström)送往之雕花大矛头,荷兰皮氏(C. A. Piek)送往之全体雕花刻铭阔体勾兵,美国堪萨斯美术馆送往之花铭大戚,均美术品,但皆不合实用,恐亦商殷显贵者之明器耳。

丙　周代及春秋、战国铜兵

周代虽尚为青铜兵器盛用时代,且铸有商代所无之名剑,然已属于尾期,铁兵在周末即已兼用(近年山东济南近郊,曾同时同地掘出周代铜兵及铁兵,铁兵粘牢于周戈之上,故可断为周代之物,现均存山东省立图书馆)。多数铜镞,均带铁尾,长短不一,有长过镞之本身数倍者。战国以前,仅有小匕首而无剑,但其体甚短,且无柄,近于长刃之矛首。剑为周代下半期始有之物,属短兵类。故吾人研究周代兵器,可分为长兵、短兵、射远器及防御武器等四项分论之。

壹　周代及春秋、战国长兵

周代文化艺术超过前代,专门学者之多,著作之丰富,盛极一时。如《周礼·考工记》一书,记载周代兵器、武装及兵车等制造之方法制度颇详,郑康成谓此前世识其事者,记录以备大数也。两千年来,学者研究周代制度器物,皆莫能外,可见其盛矣。唯是后人论器,仅能通其文字,苦鲜实物为证,揣想所及,往往对一器而解释异趣,聚讼纷纭,莫衷一是;又或昨是而今非,理想乃与事实相异,即博学深思之士,如清大儒程瑶田氏者亦在所难免,如论周戟是,则物征不足之过也。民国以来,发掘事业盛兴,出土实物日多,研究周器者已易于操觚,兵器即其一端。如周戈、戟、剑、斧、斤、钺之类,以及周代铠胄等器,南北各地均有陈列之所,已可对器觅证,毋庸再如前人之假想臆度矣。

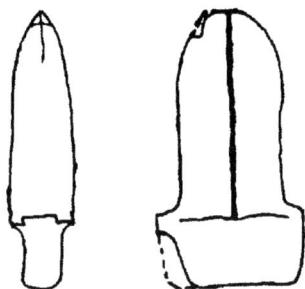

第二图　石戈

子　周戈

戈为勾兵或啄兵,即用以钩挽敌人并啄刺敌人之装柄长兵。钩敌人之颈项而致其死,或钩近而以短兵砍毙之,故谓之勾兵。从上啄下入人头,或从旁横啄入人腰,故谓之啄兵。勾与啄为戈之基本效用,而并无直刺之能力,是以戈非刺兵。戈之为器,在欧洲及亚洲西北部及南部各种古民族之间,均未发现有完全同形者,是以论者以戈为中华远古民族固有自创之兵器。但其制湮没甚久,迟至宋儒黄伯思氏作《铜戈辨》,始阐明戈为击兵而非刺兵,而援胡内之作用始明①。后人宗黄说而扩益之,戈之用愈显。考戈之原始形状颇为简单,实脱胎于石器。新石器时代之

---

① 见黄伯思:《东观余论》卷上。

人类,早知利用装柄之石刃斫物,抑或用以杀敌,戈其一种也。石戈之出土者,形式多不甚完整,择其较为完整而可断为石戈者,其形略如第二图,盖为新石器时代磨工完好之石兵也①。玉戈或称玉勾兵,即石戈之一种,如第六图版第三十四号玉戈是也。

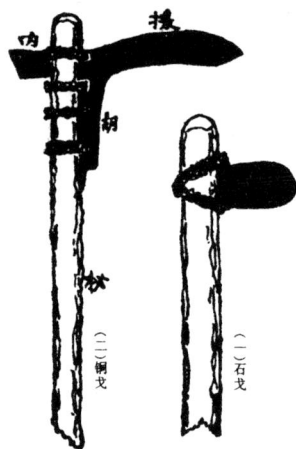

第三图 戈之安置法

戈之部分名词有三:曰援,即平出之刃,用以钩啄敌人者;曰胡,即直下之部分,有孔用以贯索以缚于柄者;曰内,即援后短柄,用以穿入长木柄,中端亦有孔贯索缚于长木柄之上端,使戈体坚牢着柄而不左右移者(第三图第二号)。石戈无胡无内,而其援之下端向左右两边凸出少许或突入少许(第二图),用以缚索于木柄之上,因其体短而宽,故亦能着柄而不滑脱(第三图第

① 见安特生:《中华远古之文化》。

一号）。石戈无甚变迁，大约用途亦不如石斧、石锛之广大，因斧锛本为工具，时时不离，亦偶用以杀敌自卫，故世界各地出土石兵，均以石斧为最多也。石戈用期甚长久，商殷之际，所用玉戈（勾兵）尚为石戈遗制。铜戈则反是，其形制之变迁，似曾经过数种阶段，而可征者仍只能自商代为始。商代以来铜戈变迁之图形，安特生已在其所著之《中华远古之文化》一书中图其大要。嗣又有他处出土之戈，形式略异，兹将各处陈列不同形之铜戈图

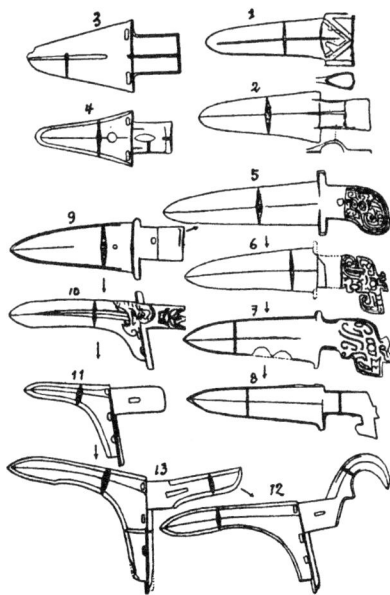

第四图　各地出土商、周、战国铜戈之形式变迁略图

(采梅原末治君之图)

列其先后变迁之状于此(第四图)。此图系采自近年出版日人梅原末治氏所著之《中国青铜器时代考》一书,铜戈之形式变迁尚多,此图不过具体而微耳。其中第一号兵器,系商代物,但非戈之正体;第六、七、八号三器,系商代勾兵,但系殉葬之明器,而非持以临阵杀敌之物。四、五、六号三器,则确系商戈之正体,系以"内"安秘者。二号则系以"銎"受秘之戈,近于瞿矣。十号器胡体较长,援亦较长而下曲,已由商戈演进至周戈初形,想系周初之物。十一号器系周戈及春秋、战国铜戈之普通形式,但较以其他周戈,则觉援特细短而胡与内过于宽大矣。罗振玉曾获十二号戈一具,称之为"鸡鸣戟"①(戈之"内"作钩形者,称"鸡鸣戟",或称"拥颈戟",均见《考工记》)。十三号戈为"内"末有刃之戈,可称为戈之最进化阶段,戈之较近者,其"内"皆有刃而长也。清代好古之士,图示其藏戈者颇多,戈形常有出入。如紫琅冯云鹏兄弟所藏之商舟戈,其内偏于上端,仅及援阔之半②。又商雕戈其援不尖而半圆,与程瑶田所图之周雕戈相似,但雕刻花纹不同(第十九图版)。又高阳左戈,内长而与胡不作直角形,微向下曲。又周良山戈,援长内短,而内一孔,援二孔。周在阴戈,援短内长,而内一孔,援三孔。秦二十三年戈,则援向前曲出。

---

① 见《周礼·考工记》及罗振玉《梦郼草堂吉金图》卷中。
② 见《金石索》。

汉正师戈则援与胡均肥阔而内小而窄①。嘉鱼刘心源所藏秦左军戈，其援并不向前曲出，仍与胡作直角形，内则微向上曲；又梁伯戈其援之尖乃凸出作九十度角尖形，胡短仅中有一孔②。邹安所藏郾王戈，其胡上三孔作山形，胡之上边亦随而作三山形，内长而其孔亦上作尖形而两肩凸出③（第二十一图版）。又如程瑶田所藏诸戈④（第十九图版）及其他清代考古学家之藏戈，形式亦均有异同。盖因古人制品，全用手工，并无标准格式，虽有所仿，殊不易一致耳。而铸造之术则愈近愈锐利，战国之戈，锋刃犀利异常，出土器尚有具刺割之威力者（第二十图版）。今人藏戈中亦有形式特异者，如徐传保所藏周戈多具，其中一戈⑤，尺度略如《考工记》所示，而胡有五孔，内亦有上下二孔，近胡之孔长形，近尾之孔作大圆形，缚索着柲，更为坚固牢实。近年中央研究院在河南汲县山彪镇汲冢中，掘出晚周铜戈十余件，皆长胡多孔，与上述徐氏所藏之戈同形，大都系战国物，孔多则穿索缚柲较牢固，是时戈之演进，已至最后阶段矣。

戈之形制，大致如上所述。但戈之装柄形式，则古今人意见不同，主张颇多分歧，拟图各异。清通儒程瑶田氏，首为戈戟之

---

① 以上各器之图形均见《金石索》。
② 见《奇觚室吉金文述》。
③ 见邹安：《周金文存》卷六。
④ 见程瑶田：《考工创物小记》。
⑤ 见徐传保：《中国古铜兵器铸造之研究》。

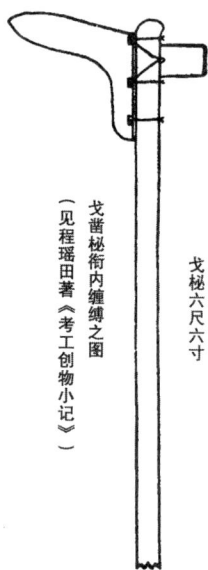

戈柲六尺六寸

戈墊柲衔内缠缚之图
（见程瑶田著《考工创物小记》）

第五图
程瑶田氏所拟之戈柲图

详细研究,并确定戈柲为六尺六寸长,木柲完全为一直体长杆,其首圆或椭圆,而与戈之援齐平,不向上出(第五图)。所图之戈,为程氏所藏周戈之一,胡有三长方孔,内只一圆孔,可谓为周代铜戈之普通形式;所拟之柲,大约与事实相符。盖戈为勾兵啄兵,平勾下墊,亦可由旁横墊,其柄宜直不宜曲,柄首宜与戈平,不宜高出戈体而附以他物,否则运转不灵活,用力较多而杀敌不准,反使下墊平勾横刺,均有发生障碍之可能。至丁璎珞等饰品,不用兵时固为美观,与敌人搏击时反为不便,易遭敌器钩挂,且可障误视线,挂碍服装,

古文字上虽有此象形,殷周实际用兵时是否附此有害实用之饰物,尚难证实,故余以为程氏之图,似简单而恰符实际也。至于戈柲是否均为六尺六寸,则事实上恐有出入。周剑分为三级长短,视佩者身体之高矮而定,并无阶级之分;周戈之柲,恐亦有长短之分与步骑之别,未必均系等长也。今人之研究戈戟者虽常重程氏之说,而所拟装柄形式,则颇足令人置疑。其曾经图示所拟装柲形式而问世者,有马衡、郭沫若、胡肇椿、郭宝钧诸氏。马

氏曾著《戈戟之研究》①征引颇富，对于戈之形制，申辩綦详，但误以戈戟为一物，认为戈戟之援与内，同为横列，同一直线，而戈戟之胡又同在援与内之间纵而下垂，此为其根本致误之点。又以为柲之上端系曲形，自胡之底而起，向内曲作半弓形，高出戈体之上如戈长；并且内上系璎珞，柄尾亦系璎珞（第六图）。其图文质彬彬，颇似仪仗礼器。一九三三年南京开第一次全国运动大会时，奖品形式即按马氏之图而制，陈列大会，参观人士均以为系古代仪仗或装潢品，无人认为三代时冲锋陷阵杀敌致果之利器。可见马氏偏重文字及理想，而未注意兵器杀敌之效力，致与事实相背也。郭沫若氏与胡肇椿氏均力辟马氏之见解。郭氏著《说戟》一文②，谓马氏之错误在根据程瑶田氏之说，而认戈戟为一物，仅谓戟之内有刃，而戈之内无刃；此说实与出土实物不符，而昧于戟为刺兵。但郭氏根据其所著之《戈珮祕彤必彤沙说》③，以为戟刺之下，必有璎珞，名曰彤沙，此点与马氏看法相同。故其所图之柲，上亦有璎珞，柲下装镈无璎珞。郭氏亦失于文人偏重理想，而未注意兵器之在手灵便适用与否，故所拟戟柲图，亦近于仪仗缀络之器，而非冲锋陷阵便于杀敌之物（第十六图）。但郭氏论戈戟之进化，其言则大都与吾人上文见解相同，

---

① 见《燕京学报》，第五期，一九二九年六月。
② 见郭沫若：《殷周青铜器铭文研究》。
③ 见郭沫若：《殷周青铜器铭文研究》。

而可说明戈内加刃之过程,兹为介绍如下:

最古之戈,仅有援有内,而无胡,存世之商世勾兵,皆戈也,此由戈之图形文字可以证明。有所谓"子执戈勾兵""马文勾兵""戈形勾兵"者,其内末之戈形文,恰为器形之写照。有胡之戈,由其有铭者观之,大率皆东周以后物。有刻款作"周公作戈"云云者(见《周金文存》),伪也。故戈之有胡,当为戈之第一段进化,其事当在东周前后,因而可推知《考工记》之文,亦不甚古。胡之进化,其意殆在秘舷之用。戈戟之秘,其断面为杏仁形,当援之一面狭于当内之一面,故于与援相接之处,演进为胡,以增进援之效能。内末有刃又戈之第二段进化。盖无刃之内末,几等于无用之长物;其必然之演进,必使之薄削以使戈之运转轻灵,因而更锋锐之以为刃,则是化无用为有用,使戈体之前后左右均具锋芒矣。有刃之戈,其形必轻便,于杀敌致命之用处处均显其效能。如援之较狭,狭则减轻抵抗而易入,援体必较昂,盖已有内末之刃以专备勾啄之

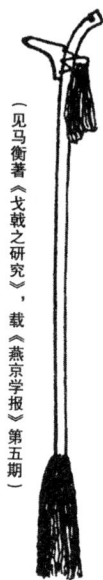

(见马衡著《戈戟之研究》,载《燕京学报》第五期)

第六图
马衡氏所仿造之戈秘

用,援昂则增大胡之效能,使戈复
成为长柄之镰刀而利于割。故由
其形制之精巧与效用之完备而言,
较之无刃之戈,其巧拙之分已大有
由旬,古拙单纯之无胡商戈更可无
论矣。知此再审核其铭文,则无一
不出于晚周或更在后者,此为余说
之一佐证也。戈之第三段进化,则
当是秘端之利用,戟之着刺是也。
戈制发展至此,已几于完成之域,
盖以一器而兼刺兵击兵勾兵割兵
之用。戈之演化为戟,如蝌蚪之演

（见郭宝钧著《戈戟余论》）

第七图

郭宝钧氏拟戈秘想象图

化为青蛙,有戟之出而戈之制遂废,至两汉之世,所存者仅
戟而已。①

　　胡肇椿氏对于马氏所拟之图,亦多置疑,而尤指摘马氏以戈
戟同为一器之根本错误②。

　　最近,郭宝钧氏根据其卫墓及汲冢之发掘结果,绘有戈秘想

---

① 参见郭沫若:《殷周青铜器铭文研究》,第一七九至一八二页,人民出版社一
九五四年版。

② 见胡肇椿:《戟辨》,载《考古学杂志》,创刊号,一九三二年。

象图①。所采之戈,为一无胡短内之西周铜戈或商戈,戈上加一角形器,如角带钩,战斗时恐无甚用处,而徒增斗士之不便(第七图)。但郭氏根据角兵为出发点,以为最初之戈,原于角兵,故最初之铜戈以至商勾兵,当亦有角兵为辅。所以近来出土之戈旁,常伴有此种角形器。今将其说介绍于下:

卫墓出土戈制,与诸家所考略同,唯有二事,为旧说所未详者,即柲之两端是也。柲之首端,马衡氏据古象形字,定为曲首,谓"曲其首以向后,则重心不偏,即记文所谓欲无弹",此自得一部之真实。然古象形字有㦑形(见《书契》前编六卷三八页),㦑形(八卷三页),戈形(师奎父鼎),戈形(休盘),㦑形(蔡侯戈)……者,则曲首一式,买不足以尽之。辛村发掘得㦑形物十余(第八图),与戈同出皆角质,半面削平,半面歧出,有穿可缚,歧出面与戈内同向,用缚柲首,恰为适合,因悟契文金文戈作歧首,正柲首之写实也。盖旌旗竿首,古皆有饰,"子子干旄",以牛尾为饰;"崇牙树羽",以牙羽为饰。故军前大旗,谓之牙旗。"祈父予王之爪牙",《封氏闻见录》谓:"像猛兽以爪牙为卫。"朱熹谓:"鸟兽所用以为威者也。"从,旗古篆,竿首上见者,皆作歧首,即爪牙

---

① 见郭宝钧:《戈戟余论》,中央研究院历史语言研究所抽印本,一九三六年。

形。戈柲之首,亦若竿旗,则于柲上饰兽角以为威,正复同类。不然,戈之古篆,"从一衡之",既像戈形矣,上复歧出,何为者?吾尝疑戈之形制,最初或即原于角兵。角本禽兽武器,初民狩猎,禽兽以角御人,必有受其牴者矣。及人类手裂犀兕,则取禽兽所以牴人者,转以与禽兽(或敌人)角,其威力自较襢裼徒搏为强,故角兵使用,在远古时代,当占一相当阶段。其后缚角于梃,以增长勾啄之力,当即戈之雏形。时代演进,乃复改为石制、铜制,更坚实而锋利;然仍丰本锐末,觖然微曲,犹不失角之典型,戈角同声,正其遗蜕,则柲之上端,着角制物以为威饰,或即着戈之所自昉欤?戈文歧首,设果为角所演化,则柲下着横,当亦有因。程瑶田谓:"其下作人或作卜,明着木根椓去不全之形,其作全者,则木根之全者也。"木根削治之全否,乃偶然之事,与制度本身无关,不当着为定例,形成文字。徐同柏曰:"戈柄下垂,所以植也。"但古之鐏錞,从无作三垂状者。马衡氏谓:"戈字之下作全如巾字者,谓以革或绳缚鐏錞之

第八图
辛村与戈同出土之角质钩

柲末，而以其余系垂之于左右也。巾为佩巾，亦下垂之象。"然契文戈下，皆着一横，并不为巾，是此说亦未必可尽信。余颇疑柲下之横。当为木制之键，用以增加挽力者；盖戈触敌人，必竭力内勾，始成其杀敌之功，勾之之时，若仅凭手腕，握

第九图　卫墓出土之铜钩

力有限，柲有时或滑手而脱，倘加键于柲末，横穿若十字，则一手运柲，一手扣键，勾之之时，纵援可脱折，而柲永无滑手之虞矣。经验所昭，巧者述之，故庐人为庐，柲末如键，着为常例，沿用既久，因以形成文字，戈下之横，非由此乎？唯柲为竹木，出土多朽，尚不能证实吾说，姑悬此以待参商耳。至于戟制较戈制为进化。夫人知之；介戈戟之间，尚有一物，为戟制所从出，而为学人所未曾道及者，则钩是已（第九图）。钩之形制如其名，援胡与内，皆如戟制，唯其上不为刺而为钩，侧视之若鹰首回顾，勾喙反曲，故曰钩。《楚世家》："楚国折钩之喙，足以为九鼎。"《正义》曰："喙钩口之尖也。"即此物。《汉书》所谓"钩戟"，《周金文存》所收之"寺工戟"，亦此物也。原钩之制作，殆由戈之上刃，延长而成。戈本有上下两刃，下刃可以勾，上刃可以舂，"获长翟乔如，

富父终甥舂其喉,以戈杀之"。即下企上,用上刃也。戈之下刃,既由冶者延长为胡以助割,则戈之上刃,亦未尝不可延长为钩以助舂,此钩制所由起也。戈演为钩,不唯舂时柲首得其保护,即勾时钩向外拒,胡向内引,其着柲亦易固;啄时钩与胡并向外推,其啄力亦较强,较之戈制仅持胡以引,持柲首以舂者,其功效自有利钝之差,故谓钩较戈为进一级之兵者此也。其后钩再延长为刺,则演为戟,戟刺于钩喙处,仍留小缺口,以冒柲端,以助前刺之力,是正钩之遗蜕。钩演为戟,于助舂之外,复可前刺,一物有勾啄舂刺四用,故戟者又钩制之进化者也。且吾谓钩为由戈变戟之过渡物,又非仅以形制定之,地层位置之递变,更为铁证。考钩之出土,集中于辛村第四十二墓,是墓之上,有戈而无戟,是墓之下,有戟而无钩,唯是墓所出钩十九而戟仅二,且戟刺极小,略长于钩,是由戈变钩,由钩变戟,似仅经过极短之时期,其时代约当春秋中叶(自卫之宣公,即墓四十二主人,至楚之庄王)。迨钩演而为戟,刺杀便利,旋即废钩不用,此传世之钩,所以不甚多见也。

郭君论钩一段,确有见地,唯戟在周初已有,钩在战国时尚通行,如《吴越春秋》等书载吴王以重金求名钩,有杀其二子以血衅两钩而进者。是否卫墓之钩,为戟前之物或仅戟之变体,颇难断定。吴越盛行之钩，是否与卫墓之钩同形，抑战国时尚有其他钩形，与戈戟之形迥异，均尚待实物考证也。至郭君所拟戈柲图，根据角兵着想，自有所见。但恐商周距角兵时代已远，且已届中国青铜器全盛时代之晚期，文物制度，业已灿然可观，未必再有以笨陋之角器，装其戈首耳。至于商代以前，应已有戈，但是否饰以角首，则因无出土之物，亦颇难臆度。戈柲下端装键以助握勾而不滑手，理想颇佳，然恐不合实用，反为啄击时右手用力之障碍。此非娴于击刺之术者，不能领解。商周时武术已精，恐未必加此键以碍及右手运柲之灵活方便也。

关于戈之演进程序，上方已略述郭沫若氏之见解，与吾人所见相同。尚有李济及郭宝钧氏之研究及所拟之表各一，颇足资学者参考，不惮述之于下：

戈之原始，远在石器时代，也许是由斧变化出来的，彼时戈尚无胡。冶铜术兴，铜戈出而渐多，最初的铜戈形制，大约与石器相类，犹如铜镞与骨镞之关系。因戈之得用与否，全视柲之安得坚固与否，而近内纳柲的外栏，愈长愈可以坚固，于是经验所获，胡遂产生。而缠戈的方法，亦随之改良。最初大约用过小横木，先将内中凿一小孔，柲筒容内的两边也可凿孔，一根横木穿过，戈身与柲即增衔接。嗣后再加改良，乃在胡边凿孔，仍不甚坚固。第三次改良，乃将胡身亦加凿孔,此为一大进步。用戈者经验所获,乃由一孔加至两孔,乃至三孔四孔,孔愈多胡亦愈长,制造之术,随之而精,至《考工记》时代,戈已有严格规定制造之格式矣。至于明器系殉葬之物,其改良并非必要,故出土明器,常与战戈异形(而铜质亦异),今统为列表如下:

```
                （1）无穿无胡的石戈…………石器时代
        ┌──────（2）无穿无胡的铜戈 ┐
 明器 雕戈  （3）单穿带胡的铜戈 ┘………商周
                （4）双穿带胡的戈 ┐
                （5）三穿带胡的戈 ┘………春秋
                （6）四穿带胡的戈 ┘…………《考工记》时代①
```

此表以胡与孔为准,与吾人所说意见相同。但铜戈尚有五穿者,若加其内上两穿,则为七穿带胡之戈(详上),想亦系战国时代之物。因战国时各国精究杀人之术,造戈方法及戈之贯柲,各国均有异同,其异同乃同一时期之事,不能为之分先后也。郭宝钧氏既以戈角同音等理由,谓角兵为戈之先导,戈当脱胎于角兵;复因在卫墓掘得铜钩十九具,墓之上有戈无戟,墓之下有戟

---

① 见李济:《殷墟铜器五种及其相关之问题》,载《庆祝蔡元培先生六十五岁寿辰论文集》。

无钩,遂认钩为介于戈戟之间之长兵,而可为古戈贯角增一理解。谓郭沫若氏之论断,及李济之列表,均有补正之必要。据郭宝钧氏所见,戈之演进,可以下表概括之:

勾兵演化顺序表(见《戈戟余论》)

进化阶段	形制	时代	备注
第一级	天然兽角	石器时代以前	可假名为角兵时代,此时人类尚未能制造石器,仅利用树枝及天然骨角为兵器
第二级	无胡无穿石戈	石器时代	如安特生所拟,参看《中华远古之文化》
第三级	无胡无穿铜戈	殷代	参看安阳报告第三期《俯身葬》图版五
	无胡无穿勾内铜戈	殷周之际	参看安阳报告第三期《俯身葬》图版六
第四级	短胡一穿铜戈	西周	说明见后
	戈之分化一:钩	起于春秋初叶	说明见前
	钩之分化二:戟	起于春秋中叶	说明见前
第五级	长胡多穿铜戈	……战国……(?)	待证
第六级	内二胡三援四比例有定之铜戈	《考工记》时代	

郭氏对此补正之表复加说明六点：

一、表之第一级，仅系假想，并无确证，然亦非绝无根据者，其主要理由为：(1)戈角同声。(2)戈形丰本锐末，觥然微曲，与角相似。(3)铜戈尚有以角为饰者。(4)戈制必有所仿，即云石戈，亦非无因而来。此级能否得地下证明，只能视作悬案，唯其前必有戈制发源之一级，则无疑也。

二、表之第二级，安特生以石斧拟之，余意不能尽同，缚石斧于木柯，当然可能之事，但此为斧钺之前身，而非铜戈之前身。铜戈之前身，应由狭长凸背式之石刀直接演来，因斧之功用在斫，斫用纵刃；戈之功用在勾与割，勾割均用横刃也。

三、表之第三级，无胡无穿铜戈，已有殷墟出土物作标准，时代形制，均无可疑；唯自第三级演为第四级，其中尚有一阶段，为学人未曾注意者，即内末带钩之一式是。内末带勾，骤视之似不过一种装饰品，并无制作上之意义，实则由无胡无穿，演为短胡一穿间之一种旁枝试验。盖戈之主用在勾，勾时最大之病，即在着秘不固，无胡无穿之戈，此病尤多，若内末加一勾，则戈援外斜时，内勾即抵触秘背，可以增加援之引力而不致遽斜，此不能不认为戈制之一种进化。唯按杠杆定理，支点力点距离短(秘至勾)，重点支点距离长

（援至柲），其加增之力，终为有限，此较之移胡于援方，可以穿之位置减少援与柲之距离者，自不可同日而语，此戈之所以终于演为短胡一穿也。

四、短胡一穿之戈，为西周卫人之标准戈制，此自有辛村发掘共存铭文（有"宗周字""卫字"）及八十余铜戈标本为之证明。虽其中亦有无胡无穿之戈五，然可视为上世遗物；亦有长胡多穿之戈四，然其形制质料，均不类本地作风，且殉此者又曾原宗周朝成周之人，大抵可以王室宠锡解释之。外此，则形制一律，皆短胡一穿，虽微变而不离其宗。李济氏表于此级定为商周，今则可以再为区划，肯定为周。郭沫若氏表拟此期为东周前后，今则可以删其后字，而肯定为东周之前，此本表之主要贡献也。

五、戈既因短胡一穿，用之而便，则长胡多穿，自为必然之演进，发掘证明，今虽有待（著者按：汲冢现出晚周铜戈十余事，皆长胡多穿者，已可作参证），而历代著录，此制甚多，姑系之晚周而已。

六、至钩戟分化，为戈之旁枝，其时代起于春秋初中期，已有事实为之证明；且由戈而钩，由钩而戟，

第十图

卫墓出土以錾受柲之铜戟

其次序亦不可紊。唯钩戟之制，皆系长胡多穿，同出之戈，仍为短胡一穿，岂胡穿改良，仅及于钩戟，而未及于戈耶？抑钩戟发明，另有来源，非卫人所自创耶？至以鋬受秘之戟，吾人在�戟墓中，发现一柄（第十图），并非至秦汉而始变，郭沫若表第三条，显有修正之必要。①

此外郭宝钧氏尚有两种意见，可资参考：一谓"戈戟因使用之便，似有面背左右之分"。此说想系事实。一谓"戈戟本无雌雄之分，程瑶田氏以雄戟似雄鸡（鸡鸣戟），郭沫若氏以内有刃者为雄戟，皆非也。若强分雌雄，尚不若以鋬戟为雌，内戟为雄为近实"。此说亦有见地。但不如不分雌雄为愈，以免反增穿凿。郭氏角戈图，吾人已置其疑问；郭氏之表，其第一级以天然兽角为戈之来源，亦滋疑窦，且第二级与第三级之间，似尚有甚重要之一级，应予保留，即商代以上之戈是也。第六级以下，似尚有一级，即秦汉铜戈，其形式略异于周戈，虽出土之物较少，然亦可以自成一级，即戈之末级也。

戈之演进及戈之形制之变迁，装柄之式样，已略为研讨于上方，兹再略论其铸造之法。

戈之铸造，可分为冶金合金及淬砺磨炼之术，尺度之长短及雕镂之艺术等项研究之。冶金合金及淬砺磨炼之术，以及周兵艺术，

_____

① 表及文皆见郭宝钧：《戈戟余论》。

另于下文专论之。兹略论周戈之尺寸及其雕镂镶嵌精美之点。

汉人所著或战国遗老所传述而成书之《周礼·冬官考工记》，虽为两千年前之古籍，然确具有科学性质，关于周代各种实物兵器制造及尺度，记载颇为翔实。其关于戈之记载曰："戈广二寸，内倍之，胡三之，援四之。"即戈之最宽度为（周尺）二寸，内长四寸，胡长六寸，援长八寸是也。此为战国或东周时代之戈，因胡已长而内亦不短，实为最进化之戈；周代初年之戈，未必与殷戈异形至如是之甚，如斯之速也。又曰："已倨则不入，已句则不决，长内则折前，短内则不疾，是故倨句外博，重三锊。"清程瑶田氏著《考工创物小记》，图解颇为详尽，虽不及冶金合金及淬炼雕镂诸点，然对于《考工记》之文字，疏释可谓无遗。又清陈澧著《东塾集》，中有《戈戟图说》一篇，图示《考工记》所载制戈时应行避免之弊害或错误，虽其图形缺乏精确比例，然却能令人一目了然，可为大体之指示，故予采纳于此（第十八图版）。至周戈以及周代各种兵器之比例，欲求其精确，必先辨明周尺与他尺及今尺之异同而后可，以非本书所应详，姑无具论。如欲比证，可暂以洛阳周墓出土之屬钟尺为准，定为周尺一尺，合公尺二百三十一公厘，亦敷应用矣。

周戈雕镂镶嵌之精，可与商戈媲美，而别具特色。商殷勾兵，其内上大都有铭，刻体完整，手工精美。商殷玉质勾兵，特别华丽，其援为白玉或碧玉质，内为铜质，镶嵌绿松石，形成文字；

玉之磨工细腻,绿松石之嵌工精巧,历数千年而尚未脱落,可见商殷艺术,卓有可观。周戈进化,胡长而内且有刃,故玉援渐废,而青铜之质体亦较佳(周代冶金合金术较精)。周戈之有铭者,有时刻于胡上,有时刻于内上;刻工良好,而戈刃之犀利,胜于商戈。战国之戈,雕镂镶嵌,尤为精美,其华丽亦胜于商戈。战国铜戈或有错以黄金者。其术系先将戈之内或胡上铜体刻成凹体细纹花形,再将黄金丝或小金叶错入凹槽之中,加以摩擦之功,则金色灿烂,蔚为金戈之观。惜此类三代艺术品,往往一出土即被商贩售诸外人,出洋远去,国内反少见及。一九三五年至一九三六年,英国伦敦举办中国艺术国际展览会时,英人那法叶曾将所藏战国错金戈一具,送会陈列。其戈长三〇二公厘,内长约为援长之半,胡长仅为内长六分之四,胡二穿,内一穿,长内体上,镶嵌黄金甚富,作鸟篆花纹,美丽可玩。同时陈列者有体较短(仅长一九〇公厘),而宽度倍于上戈,胡长亦倍于上戈(三穿)之战国铜戈一具,系瑞典皇储送往陈列者。其宽内上满刻鸟篆文,雕工极为精美,展览会目录中誉为花鸟,盖未审其为文字也。周戈之镂刻鸟篆文者,其外观极为美丽,容庚教授曾作《鸟书考》及《鸟书考补正》①,对于"越王剑"及"越王矛"上之鸟篆,研讨綦详,复图示所获"攻敌工光戈"一具,极为精美可玩。此戈铜质极佳,援刃犀利,其三穿之胡及一穿之长内上(胡长于内仅及四分

---

① 见《燕京学报》第十六、十七期,一九三五年。

之一），雕刻鸟篆文甚富，内上篆文且护以三边。内之两面，各刻兽形八个，均作昂首回顾长尾，前后两足向前曲步形，兽张口而头上有长须或长角一，或代表祥麟乎？戈之正面，援上鸟篆二字；胡上三字，反面仅胡之下端一字，刻工极为细致完整。容氏释为"攻敌工光戈"，实可为周代或春秋、战国时代之艺术代表物，其刃尖锐而刃锋犀利，两千数百年后，尚有杀敌致果之威力焉（第二十图版）。

程瑶田氏之《考工创物小记》中，又有《戈体倨句外博义述》一文，可以补助上述《东塾集》之图说，爰为摘述于下：

　　余谓倨句度法生于矩。在《考工记》车人职车人之事，半矩谓之宣，一宣有半谓之欘，一欘有半谓之柯，一柯（此短字之讹）有半谓之磬折。是故有中矩之度，有一矩有半之度，有半矩之度，其一宣有半者，则半矩又四分矩之一之度也。其一欘有半者，则两其半矩又八分矩之一之度也。其度法必发于车人者，以将言车人为未庇之倨句磬折，故必先明磬折之度法也。盖磬折之度法，为倨句一矩有半，虽见于"磬氏"，而未著磬折之名。倨句磬折之名，虽见于"辀人"，而未言一矩有半之度法。故记人必发之于此也。而欲发磬折度法之为一矩有半，自必先言半矩，及句于矩倨于矩之度法也。故句于矩者不一形，以一宣有半为之限。倨于矩者亦不一形,以欘有半为之限。故"冶氏"之倨句半博,虽无一定之度法,其度法求之矩柯之间也。匠人之句于矩,亦无一定之度法,其度法求之矩欘之间也。而注是记者,既不明戈之形体,又不明倨句外博之度法,是以读者疑之。余参考诸职以相证明,而知倨句外博者,外博于矩也,故得略而言焉。记云,已倨则不入,谓援倨于外博,太向上也。戈啄人盖横用之,太向上是以不能入也。已句则不决,谓援句于外博,横啄之虽可入,然太向下,与胡相迫,是以入而难决断也。倨句外博,则二病除。长内则折前,前谓援也。内长则重,而援转轻,轻则为重者所累,故亦掉折(非断折之折),亦啄而不能入也。短内则不疾,内短则轻,而不足以为援助,故入之而不疾也。二病弗除虽倨句外博,戈亦未尽善也(第十一图)。

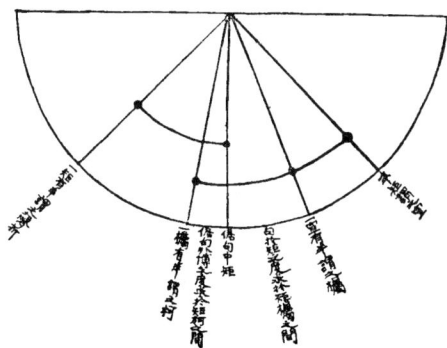

第十一图　程瑶田氏所绘倨句度法生于矩之图

(见《考工创物小记》)

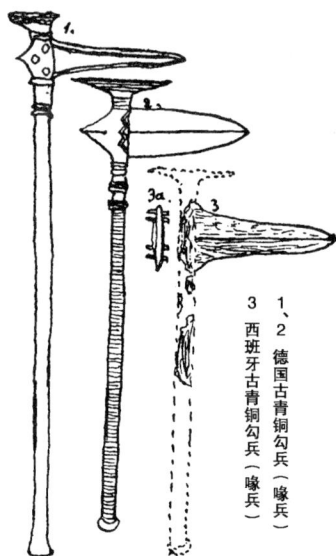

1、2 德国古青铜勾兵（喙兵）
3 西班牙古青铜勾兵（喙兵）

第十二图

欧洲青铜器时代之勾兵

程氏可谓清儒中之深通科学者矣。

勾兵之出土者，显然可分为两类：一以内安柲者，较多；一以銎安柲者，较少。以内安柲者，即《考工记》所载之戈，亦即上述诸家所研讨之戈是也。安特生及李济均谓戈脱胎于石兵，郭宝钧谓戈脱胎于角兵；无论孰是，盖均在中国本土演进者。至于第二类以銎安柄之戈，已近于瞿，其形似斧；埃及、西伯利亚及欧洲等地，均曾有形式相仿者出土，似未可以与以内安柄之戈并论，当于下文述之（戈之化学分析见下文）。

戈虽为中华远古民族自创之长兵，但苟如李济之说，以为"殷墟五兵（戈、矛、斧、刀、镞），只有戈形未见于他国，他器则欧洲、埃及及西伯利亚均有，故只有戈系中华民族固有自创之兵器"[①]，则殊不能无疑。盖吾人以为中华各种古兵，均系中华民族固有自创之器，均未受外来影响，不独戈为然也。因太古人制

————————

① 见李济：《殷墟铜器五种及其相关之问题》。

兵,往往见及兽角鸟喙,而触类旁通,如法仿制,异地同然,无须越洲相效法,有如今日之火器。即如商代勾兵(戈),欧洲古代又何尝未有,下采三图形(第十二图),均系欧洲青铜时代之勾兵,颇类商殷勾兵,但如谓与商戈有关系,则恐未必矣①。

戈之形制,已详述于上。就刃形言,晚周之戈,大概内末有刃者居多。就孔(穿)洞言,戈愈晚则其胡上之穿孔愈多,孔洞均作长方形。如郾王戈,胡上三孔作山形,胡之上边亦然;内之孔上端亦作山形,援之内锋较曲,尤易勾割敌人首级,其同形者甚罕见,因与采入(第二十一图版)。至程瑶田之雕戈,及容庚之鸟书戈,雕刻精美,亦并录之(第十九及第二十图版)。

丑　周戟

戟为戈矛合体,柄前安直刃以刺敌人,而旁有横刃亦可以勾啄敌人,故兼具有勾刺之作用。殷代无出土之戟,周戟之出土者亦少,战国铜戟,近年始克掘出,均属于《考工记》所记载之形式,盖《考工记》时代,去战国颇近也。今按《考工记》曰:"冶氏为……戈广二寸,内倍之,胡三之,援四之……重三锊。戟广寸有半寸,内三之,胡四之,援五之,倨句中矩与刺重三锊。……庐人为庐器:戈柲六尺有六寸,殳长寻有四尺,车戟常,酋矛常有四尺,夷矛三寻。……故攻国之兵欲短,守国之兵欲长。……凡兵,句兵欲无弹,刺兵欲无蜎,是故句兵椑,刺兵抟。击兵同强,

---

① 　见法国考古学家毛根(J.Morgan):《史前人类》之第六十二图。

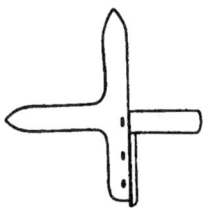

第十三图

程瑶田氏初拟戟制图

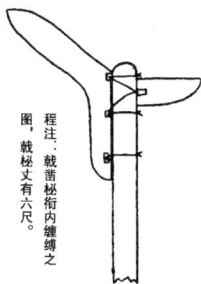

程注：戟菁柲衔内缠缚之图，戟柲丈有六尺。

第十四图

程瑶田氏再拟戟制图

举围欲细，细则校，刺兵同强，举围欲重，重欲傅人，傅人则密，是故侵之。"夫刺兵为矛，酋矛夷矛均是，其柲长。刺兵而兼勾兵啄兵者为戟，其柄更长于戈与矛。所谓"车戟常"，想为周尺十有六尺，常倍于寻，寻为八尺也。周戟之形制及装柄之式样，前人颇有言之者。如清程瑶田研究周兵綦详①，曾引宋黄伯思之说②，释解戈戟制度，与二郑持异议，力辟宋前谬论，而根据刺兵兼勾兵之理想，拟一戟制图（第十三图），略作十字形。此图虽内稍长，刺太短，援太长，却与近年出土之周戟及战国戟形制完全相同。程氏理想原符于事实，可为距今百年前之考古学界庆矣。乃十年之后，程氏忽易其说，因久而不获出土之戟为证物，遂疑前图非是，而以内末有刃之戈为戟（第十四图），无刃者为戈；又将戟之援向上斜伸，以符刺兵之用，结果刺既不能，勾啄亦均不便，一转念之差，致与实物完全相反，是可惜已。清阮元亦曾研究戈戟，认清刺兵之义，图示戟

① 见程瑶田:《考工创物小记》。
② 见黄伯思:《铜戈辨》。

形,颇与近年出土实物相符合①(第十五图)。阮氏之言曰:"戟之异于戈者,以有刺。且倨句中矩与刺,是刺同援长,可省言刺五之,但曰与刺而已。今世所传周铜戈甚多,而戟则甚鲜,郑注又多晦误,于是古戟制不可知。余于伊墨卿太守秉绶《吉金拓本》册中,见一戟,乃歙县程彝斋敦所手拓。其刺

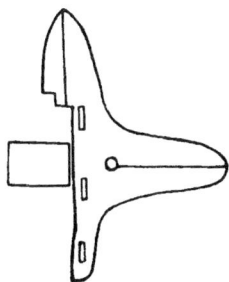

第十五图

《挈经室集》载龙伯戟图

直上,出于秘端,与旁出之援絜之,正中乎矩,且刺与援长相同,爰图其形于后,以为《考工记》说文之证。"阮氏之言是也。但后人都宗程氏之说,结果自汉以下以至民国,戟之认识不清,解释图示,均多谬误。其故一因出土实物缺乏,学者遂生臆测;二因自王逸《楚辞注》及赵岐《孟子注》,谓"戈,戟也","戟,戈也",后人遂不能辨戈戟之分别。宋人所绘《三礼图》,清人所绘《考工记图》,皆误也。直至一九二九年马衡作戈戟图说②,尚引《三礼图》等古籍,以戈戟同为一物,且曲其柄,上下加以璎珞,图而示之(第六图),未曾重视阮元之说,及其所图示之"龙伯戟"也。顾有清诸儒之能辨正戟制者,亦正不止阮元一人。即如道光时番禺陈澧,对于戟之认识亦清。其言曰:"《考工记》之戈戟,程瑶

① 见阮元:《挈经室集》卷五。
② 见马衡:《戈戟之研究》。

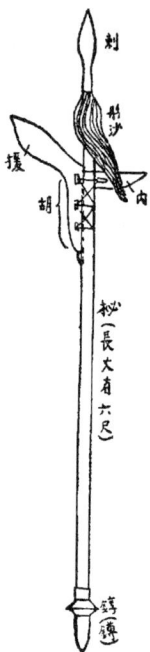

第十六图

郭沫若氏所拟雄戟想象图

（见郭著《殷周青铜器铭文研究》）

田《通艺录》初定之图得之矣。其后定之图，以戈为戟，以《记》文强合郑注，以郑注强合己意，则三思而反惑也。郑注曰：'戈今句孑戟，戟今三锋戟。'此二者郑君目验当时之形制，乃以当时之句孑戟当古之戈，以当时之三锋戟当古之戟。然郑所谓句孑戟，实《记》之戟也，所谓三锋戟，则《记》所无也。金辅之《礼笺》所绘戟图，不合于《记》之戟，乃郑所谓三锋戟也。今依《记》文及注文各为之图，读者当了然矣。"①陈氏之图，根本能认清戟为刺兵，故能不背《考工记》所载，而与近来出土实物相符合（第二十二图版）。

郭沫若氏曾力辟马衡氏之见解，且谓："程（瑶田）氏以内末之刃为刺，于冶氏之文不尽通，于实物亦不相符。凡《考工记》言刺，皆直刃，内末纵有刃，仍主在横击，不得言刺。……戈秘六尺六寸……戟秘丈有六尺，盖以击兵而兼刺兵……故余意戟之异于

————————

① 见陈澧：《东塾集》。

戈者必有刺……而刺则当如郑玄所云,着柲直前,如鐏者也。……此物当如矛头,与戟之胡、援、内分离而着于柲端,故《记》文言与。刺与戟体本分离,柲腐则判为二,故存世者仅见有戈形而无戟形也。"①(第十六图)

胡肇椿氏作《戟辨》,谓:"戟制沉冤两千年……近人马衡氏及郭沫若氏所拟戟图,一则失之于戈,一则未能与近年出土之实物相符合。……戟为三用之兵,可勾可斩,而其主用在刺,故其援长而锐,其柲亦丈有六尺。所谓举围欲重,柲长而易于用力以刺远也。戟之最初见于著录者,为朝鲜总督府博物馆出版之《乐浪郡时代之遗迹》一书中,有大同江面第九号坟之铁戟,全身有涂黑漆之鞘包绕之。戟身部分最长者为援,援之近处有物纵垂者为内,援之尽处与援同一直线之一段为胡,厕于胡之边者为柲之头。援、胡、内三者长度之比例,与《记》文所载悉合,固不能谓内之形似下垂如牛之胡然,而遂本黄说目为胡。援之首两面皆刃,尖端处如戈然,可以刺;内之首亦两面皆刃,尖端处亦与援同,可以勾;胡则因一面嵌入柲中,仅外面有刃,其刃由援一线直落,可以斩,实一物而具三用之兵也。日本京都帝大藏残铜戟,余昔尝因其断片设法凑合而得其尺度(第十七图第三号)。东京美术学校及日人富田晋二、中西嘉市皆藏铁戟,得此三者,而戟之为用益明。美校藏戟首金属器附着于援、胡、内之间,柲首显然

① 参见郭沫若:《殷周青铜器铭文研究·说戟》,人民出版社一九五四年版。

援
内
胡

1

2

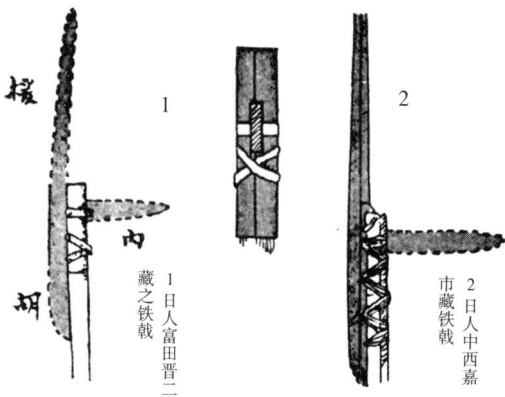

1 日人富田晋二藏之铁戟

2 日人中西嘉市藏铁戟

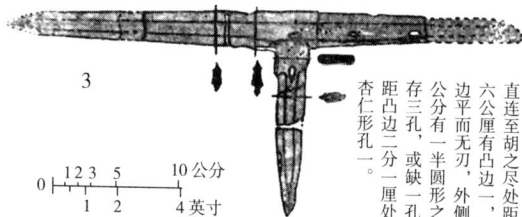

3

0 1 2 3 5 10公分
1 2 4英寸

3 日本京都帝国大学藏铜戟实测图

援胡交界处广公尺二分七厘,内长十三分八厘。胡长推定其为十八分四厘,援长推定其为二十三分。援之将尽处内边直连至胡之尽处内边六公厘有凸边一,其内边平而无刃,外侧每边四公分有一半圆形之孔,存三孔,或缺一孔。内距凸边三分一厘处,有杏仁形孔一。

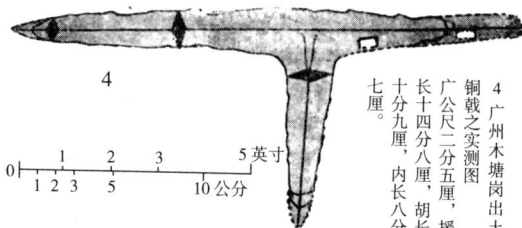

4

0 1 2 3 5 10公分
1 2 3 5英寸

4 广州木塘岗出土铜戟之实测图,广公尺二分五厘,胡长十四分八厘,援长十分九厘,内长八分七厘。

第十七图　胡肇椿氏实测之铜戟及铁戟图

由内之尖端插入,横过近柲首处之长方孔,而柲首之内边即嵌入援胡之内边,是以上述帝大藏残内上杏仁形孔以内至援处皆平而无刃,所以横冒柲也,援胡内边皆平,所以纵冒柲也。而仍虞柲易滑出,故木柲之首外包以金属制套(美校藏戟之金属套,长九公分一公厘;富田藏戟之套,长九公分一公厘半);仍虞其不固也,以革带穿内之孔绕柲而连援之第一孔,再相叉而缚胡之三个孔,而柲遂稳附于戟矣(第十七图第一、二两号)。戟柲体正圆,柲首至镈竟体直而无弯曲,柲首起援之将尽处连至胡之内边尽处为止。柲首虽亦正圆,而内有凹边剖面如Ʊ式,所以嵌戟身之内边者,柲之竟体虽亦正圆,而外边有一浮凸线。自柲首至镈直下与内成一直线,柲首所以使革带缚成之交叉处不欹滑,柲身则所以使有棱便于握持。柲之长度当如《记》文所谓'车戟常',常倍于寻,为周尺一丈六尺也(按周尺为公尺二百三十一公厘)。但汉末有手戟及双戟之制,可以投远杀人,其柲想较短矣。余往在广州东郊木塘岗发汉冢,得小铜戟二,其一如图(第十七图第四号),其二广二分八厘,援长十五分,胡长八分,内长八分二厘,似仍属车戟。而手戟之发现,仍有待于将来之发掘耳。"①胡氏此文,研究确切,且就实物着论,故对于缚柲之法,指陈殊细,可谓将戟制阐发甚详。唯所示戟形四种,铁戟居其半,其内皆在援胡之一边,而另一边则光而无物,均作长横丁字形,而非如程瑶

①　见胡肇椿:《戟辨》,载《考古学杂志》,黄花考古学院一九三二年版。

田初图之戟作完整十字形,或如阮元所示之戟作短上之十字形,尚非周代铜戟之正体也。近年卫墓掘出铜戟多具,其形制完全与阮元之龙伯戟相符合,于是戟制始大明,今后亦无再事辩论之必要矣。发掘并研究卫墓及汲冢出土之戈戟者,为郭宝钧氏,其言曰:"程瑶田初拟戟图状如十字,颇近真实。嗣复以内末有刃之戈为戟,学者多年宗其说。郭沫若氏首疑其误,谓刺者着柲直前如鐏者也。刺与内或判为二物,设想殊是。十字形戟清阮元氏早将出土龙伯戟制图出矣。余前岁发掘辛村,得铜兵百余事,其中有戟十五(第十八图),皆与龙伯戟同制,事实最雄辩,真物当前,古训自明,一切疑义,可不繁言而解矣。盖戈戟之辨,在有刺无刺之分:无刺为戈,有刺为戟,其事至明。物之有刺者莫若戟,棘从并束。束,木芒也。故有芒刺之兵,亦以棘名,棘即戟也。《左传》'子都拔棘而逐',《明堂位》'越棘大弓',《周礼》'为坛壝宫棘门',皆以棘为戟。《诗·斯干》'如矢斯棘',郑笺'棘,戟也'。是戟之得名

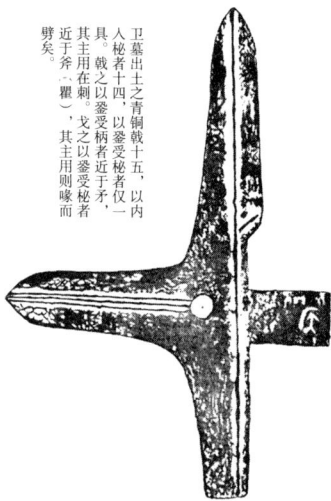

卫墓出土之青铜戟十五,以内人柲者十四,以鎏受柲者仅一具。戟之以鎏受柄者近于矛,其主用在刺。戈之以鎏受柲者近于斧(瞿),其主用则喙而劈矣。

第十八图　卫墓出土厌戟

由于棘,芒为棘之特征,刺亦为戟之特征矣。故《说文》解刺为直伤,又谓戈为平头戟,戟而平头为戈,则戟必为戈之不平头者,即头上着刺可知矣。郑玄谓'刺者着柲直前如鐏者也',斯言得之。……至'庆戟'出土,颂斋《吉金图录》已先我著录,但不名戟而仍名戈。《周金文存》卷六所收梁伯伐鬼方戈,形同'庆戟',亦以戈铭。颂斋之名,固取审慎;梁伯之铭,当为戈戟初分化时所作。盖戟为新制,戈为前身;戟为种别,戈为总类,故戟可铭戈,戈亦可铭戟,戈戟之称,古训原可转注也。戟制较戈制为进化,夫人知之;介戈戟之间尚有一物,为戟制所从出,而为学者所未曾道及者,则钩是已(第九图)。钩之出土,集中于辛村第四十二墓,是墓之上,有戈而无戟;是墓之下,有戟而无钩。唯是墓所出钩十九,而戟仅二,且戟刺极小,略长于钩,是由戈变钩,由钩变戟,似仅经过极短之时期,其时代仅当春秋中叶(自卫之宣公,即墓四十二之主人,至楚之庄王),迨钩演而为戟,刺杀便利,旋即废钩不用,此传世之钩,所以不甚多见也。至于戟因使用之便,似有背面左右之分,但本无雌雄之分也。"[1]郭氏之言,见解正确,此后关于铜戟形制,似无辩论之余地,谓为《戈戟余论》也不宜(关于钩之说,吾人见解详上)。

戟之出土者,清代近于乌有,民国发掘工作日盛,亦仅出土数十具。战国之时,戟数必多,何以出土者乃如是之少乎?此其

---

① 　见郭宝钧:《戈戟余论》,中央研究院历史语言研究所抽印本,一九三六年。

故郭沫若氏"刺与戟体本分离,柲腐则判为二"之说实为得之。近年以来如汲县山彪镇战国墓、辉县琉璃阁战国墓发掘,均发现戈矛分体以柲联属为戟之铜戈矛及腐柲残痕,郭氏之设想乃得证实,盖十字形戟,乃周中叶之制,实行不久即改。而戈矛分体式,乃战国戟制,以木柲易朽,盗掘者又无科学常识,不能明其联属关系,戈矛分别取出,故传世只见戈矛而少见戟,并非战国时戟制真废也。

寅　周矛

矛为纯粹刺兵,制作极为简单,杀敌之效力颇大,故自汉以降,戈废戟衰,而矛制独存,今人犹复用之,其形制使然也。远溯初期人类,想早知以矛刺杀其敌(兽类或人类),特其形为矛而名未必为矛耳。或用兽角,或用竹木,或用尖形石块,始则无柲,继而加柄,终完成矛之用。而其始亦只如兽之以角抵触其敌耳,非如戈戟之割啄刺击,系后世进化人类所作之兵器具有多种效力也。近年各地出土之骨角兵器及石兵中,颇多骨镞、角镞、贝镞及大量不同形之石镞,余谓其中较大者必有骨制、角制及石制之原始矛头不少;加短柲而射远则为镞、为标枪,加长柄而刺人

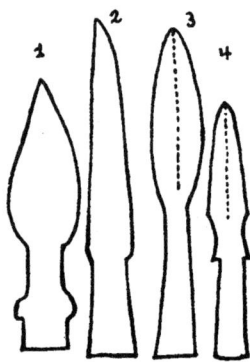

第十九图　铜矛之形式

则为矛。现在南洋群岛马来人所用之旧矛头,有时其柄虽长而体小乃如镞,日本明治维新以前所用之古式长矛,其木柄亦粗大而长,铁矛头则其小有如长体铁镞,可见远古之矛头,其形抑或甚小,而其用途则遍及于全世界之人类。唯初期之矛,未必有銎管,直至铜器时代,始能制以銎或以筒安柲之矛头耳。就载籍言之,则矛字始见《周书·牧誓》篇。自小篆于此字下旁出一垂画,作𦥑,而其形遂乱。孙诒让以为上像矛头,下垂缨饰,果如是乎?钟鼎文之用矛字作偏旁者,多作↑,以像矛形,此即古之长镞,亦即后之长枪首也。《诗·小戎》毛传称三隅矛为厹矛,《书·顾命》伪孔传谓三隅矛为惠。第十九图之第二器,即是三隅,余皆四隅,第一器末端两侧各有一环,盖为旁系璎珞之用,《诗·郑风》所谓"二矛重英",即谓二矛各有二英也。《考工记》有酋矛夷矛之名,程瑶田以为酋近夷长①,即长矛短矛之分,岂即步矛车矛之分乎?

　　矛既在戈之前,刺兵之为用又广而利,是以矛之进化,较戈戟之进化为速。至商之时,铜矛制已卓有可观,形式既佳,制造亦精,雕镂极美。第二十图所示,系近年河南殷墟出土之铜矛,颇为精美,其下方双环,即系用以系璎珞饰品者。其长约为二五○公厘,銎管长几如刃。周之时矛制加长,第二十一图所示之战国越王矛,其长乃至三七一公厘,刃长而銎管短,形式亦异于商矛矣。但战国铜矛不皆如是之长,如下方第二十三图所示之

①　见程瑶田:《通艺录·庐人·刺兵四》。

三矛，其长度不相等，最长者不过二八六公厘，唯其刃皆较銎管为长耳。商代有玉矛，殷墟出土者甚多，玉质甚佳，铜柄镶嵌绿松石者其数亦夥（图见玉兵）。周代玉矛不多见，如英国伦敦那法叶氏藏有周代玉矛头一具，其形乃如商代勾兵（第二十二图），并非玉矛。周代铜矛，出土者亦不甚多，收藏者更少，且其佳品大都已入外人之手。如下图（第二十三图）所示之三矛，均外人所藏之战国时代之艺术品也。越王矛（第二十一图），亦系日人所藏，雕镂精细，嵌金镶银，锋刃犀利，手工卓绝，堪称佳制。第二十三图第一号矛头，其上鸟篆文，未经辨认，形式显与上图越王矛相异。二、三两号金银镶嵌之矛头，其形制则与越王矛相近，亦南方诸国之艺术品也。

长二五〇公厘
（见李济著《殷虚铜器五种及其相关之问题》）

长三七一公厘，铭六字，钿金。
（见容庚著《鸟书考》，
日本细川护立侯藏，《周汉遗宝》
著录印本仅辨首「戊王」二字。）

第二十图　殷墟出土铜矛　　　第二十一图　战国越王矛

李济以为中国古矛有来自外国之可能①,其根据甚薄弱,吾人未敢从同。因矛为刺兵,其来源出于角兵与石镞,或改为标枪投掷,原人即知用之,无须由外族传授。商代以前之矛,固尚乏出土之物,但商代玉矛及大铜矛,均具东方色彩,绝非自亚洲以西传入者。至于形式近于欧洲古矛,则应为制造者取法相同或思想合一之故,必云来自西欧则误矣。戈戟均为中华民族特制之长兵,矛亦然也。商人喜用玉矛,殷代铜矛,并不较周矛艺术更美,战国时之矛,制造较精,形制较繁,雕镂镶嵌亦愈精巧丽都,尤以南方之矛为甚,皆中国人之作品,中华民族之有矛也,其由来久矣。

《诗·郑风·清人》"二矛重英",注谓夷矛长二丈四尺,酋矛长二丈。余谓酋夷之分,恐不仅在其柄之长短,必尚有其他原因,非见实物不能辨之也。《周书》"二人雀弁执惠,立于毕门之内",注谓"惠,三隅矛",孔疏谓"刃有三角",郑玄谓"惠状盖斜刃,宜芟刈",郑说恐有臆断。又《诗经》云"厹矛",注谓"三隅矛",盖均周矛之体制也。战国矛尤其是艺术精美之矛,大都两旁无耳环,矛体及矛之铜柄,一般(筩)除铭文外,均刻有精美花纹,且嵌以金银,似用矛者欲以此自炫,不以璎珞掩蔽其华美也。清王晫谓:"《通俗文》曰,矛长八尺谓之稍,九尺谓之稷,丈八尺

---

① 见李济:《殷墟铜器五种及其相关之问题》。

者谓之蛇矛,头有三叉者谓之仇矛,又有激矛,为激截敌阵之用。"①恐系指后世之矛而言,盖汉代即有手矛双矛等短矛,远不若周车矛之长矣。

第二十二图　周初玉矛

第二十三图　一九三五至一九三六年英国伦敦之中国艺术国际展览会中各国博物馆及收藏家送往陈列之中国周代铜矛头

1 巴黎Rame夫人藏战国矛头,柄上雕刻龙形及鸟篆,长二一〇公厘。

2 伦敦那法叶氏藏战国矛头,矛身刻花镶金。长二七九公厘。

3 巴黎D.David Weill氏藏战国矛头,中部雕花镶银片。长二七四公厘。

卯　周殳

周时用戈、戟、殳、酋矛、夷矛五兵为长兵,《周官》亦以为车之五兵。戈、戟、矛,曾经古人及今人之详细研究,出土实物亦多,形制铸造及其相关之艺术,均尚易于阐发研讨。殳则未见有人特为研究,殳果为何种长兵乎?

周殳之出土者,未经古今收藏家或考古学家图示吾人,各地博物馆、图书馆或研究所中,亦罕见此物。岂殳之为物,近于农

---

①　见王晫:《兵仗记》,载《昭代丛书》卷四十七。

器,出土物被人疑为刈田或捣稻之物,而不以为兵器,遂至收藏无人乎?考古之兵器,大都皆可两用,战时以之御敌,平时以之工作。此风远自骨兵石兵时代而来,如石斧、石锛、石凿、石铲、石镰、石锤、石刀、石棒、石戈等器均是也。铜器时代初期之兵器,亦未必不如是,如勾兵本重在勾在割,商勾兵颇近于镰刀之形,割禾割黍割稷,均属可能。戟亦可刺割兼施,矛亦可刺兽猎鱼。今戈、戟、矛,均易考实,而殳独阙如,想必其形制及用途,更偏重于农林方面无疑。

《考工记·庐人》曰:"殳长寻有四尺……凡为殳,五分其长,以其一为之被而围之;参分其围,去一以为晋围,五分其晋围,去一以为首围。凡为酋矛,参分其长,二在前一在后而围之。五分其围,去一以为晋围,参分其晋围,去一以为刺围。"注曰:"殳长丈二。戈殳戟矛,皆插车輈。"又注曰:"被,把中也。围之,圜之也。大小未闻,凡矜八觚。郑司农云,晋,谓矛戟下铜鐏也;刺,谓矛刃胸也。玄谓晋,读如王搢大圭之搢。矜,所捷也;首,殳上鐏也,为戈戟之矜,所围如殳,夷矛如酋矛。"《记》又曰:"击兵同强,举围欲细,细则校。"注曰:"改勾言击,容殳无刃;同强,上下同也;举谓手所操。郑司农云,校读为绞而婉之绞……玄谓,校,疾也……人手操细以击则疾。"然则殳为击兵,打麦拍稻,或砍树劈薪,均可用之也。

殳虽具有击兵之效能,实近于农林之器或兼有卫家及仪仗之用。殳之形究何如乎？有刃否乎？清王晫曰："殳，即祋也。《礼书》作八觚形，或曰如杖，长丈二尺而无刃，主于击。"①其言未有他据否，或系摭拾《考工记》注语而云然。唯殳长无刃，类于有首之杖以锤人，则似可信也。

辰　周代劈斫长兵（斧、钺、戚、斤、戣、瞿等器）

周代斫劈长兵，屡见于《周书》。如钺，见《书·牧誓》篇；如惠，如刘，如戣，如瞿，如鋭，见《书·顾命》篇，均斧锛之类也。

（一）斧　斧之来源甚早，原始人类，即知拾利石为劈器。法国考古界所谓石拳，英美考古界所谓手斧者，常为数十万年以前之人类所用之击制石斧。降至万年前以至五千年前新石器时代人类所用之石斧，则已磨琢细致，手工平整，无异今人所作之石器矣。铜斧之出世，据欧美人士之载籍②，大约在距今五千年以前。因斯时埃及与巴比伦两民族，已知铸造铜器，而埃及武士，又早有用斧之习惯也。据徐传保氏之研究③，中国上古铜斧及铜矢镞，多有与埃及铜斧及铜镞完全同形者，其大小亦无甚差别，是以曾有人疑铜斧系由埃及至中国，或系由中国至埃及。以余意度之，中华民族，自有其土产石斧，演而为铜斧铜锛，非来自他地者。华南华中产铜之区颇多，戈矛等五兵已较斧为进化，既能

---

① 见王晫：《兵仗记》，载《昭代丛书》卷四十七。
② 如金（L.W.King）氏之《苏末尔与阿卡德史》及《铜器时代》诸书。
③ 见徐传保：《中国古铜兵器铸造之研究》，一九三一年。

制作戈矛,即可制作铜斧矣。唯是中国发掘工作,现尚止于商代,故最早之铜斧,亦只能见及商代之物。商代铜斧形式之良,质料之优,铸造雕刻之精美,显示吾人铜斧至商代,已经过一长时期之演进。且有将銎柄铸成人首或兽形者,雕刻嵌镂,极为精美(第二十五图版第一号)。是真为艺术品矣。而就作战方面论之,周武士之用斧,已不如商人之盛,迨至双锋剑出,与刀并用,用斧之风益衰。是以周代斧钺,多为工具,或用作仪仗及斩杀有罪之器,所谓斧钺之诛是也。至于斧与锛之分别,大概斧之刃锋,与柄平行,用力向下,侧看刃尖对称作角形;锛刃与柄作丁字形,用力由外向内,侧看刃尖不对称而作一直线形。安特生曾作锛之演进图,李济曾作斧之演进图,爰为介绍于下(第二十三及二十四两图版)。

殷墟出土之商代铜斧,仄面看不对称,几于均系空头斧,刃作凸形,略外出。周代铜斧,亦有空头者,其大多数均以管形銎容柄,其管筒并非若现代之斧銎作长方形,乃系圆形;故管体上有孔,一孔或数孔,以安定木柲(第二十六图版)。但亦有方形銎容柄之斧类,见于周代,《毛诗》云,方銎者为斤,是也。中外收藏家所藏周斧颇多,其形式铸造及雕刻嵌镂,均较商斧更为精致华美,但已渐离战器而为饰兵,或且为乐舞仪仗之器。斧至周代,既已非重要兵器,是以《考工记》对于斧之为兵,记载独形简略,仅曰:"五分其金,而锡居一,谓之斧斤之齐。"以示铸斧时金锡合用之成分而已。且斧形极不一致,长短宽窄各异,《考工记》亦难为指示尺度耳。斧之变体极多,名称亦颇复杂,除略示数器外(第二十五至二十八图版),并依陆懋德之简图①,分述之,其化学分析见后文。

(二)戊　斧之大者为戊(后作钺)。《说文解字系传》曰:"戊,大斧也。"古象形字𰊱即戊字,见《虢季子白盘铭》;《周书·牧誓》篇作钺,已为后人加以金旁矣。古钺大小不同,但皆有内,陆氏谓此为第一期之装置兵器法,如第二十六图版第一、二两器,为有内而不同形之铜钺,三为钺内装置入木柲之形式。嗣因装置长兵之柄,欲求其稳固,不如用銎,遂成为以銎容柄之斧,此为第二期之装置兵器法,如第二十六图版第四、五两器,为以銎容柄之铜斧,形式略异,六器为斧銎装置入木柄之形式。《诗·公刘》篇毛传曰:"扬,钺也。"《书·顾命》篇孔疏引郑玄注曰:"刘,盖今镰斧。"是周代之斧,尚有名扬名刘者。但此二器自汉以来,未有图考其形状者,想已难于稽考,清代及近年出土之周斧中,有无其物,亦未闻未见也。陆氏以为扬字有舒展之义,刘字有尖锐之义,第二十六图版第七、八两器,均系陆氏藏兵,谓七似扬、八似刘,或者如此乎?

(三)戚　《诗·公刘》篇毛传曰:"戚,斧也。"《说文解字》

---

① 　见陆懋德:《中国上古铜兵考》,载北京大学《国学季刊》,第二卷,第二号,一九二九年。

曰:"戚,戉也。"戚亦斧钺之类欤？实不相同。按戚字从尗,当有小义,盖斧小于钺,而戚又小于斧也。陆氏谓见戚甚多,其形皆小(第二十七图版第一、二两号)。又考古人乐舞中有武舞,其舞人左手执干,右手执戚,见《礼记·乐记》篇。戚既可作乐舞之用,故其制造甚为精美。第二十七图版中第三、四两器,又为戚之异形者。

(四)斤　《孟子·梁惠王》篇,斧斤并言,斤亦斧类,但用途不同。斤字《说文》作斤,像其形也,第二十七图版第五、六两器,均周斤。此器之装柲法,与他种斧类不同,前人多未加深究。盖因此器之后端皆空,必须先实以木,然后纳柲于木中,如第二十七图版第七号图形。斧之用为直劈,斤之用则为横断也。空头铜斧锛,世界各处出土者颇多,不独中国为然。安特生以为古人或因一时铜质缺少,故空其中以省铜①,容或如此。但余以为斤头笨大,如全用铜则太沉重,不便横断,故辅木以容柲,较轻而又不滑手也。今北方木工所用之铁锛,尚存此制。第二十七图版第八、九两器,系中部作方銎之斧斤,方銎容柲,不易转动,较圆銎容柄为稳固,此系周代制兵之进步。《毛诗·豳风》传谓椭銎者为斧,方銎者为斨,即指此类斧斤而言也。

(五)癸　癸字见《周书·顾命》篇,《说文解字》以为侍臣所持之兵,而未言其形状。《尚书》郑注以为"盖如三锋矛"恐因未

---

① 见安特生:《中华远古之文化》。

见实物,姑为臆度耳。自清以来,戣之出土者不少,且其器上有铭文曰戣,可以无误矣,如周庆云所得之冀铸戣,即因其铭文而定为戣者①(第二十七图版第十、十一两号)。戣之原文当作癸,古文作𢦏,见赵鼎铭文,系像数戣交叉之形。此类器有内,以纳入柲中,其装置法当如第二十七图版第十二号图形。

(六)瞿　近年殷墟出土铜兵中,已发现瞿类不少。其形略如商代无胡之勾兵,唯不以内安柲,而用椭圆銎管安柲耳(图形详上)。周代瞿形,已不如商勾兵之曲后偏上,而系直后居中,且有方銎者。《周书·顾命》篇有瞿字,亦侍臣所执之兵;《尚书》孔疏引郑玄注以为"盖今三锋矛",亦因未见其器,姑为拟似之词。清严可均曾得器如第二十七图版第十三、十四两号,因其后端图案有横目形,推定为瞿②。清桂馥亦得其器,后端虽无横目形,而有铭文曰"单癸瞿"③(第二十八图版)。按瞿即𥂕,《说文》作𥃦,钟鼎文作𥃥,与横目形图案正合。凡瞿应皆有双目图案,皆有銎,用以穿柄,其装置之法,当如第二十七图版第十五号图形。

综上观之,周代长兵,似仍偏重于戈,故出土者较多。其次为矛为戟。

---

①　见《梦坡室获古丛论·金类九》。
②　见《百二兰亭斋金石记》卷二。
③　见《金石索》卷三。

周矛之出土者,其刃较商代矛头为小而长,至战国时,则矛形愈为尖锐,其制造亦愈精。但金银镶嵌,渐变为鎏与金银错,至铁矛出,则罕用金银镶嵌矣。周代十字形戟之出土者极少,近年数度见战国铜戟出土,均为戈矛分离式。战国之后,更易铜戟为卜字形铁戟,又为戟之新形式矣。周代斧类之出土者颇多,但已渐失其战器性质,而渐变为仪仗饰品及明堂礼乐舞蹈之器,或专为工人工作之具,周代自有其精锐犀利优胜于斧类之刀剑矣。

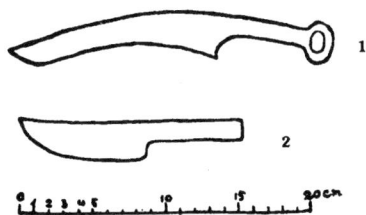

第二十四图　商殷铜刀

贰　周代及春秋、战国短兵

周代长兵,大都承袭商殷之制,虽形式各有不同,且多改良之处,但基本上鲜创制之新器也。短兵则不然。商代短兵,仅见有铜刀一类,其小型者据中央研究院在河南殷墟掘出之大宗铜兵观之,略如第二十四图。其体甚短不及二十公分,或系削刀之类,商殷人之服御物也。大型战刀,亦有出土者,如第十三图版所示第一、二两铜刀是也。他器无所闻焉。周代短兵则反是,自周初以来，刀之制即改良进步，如"弯刀"，至今尚可称为天下最华美丽都之名刀也；如战国名剑，至今尚可称为天下最精美犀利之宝剑也；他如周代匕首，亦至为美丽，非后世之物，所能冀及。是以周代短兵，所谓超轶前代。别为刀剑二事分言之。

子　周刀

铜刀之制如石刀，由来甚久，而周代则重剑。剑制起于晚周，为人所贵重，周人咸喜服之，而不喜佩刀。迨至铜兵衰而铁兵盛，铁刀继起，刀之制始克与剑并称，然尚剑之风，直至近世犹盛，刀终不敌剑之贵重也。铜刀脱胎于石刀，证物较多。自周初至春秋之际，周人似亦曾用铜刀为短兵。至于其他短兵，只铜斧曾与铜刀并用，同为周代短兵。周刀形制自清以上，历代收藏家鲜有注意者，民国以来，仍乏关于周刀之研究。厥故有二：一则出土之物，寥若晨星；二则前人专重铭，周刀大都无铭，遂不为人所重，故今日研究周刀，有材料缺乏之憾焉。

丑　周剑（匕首附）

剑之为物，在中国社会之意识形态中，自古迄今，具有一种不可解说之潜势力，此中虽由古时传统迷信所推演，而古剑艺术之成就，固有其优点：如冶铸淬炼之精，合金技术之巧，外镀之精良，剑上天然花纹之铸造，均为艺术上之超越成就，其为中华民族所崇尚，自有其物质上之原因也。

论剑之书，自汉以来，除《考工记》略记周人铸剑以锡和铜之成分及剑之尺度外,他更无关于周剑铸造之著作。后之论剑者,辄多荒诞不经之语,其神话较少者,只有《古今刀剑录》(梁秣陵华阳道士陶弘景通明著。或简称为《刀剑录》,仅十余页记载刀剑铭文,约七十四事),《北堂书抄》(唐虞世南撰,卷一二二《武功部·论剑》,中多附会),《初学记》(唐徐坚等撰,《论剑》,仅数页),《太平御览》(宋李昉等奉敕撰,卷三四二《兵部·论剑》,较详而附会亦多),《事类赋》(宋博士渤海吴淑撰注,卷一三《论剑》,多附会),《批衣生剑记》(明泰和郭子章辑,中亦多附会,但含有散漫材料不少),《名剑记》(明括苍李承勋著,仿《刀剑录》,而增加扩大之,中有材料可采,但亦不少附会耳)数种,附会虽多,然已庸中佼佼矣。此外附带谈剑之书,则较为丛杂,如《越绝书》《吴越春秋》等载籍,不下数十种,均有关于剑之记载。舍其神奇附会之谈,取其较为确实之记录,亦不乏可采之材,尤以叙述历代剑之装饰及配料者多。间有涉及战国名剑刃上之糙体天然花纹,如宋沈括所著之《梦溪笔谈》者则仅有之著述已。

清季海通以后,新科学知识输入,考古学渐有研究之士。一祛附会神奇之习惯,而为确实考据之研求,此清儒之贡献也。唯考古首重实物,清儒因实物不富,乃群致力于《考工记》之《桃氏为剑考》,诸家著述,均不出此范围。关于周剑之种类及冶金铸炼淬砺之术,以及其超代艺术花纹刃,则无人论及。若根据《考工记》以为剑之研究者,以下列诸氏为最:

《考工记析疑》(桃氏为剑),清雍乾间方苞撰。

《考工记辨证》(桃氏),清陈衍撰。

《古剑镡腊图考》,清阮元著,《揅经室集》卷五。

《考工记图考》,清戴东原著。

《桃氏为剑考》,清嘉庆歙县程瑶田著《通艺录》之《考工创物小记》中。程氏为清代有数之攻苦务实之考古学家,其研究之方法,颇合于现代之考古学。在此考中,程氏图示其所研究之铜剑凡十二,以及剑腊及玉剑首等剑属,虽尚专重铭文,已进臻实学。惜乎程氏个人之财力,仅及此十二器,其研究之范围难广,非其咎也。

清陈元龙曾著《格致镜原》一书,其中关于“剑”之部分,亦有数页,系采取上述《批衣生剑记》及《名剑记》之体裁,撍拾诸书而纂列成章者,未合于考古体制也。

今人颇少言剑者,因发掘工作,十数年来均注意于殷墟青铜器及周口店等处石器时代遗物,剑之出土者寥寥也。数年前郭沫若氏曾论及古玉具剑①,容庚氏因研究鸟书而图示越王剑②,此外论剑之著鲜见也。

周剑之具体研究,既乏参攷之著,而周剑之重要,又在中国兵器史中占一位置,无已,试以绵力所及,分段研究其大要如下:

---

① 见郭沫若:《金文丛考·金文余释·释鞞琫》
② 见容庚:《鸟书考》《鸟书续考》。

一、周剑之来源

中国发掘工作及考古研究,近数十年来,如朝日初升,周口店发现原人石器,西北各地,又屡次有旧石器时代新石器时代之石兵出土,形式各有不同,颇有磨工完好精致,锐利如新者,石刀有之,石剑则从未发现。其他亚洲地方,如越南,如马来群岛,如印度等处,经多年发掘之结果,亦未发现石剑。再西以至中亚细亚小亚细亚世界文化发源之处,经欧美人士大规模搜掘至数十次者,其出土石兵中,亦未有剑。更西以至北欧中欧及南欧诸国,在旧、新石器时代之石兵中,亦未见有双锋石剑或类于剑之石兵出土也。是则剑之来源,似不能求之于石器时代也。退而求其次,剑是否铜器时代初期之物乎?抑仅系铜器时代中期或尾期之物乎?于此有一先决问题:即剑是否中华民族自身发明之物乎?抑系由其他民族传至中国,华人乃开始仿制之乎?如剑系华人创制器,则其来源当在铜器时代初期,已有朕兆;如系外来之品,则或者如李济所言①,周代下半期始有剑也。吾人意见,以为剑应非外来之物,其外形系传统而来,即在周代亦未受有斯奇地安(Scythean)②等民族铜剑式之影响,且其来源必在商殷以前。此种初期铜剑,其始形应略如未成形之铜矛头,体式极

① 见李济:《殷墟铜器五种及其相关之问题》。
② 今译斯基泰,斯基泰人属印欧语族。编者注。

为短小，仅有短平茎，而并无
管筒。古人乃用此种短剑插
腰，御寇且以御兽者，其功用
可刺可割，两面有刃，短茎虽
不安柄，亦可握于掌中，而凭
腕力直刺以前，已具剑之功
用，所谓上士中士下士之剑，
周初未有也。如陈抱之所藏
之钩带文夏匕首①（第二十五
图），应为东周铜剑之误称，绝
非夏剑。

　　吾人今日只可论及周代

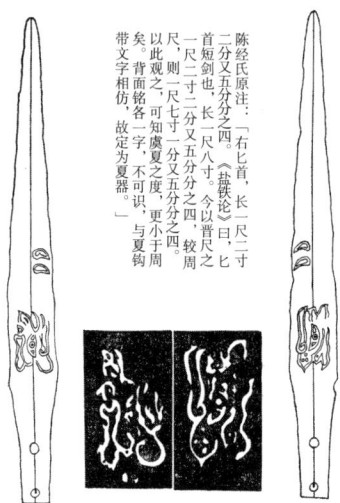

陈经氏原注："右匕首，长一尺二
二分又五分分之四。《恭跋论》曰：匕
首短剑也，长一尺八寸。今以晋尺之
一尺二寸二分又五分分之四，较周之
尺，则一尺七寸一分又五分分之四。
可知虞夏之度，更小于周
矣。以此观之，背面铭各一字，不可识，
带文字相仿，故定为夏器。"与夏钩

第二十五图　夏代铜剑

下半期春秋、战国时之剑矣。《考工记》所载之周服剑，即此期之
剑，其手工之精良，镶嵌金银宝石艺术之优美丽都，雕镂之华富，
斯期未有其匹。此期之剑，吾人前已言及，或系脱胎于矛形刺兵
及短匕首，而循序演进至长柄形者，并未受有外来影响。主张来
自西北，或其形式曾受异族铜剑之影响者，仅指周剑之一小部分
而言，均属片面理由。如法国考古学者戈鲁伯夫（Victor
Goloubew）氏曾图示中国渭河流域出土之周代小铜剑或匕首三
柄，以与西伯利亚出土之同形小铜剑三柄，及越南出土之同形小

---

　　①　见陈经：《求古精舍金石图》，清嘉庆戊寅年说剑楼雕本。

铜剑三柄相比较,认为均系斯奇地安——西伯利亚式之铜剑或
匕首,均系由西北传播而来者①(第二十九图版上层)。又瑞典
考古学者向斯(Olov Janse)氏曾为文专论中国铜剑②,亦谓周剑
(周代下半期及春秋、战国之剑)之出土者,常有与哈尔斯塔特
(Hallstatt)铜器时代之剑相似之物(公元前四百年至一千年之
间),此类剑在西伯利亚,亦常见及。并图示二种相类之器:一为
清吴兴陈经抱之所藏之柄首有环之周剑,以与高加索古邦地方
出土之斯奇地安式及沙马特式之柄首有环铜剑相比,形式大致
相似。二为英伦蔼毛夫布罗(Eumorfopoulos)所藏之双环柄首及
盂形腊之长体周铜剑,以与北欧丹麦国出土哈尔斯塔特式铜剑
相比,剑体及柄,均颇相类似(第二十九图版下层)。此外主张周
服剑源出西北者,尚大有其人,理由大致与上述两氏之见解相
等。余于此不能无词焉。按斯奇地安民族系亚洲西北方欧洲东
北方之游牧民族,欧洲史称之为野蛮民族。系在公元前七世纪,
即距今两千六百余年前(约当中国春秋之时),侵入米索波达米
亚③者,在公元一世纪中,即距今一千八百余年间(约当中国后
汉时),此民族即已渐灭无闻,史官不复有所记载。其孑遗迁往
欧洲北方波罗的海左近,成为沙马特游牧民族,曾与罗马战争,

---

① 见戈鲁伯夫:《北越南及东京之铜器时期》,一九二九年河内版。
② 见瑞典《远东古物博物馆专刊》,第二号,一九三〇年。
③ 今译美索不达米亚,亦称"两河流域"。编者注。

至公元三世纪时,即距今一千六百余年间(约当中国三国至晋代),为戈特族所灭,其遗民并入斯拉夫人,后散归俄国及波罗的海沿岸诸斯拉夫人国。至于欧洲考古学家所重之哈尔斯塔特铜器时代(即因高加索产铜,而铜器制造日精,铜剑形式特异之时期),其期间不能确定,大约在公元前四百年远至一千年之间,即距今两千三百余年(约当中国春秋、战国之时),至远两千九百余年(约当中国周康王之时)。

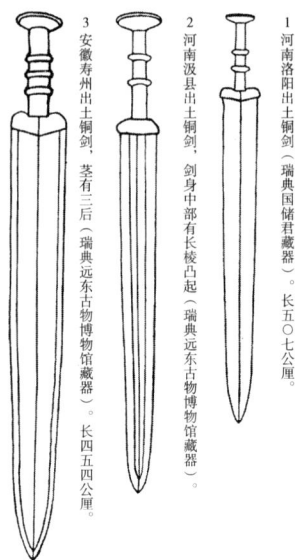

1 河南洛阳出土铜剑(瑞典国储君藏器)。长五〇七公厘。

2 河南汲县出土铜剑,剑身中部有长棱凸起(瑞典远东古物博物馆藏器)。

3 安徽寿州出土铜剑,茎有三后(瑞典远东古物博物馆藏器)。长四五四公厘。

第二十六图 甲种实茎有后铜剑

统此观之,斯奇地安族之全盛时期,即西侵获胜时期,在中国已入铜器时代尾期,沙马特族尤在其后,斯时中国早入铁器时期。哈尔斯塔特全盛时期,至远亦不过当周代上半期,系中国铜器时代晚期,其近者只当中国春秋、战国之时,已届中国青铜时代尾期矣。故吾人深信周代铜剑(周代下半期及春秋、战国之铜剑),系由矛形铜剑及周代铜匕首循序演变进化而来,并未受有外族影响也。

二、周剑之形制与种类

就历史之系统以区别剑类，可以分为六期或六类：（一）中国铜器时代初期之剑，其形当如锐尖双锋铜片形，为插腰之短器。（二）中国铜器时代中期之剑，其形当如矛头形，亦为插腰之短器，当作扁平形，尚无中轴。（三）中国铜器时代下半期之剑，其形为有中轴而无管筒之瘦长矛头形。唯以上三期均苦无实物作证，徒托想象耳。斯时已有极短青铜匕首出现，其刃如矛头，其茎伸长，只能容三指把握，已开剑柄之端，而为周服剑之始形。（四）至中国铜器时代尾期，铜剑形式，已循序演进至变茎为柄，剑身加长，刃与柄之衔接处，并加宽为剑格之最初形式。但此期之剑柄，仍短而不易把握，故有一凸箍（后）以容中指，以便手能坚握，而免滑脱。（五）中国铜铁器时代之铜剑，剑体更长，柄亦加巨，格（腊）亦放宽，而且加以雕刻镶嵌，柄之装潢日富，且有以玉为首，以玉为格者。剑身及铜柄上，常嵌金丝镂花，此期之剑或有铭，古今中外人士，皆喜收藏之。（六）中国完全铁器时代之铁剑，自汉以来，以至清季均是。其特点即剑体甚长，而剑格加大，剑茎细小无后，而外加铜片或木片夹持，柄首亦加大，而常护以铜。格、柄、首，已属外加之材料，而不与剑一体矣。

然此非周剑之分类也。周剑以春秋、战国之剑为多且佳，世人均致其爱赏，曰干将、莫邪，曰龙泉、太阿，曰纯钩、湛卢、鱼肠、巨阙，均属此期，为中国铸剑艺术盛时产物，为之分类，颇属难

第二十七图　甲种铜剑深刻阳文凸体花纹之剑格(腊)

河南洛阳出土铜剑(瑞典储君藏器),宽四一公厘。

能。无已,暂借瑞典学者向斯氏分类之基础,为吾人研究之起点。

　　瑞典学者向斯为欧美有数之研究中国古剑专家也。其所抚摩之中国古铜剑,至百数十柄之多。其自述资料来源:(一)瑞典储君阿多夫(Prince Gustave-Adolphe)所藏之中国古剑,其最佳而经向斯借而研究者有七剑。(二)瑞典海微耳伯爵夫人(Comtesse W.Von Hallwyl)所藏之中国古剑,其最佳而经向斯借而研究者有十四剑。(三)瑞京远东古物博物馆所藏中国名贵古剑经向斯亲加研究者共计一百二十五剑。除此约百五十剑之外,向斯所参考其他欧美人士私藏之中国古剑图形或影片者,其数尤夥。

　　向斯研究之结果①,以为中国双锋古剑,可为分类如下:

　　甲种　实茎有后之剑(即柄上有凸箍形者)　此类剑之剑

---

　　①　见向斯:《中国出土古剑评论》,载《远东古物博物馆专刊》,第二号,一九三〇年。

柄,大都作实中圆棒形,柄体(茎上)有两或三凸箍,有如人手所御之戒指,柄首作上平下凸之圆盘形。执剑者大拇指指刃(腊),小指着柄首,凸箍(后)则用以分隔其他三个手指(第二十六图)。此类剑之剑首,常加用骨、角、玉或其他质料装饰之。但因年久质毁,仅能见其痕迹或残片,如以化学分析及显微镜透视,不难辨认其质料也。巴黎瓦尼克(M.L.Wannieck)藏有山西北部右玉地方出土之铜剑一柄,系甲种剑,长五三公分,柄上镶嵌黄金白玉及绿松石,并缠有金类细丝①。此类剑之向下凸隆之圆盘形剑首(镡),大都盘上平滑而无花纹及配料,但亦有外面嵌一小铜顶,里面刻作向心圆圈形及斜纹以及狼牙形者。此类剑之剑格(腊),大都作长斜方形,或心瓣形,两边微向上曲卷,大多数均系实体,平面无花。但有时亦在实体雕刻花纹及文字,如第二十七图所示之剑格是也(按此风至春秋、战国尤甚,而且镂刻极为精美。外人所认为可玩之花纹者,有时乃系精美之鸟篆书。如第二十八图所示之越王剑鸟书格,乃容庚之藏器,容氏尚图有其他鸟书剑格,可资参考②)。此类剑之刃上,有时乃故意铸有天然花纹,或天然碎锦式之图形,此实为周代铸剑艺术最高之成就,为后来伊斯兰文化诸民族、马来民族及日本民族驰誉举世之

---

① 见西伦(O.Siren):《中国古代艺术》,一九三〇年巴黎版,第七七页,第九十六图版。

② 见容庚:《鸟书考》《鸟书续考》,载《燕京学报》第十六、十七期。

花纹名刃之所从来者。即《越绝书》所谓"捽如芙蓉始出,烂如列星之行,浑浑如水之溢于塘,岩岩如琐石,焕焕如冰释"是也。又即所谓"如登高山临深渊,巍巍翼翼,如流水之波,如珠不可衽,文若流水不绝"是也。此为余数十年研究古剑之发现,将于下文"周代铸剑艺术之特彩"一段中详论之。向斯手中,有百五十余周剑,初见此花纹(系糙面花纹,尚非周剑之平面花纹),疑为铸炼时之裂痕,继因十数剑均如此,乃悟系周代铸剑者有意制作之艺术遗迹。但向斯深思而不明其故(此非向斯之咎,因其间有武术及物理、化学、合金、镀金等问题,非一时所能明了者),乃竟谓系模仿后来鲛皮鞘之花纹之故①,其误孰甚焉。

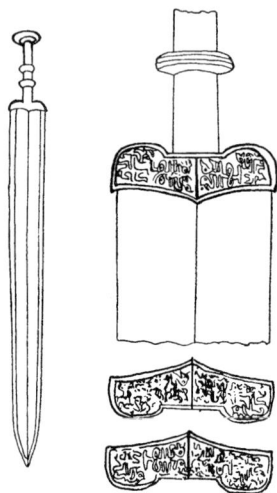

第二十八图　剑格(腊)上精刻鸟篆书之春秋、战国名剑

(见容庚著《鸟书考》《鸟书续考》)

甲种剑系以一块青铜铸就,剑刃剑格剑茎剑首,均为一体。此类剑大都短体,有时亦有较长者,但极少。向斯在一百五十铜剑中,择甲种剑之较长者而尺量之,得五六五公厘。按《考工记》

---

① 见向斯:《中国古剑之研究》。

桃氏为剑,即系专记此甲种剑,据其所记:"腊广二寸有半寸(周尺),两从半之,以其腊广为之茎围,长倍之。中其茎,设其后,参分其腊广,去一以为首广而围之。身长五其茎长,重九锊,谓之上制,上士服之;身长四其茎长,重七锊,谓之中制,中士服之;身长三其茎长,重五锊,谓之下制,下士服之。"是《考工记》中最长之剑,为周尺三尺,即公尺六九三公厘,较向斯较长之剑尤长。中士之剑为五七七点五公厘长,则较近于向斯所说之剑。盖数千年后出土之器,难免尺度稍减也。甲种剑之区域范围极广,大约系使用之时期甚长之故。其形制极普遍,中国各地均有出土者,其时期则自周迄汉未断[1]。

据欧洲另一考古学家卡伯克(O.Karlbeck)之意见[2],甲种剑以淮河流域,河南安徽一带地方为最多,其腊上有饕餮花纹者,则仅淮河流域及湖北河南两省有之(因洛阳自周成王起为都邑,而东汉又以为汉京也)。中国本部以外,高丽乐浪郡等地方,亦曾在各古墓中掘出甲种剑多柄。越南清化东山汉墓中,十年前亦掘出甲种剑数具。欧洲东部,如匈牙利等地方,亦曾有一块青铜铸成之古剑出土,其柄之形式,与此甲种剑相同,或平而无花,或内刻向心圆圈形,或茎上有后,但刃形及腊形,则不甚相同。此种相同之处,或出于筒形柄之铜剑乎?向斯氏以为此种东欧

---

① 参看英伦不列颠博物院:《铜器时代指南》,一九二〇年。
② 卡氏文见一九二五年三月上海出版之《中华美术科学丛刊》第三号。

之铜剑,系铜器时代最后一期之物,其中显有属于蒙特留斯(Montelius)氏计年法之第四期者(按即自公元前之第十世纪至第十一世纪,即距今两千九百余年至三千零数十年。约当周初至周穆王之时)。但甲种剑之使用时期极长久,其来源虽远,而河南洛阳出土之铜剑,已系距今两千一百余年间之物。中国中部之出土者,就其腊上之花纹而论,亦仅系距今两千二百余年间之物。即春秋、战国时之青铜剑,亦即吴越名剑时期之剑也。此尾期铜剑之铸造及艺术,登峰造极,为吾国中古文化之特彩,将于第四段中专论之。

乙种　空茎之剑(即柄体中空如筒形者)　此类剑可简称之为筒柄剑。其柄全体中空而圆,有时一部空而椭圆。柄近首处粗大而近刃处较细小(但《金石索》中有此类剑三柄,其柄系全体等大,并不分粗细),管形柄之首,大都向外翻卷作圆箍形或内空圆盘形(第二十九图)。此类剑之茎,常以布类或索类缠绕之,有时上下且饰以戒箍或铜圈之类。剑首当有一小帽,其质料或系易腐之品,故出土时已不可见及。瑞典远东古物博物馆中,藏有一乙种铜剑,其柄首之内部,即上方筒口,系用一青铜圆片填塞者(第三十三图)。此类剑之剑格(腊),均系平光薄片,作长斜方形;剑之刃与格及柄,均系用一块青铜铸成。此类剑大都短体,但瑞典远东古物博物馆藏有一剑,其长乃达七三八公厘,恐非此类剑中之较古者(第二十九图一号),恐系周上士剑。

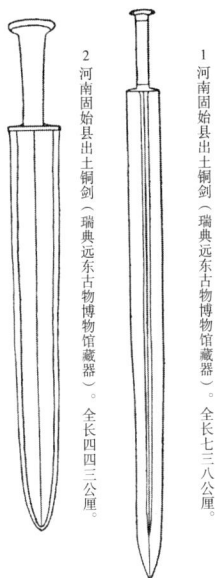

1 河南固始县出土铜剑（瑞典远东古物博物馆藏器）。全长七三·八公厘。

2 河南固始县出土铜剑（瑞典远东古物博物馆藏器）。全长四四·三公厘。

第二十九图

乙种空茎铜剑

乙种剑传播之范围，即其使用之区域，不如甲种剑之广。据欧洲考古学家卡伯克之意见，此类剑只见于中国中部。中国以外，未曾发现此种管柄铜剑，故此乙种剑系中国之特产（此与余主张周剑脱胎于矛形剑之说相符。而主张周剑来自西北者，可以省矣）。日本昔年曾有异形管柄铜剑出土，从前许多欧洲及日本考古学家，均疑为日本式之古矛头或日本古剑[1]。近年来日本考古专家，已认为均系中国青铜时代文化东渐之器，不但日本，朝鲜、中国东北等处，均有出土者，即余上方所述之矛形剑是也。唯日本武人使用此种矛形剑之时期较长，直至铁料输入日本以后始止[2]。波斯国之阿加野纳地方，曾在古墓中掘出管柄剑数具，其年代甚远，颇似中国乙种铜剑，尤类日本出土之中国青铜器东渐时期之矛形剑（第三十图）。欧洲北部，如丹麦、瑞典、

---

[1] 见一八七九年阿布格（J.J.A.Worsaae Aarboger）及其后谢特里（Schetelig）著《中国红铜青铜器》、明斯特堡（O.Müsterberg）著《日本艺术史》，以及日人清少著《住友男爵之青铜藏器目》等书。

[2] 见原田淑人、驹井和爱：《支那古器图考·兵器篇》，一九三二年版。

挪威诸国,亦曾掘出类似矛头之管柄铜剑①,较小于亚洲出土之物,而制造较为精美,想系后代之器。向斯谓此类铜剑,同出一源,想均系由管柄铜矛变形而来,其说是也。但是否必先有矛而后有剑,则殊属疑问。以余观之,古人防敌防兽,人人身畔插兵带器,既知以铜铸兵,必先制铜刃,或有尖之双锋铜片插身,此即古人之铜剑,据理应当在铜矛之先,因其制造较易于制矛,而又毋庸装柄也。此种远古铜剑,现时虽尚乏出土之物,将来中国发掘事业扩大,度必有出现者以证余言之非虚也。

乙种剑之大多数,似较甲种剑为古。河南洛阳地方,甲种剑格之剑出土颇多,乙种剑格之剑,则未闻焉。唯乙种剑使用较早而绝迹亦早,大概秦时已无此种剑矣。上图两波斯古剑,均铜器时代之物,其所以异于矛头者,因剑有格(腊),而矛头无之也。瑞典海微耳伯爵夫人所藏中国古铜剑中,有二剑,其柄系空茎有双后者,介乎甲乙两种剑之间,初视之似难索解。但一观腊上之直线形及半圆形之凸体花纹,则可断为汉代之剑,已系铁器时代之任意作品,非铜剑之正宗矣。

丙种　圆茎而不属于甲乙两种之剑　此类剑包括介于甲乙两种剑之间之剑,以及类似甲或乙而不相属之剑。其中有空茎类乙而腊似甲者(第三十图版第一号),空茎类乙而有后者(第三

---

① 见蒙特留斯:《瑞典史前图考》。

十图版第二号），空茎类乙无腊而刃有数棱者（第三十图版第三号），空茎有腊类乙而首作盂形或钵形者（第三十图版第四号）。此类剑之剑格（腊）等部，大都无花纹及文字，但亦间有有花纹者，如第二十九图版第一号是也。

丙种铜剑无花纹无铭者居最大多数，故中国收藏家多不注意搜求，藏者寥寥；而外国收藏者亦所获不多。依其形式而论，恐系甲种与乙种剑之变体，与甲乙两种剑同时并产之器也。否则或系甲乙两种剑过渡期中之物，乙种剑较古在前，甲种剑次古在后，丙种剑则介乎甲乙两者之间，不与同时而系承先启后之器也。又有一可能性在焉，则丙种剑为与周代人种不同或不服周制之民族之剑。

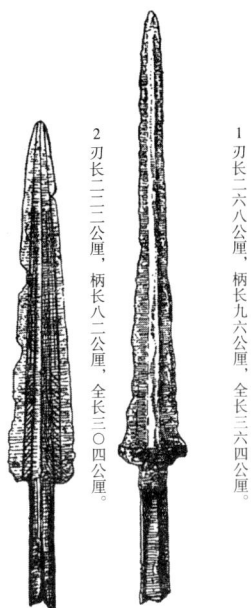

2 刃长二三三公厘，柄长八二公厘，全长三〇四公厘。

1 刃长二六八公厘，柄长九六公厘，全长三六四公厘。

第三十图　波斯出土与乙种剑相类似之管柄铜剑

波斯 Agha-Evlar Talyche Perse 古城出土矛形古剑（见一九〇五年 J.de Rorgan 著《波斯考古记》）

向斯疑第三十图版第三号剑为古时北方中国民族之铜剑，或者其他诸剑，为中国南方民族之铜剑，亦未可知。此第三号剑之相类者，瑞典远东古物博物馆尚藏有数剑，其茎形特异，系以一块扁铜打成（与刃及首均系一体),为扁平形直茎,其厚仅及三公厘,近首一小段作圆管形,首作较大之圆箍形。据云大多数系从河北宣化县及山西得来,仅一剑获自安徽,故疑为北中国之产物。

丁种　扁平细茎无腊无首之剑(尾剑)　此种剑亦系一块青铜铸成,形式极为简单,可以谓之无柄,仅有一扁平细茎,等宽或不等宽,常穿一孔或数孔,无首无腊。刃之中部有脊隆起,而脊之两旁常有两凹槽,有时稍作隆起状,亦有刃体全平者(第三十一图版第二、三、四等号)。此类剑青铜者居多,间亦有铁制者,有时乃以青铜作腊,如甲种剑(第三十一图版第一号),亦有以白玉为腊者。据向斯之意见,此类剑之柄,系以木料及骨角圆箍等物制成,但其质易腐,故出土时无存。余意长剑或者如此,如短剑则茎上既穿孔,即可系索挂身,加柄不加柄均可。否则骨角铜等戒箍,并非易腐之物,何以瑞典远东古物博物馆中藏有此类剑至数十具之多,并无一具有箍乎?该馆藏有铜柄头(剑首)数具,一作正盂形(莲蓬形,第三十二图版第二 a、二 b 两号),一作覆盂形(蘑菇形,第三十二图版第三 a、三 b 两号),向斯以为当为丁种剑之剑首,但其出土地未详,又未悉是否与丁种剑同时同地位出土者,不无可疑也。丁种剑大都甚短,向斯谓亦有甚长者,瑞典远东古物博物馆中藏有一铁剑,长达九七六公厘。余意铁剑系后来之物,如此长之铁剑,恐系汉代之物,或者竟系唐代之器,亦未可知?向斯以之与本来无柄之短体矛形铜剑,相提并论,未免有误。但向斯似亦曾觉悟及此，故将丁种剑细分为四类：

子、剑尾（无首无腊之细茎）与刃及剑背，作直角衔接，近尾处（极上端）穿孔。刃之剖面（切体）作长斜方形，刃之中部有脊而无棱。此类剑大都甚长，尤其是铁剑，有长至一公尺者（参看第三十一图版第五号铜剑）。

丑、此类剑与子类剑相似，但剑背（即腊之部位）稍作圆形，或与尾成一钝角。刃之中部有棱甚宽隆，自背及尖。此类剑较短于子类剑（第三十一图版第七号）。

寅、此类剑系子类与丑类中间之过渡品，介乎两者之间，而各不相属（第三十一图版第六号）。

卯、此类剑系短剑或匕首之类。其刃大都作锐尖长三角形。尾（茎）与刃之交界处，几于混合不可辨认，系有意作此种铸法者。尾上常穿二孔，一孔在上端中部，一孔在下方而偏近刃锋之一面（第三十一图版第三、四两号）。

向斯对于丁种剑之使用区域范围及其年代，亦曾致力研究而有所得，据伊意见可作下解：

（一）此类丁种剑，据调查所得，其大多数出土于中国中部地方（华中），尤以河南固始县之出土物为多。但其使用范围显曾普及于中国北部（华北）。考古学家卡伯克谓华北曾屡次发现此类铜剑，恐系使用特广之区域。二十年前北京外国使馆挪威人孟德（Munthe）曾在北京收集此类古剑甚多，大概均系北方出土者,现已归入挪威北根城(Bergen)博物馆所有矣。瑞典博物馆藏有丁种子类剑数具,其铜格乃系内蒙古鄂尔多斯沙漠地之出产也(按近年来考古学家常在鄂尔多斯一带收获各种青铜古器,颇多类似斯奇地安人种之铜器者)。此类剑曾在朝鲜出土,日本则未有。欧洲戈尔人种之地方①,及北欧等地②,亦曾发现类似丁种子丑寅三类之剑。此种剑之形式,既然如斯简单,当然可以在各种时期,广播于各种地方。何况向斯尚以铁剑混入其中,相提并论乎?但向斯则以为中国与欧洲,均出有此种剑,并非偶然之事或者同出一源,来自中亚细亚如波斯等地。因河南固始县及新城县地方,除曾掘出此类剑甚多外,并曾在大古墓中,发现许多铜器,其中有铜瓶百数十个之多,瓶上花纹及铜扣带等器,均显然与斯奇地安族之铜器相同,并与古波斯之物相类。故向斯认为丁种剑之子丑寅三类剑,系由斯奇地安本族或其支族,东传至中国等地,西传至西欧等地者。其传至中国之时期,大约在公元前五世纪之时,即距今两千四百余年间之时(周景王敬王之时),至秦季则已普遍用之。又据斯期铜器上之雕物及所附禽兽形体而论,恐其来源在古波斯国,而向东西分播流传者。向斯此说,大半系根据同时出土之他种铜器而来,姑为介绍,以备一考。

(二)此类剑有如子类剑,其传播区域,亦在华中华北两地。

---

① 见谢特里:《中国红铜青铜器》。
② 见戴希勒特(J. Déchelette):《台纳时代手册》。

朝鲜及日本,均曾有出土者,且甚普及。想亚洲他处亦有之。高加索地方,曾掘出一类似之铜剑,即其一例也①。河南固始县,出有此类剑甚多,常与饰铜战车同出,大约系距今两千二百年至两千四百年间之物。

(三)此类剑之广播区域,大约与子丑相同,但并不能确定。只知吾人所研究之剑,系与子丑等剑同地出土,或出土于华中华北耳。其使用之时期,大约与子丑相同。

(四)瑞典远东古物博物馆,仅藏有此类剑五具,其出土地均不详,仅知其中有三剑,系在北京购买者。据日本收藏家后藤之意见,此类剑常出现于朝鲜及日本地方,但大多数均系铁制。又据德国考古学家明斯特堡之意见,以为此类中国古匕首,曾受有西方影响,从前高加索、埃及、及 Troie、Ninive 等四地方,均曾有此类剑出土②。但向斯以为所指之剑,较中国出土之剑为古。余意此类剑,颇与陈经之匕首相似,不得与铁剑相混也。但向斯未曾辨别及此,又未能查知此类剑之出土地,故以为次古于子丑寅三类剑,且据形式相同(但无穿)之小匕首上之花纹判断,以为系汉代之物,其误孰甚。所幸向斯亦未敢坚持此意,故曰:"明斯特堡氏认为此类剑上之花纹雕刻,常有令人可认为系商及周初之物者,则远在公元前一千七百六十六年,距今三千七百余年矣。"

---

① 见艾伯特:《史前时代百科全书》。
② 见明斯特堡:《中国艺术史》。

此说较为近似。

戊种　异于上四种剑之剑　向斯自谓见及此种剑不多，今就所见者而论，似均多少受有外族影响。可依其柄形，分为四类言之：

（一）耳首剑　第二十九图版第三号剑，即此类剑。青铜质，中有凸棱甚宽，剑锋上下作波折形。剑柄之首，左右撑出，作双耳形，其一耳损破；柄之近刃部分(护手)作覆盂形，刃首嵌入其中。柄茎及覆盂上，均钻有横直虚线。刃锋之上下两部分，折作波折形，中部直形。此剑虽系中国产，然出处不详。日本考古学家后藤，谓日本南方福冈县地方，曾发现同样之剑一具，大约系公元前四世纪至五世纪之物。欧洲曾掘出此类剑，均系铜器时代晚期及哈尔斯塔特时代之物(公元前四百年至一千年)，此类剑亦曾在西伯利亚发现不少。余意此类剑中国不多见，或系月氏、猃狁，或匈奴之剑，由俘虏带至中国者，如据以作中国剑曾受外族影响之解则误矣。

（二）环首剑　第二十九图版第一号剑，即此类剑，系清陈经氏藏器。此剑首作圆环形，茎与腊如甲种剑形，刃亦如周剑，故恐系周剑。周铜刀有环(商铜刀即有环)，铜剑偶有环亦宜。另一六角形环首剑，见于《陶斋吉金录》中，则不可考矣。向斯以为此类剑刃之下部，向内凹入，系欧洲古剑形式，中国古剑罕有。瑞典远东古物博物馆中藏有圆环首匕首数具，据云出自华北，向斯以为应属于绥远文化期。余意此类环首铜匕首，商代即有，殷墟甚多，周时更多，但系细民之物，质陋而无铭，有时并非战具，故前人多未收藏或与以注意耳。

（三）冠首剑　西文谓之菌首剑，因其剑首像蘑菇形也。此类中国铜剑，曾经英国考古学家专为研究[1]，法国考古学家，亦曾详论及之[2]。第三十一图第一号剑，即此类剑。其柄与刃，系用一块铜铸成，刃之下部向内凹入，刃上铸有天然花纹，岂即《梦溪笔谈》所谓蟠钢剑，或松纹剑欤？其首如儒冠形，又如覆菇形，茎有一后，腊作覆盂形。此类剑为春秋、战国铜剑之变体。至于《考工记》之周服剑，不过官家之

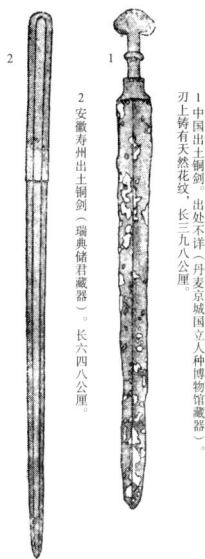

1 中国出土铜剑，出处不详（丹麦京城国立人种博物馆藏器）。刃上铸有天然花纹，长三九八公厘。

2 安徽寿州出土铜剑（瑞典储君藏器）。长六四八公厘。

第三十一图

戊种冠首及无首铜剑

剑，系举其大者著者，并未列举，其他未列举之剑体尚多，此即其中之一种也。

（四）无首剑　无首（镡）铜剑，殊不多见，瑞典储君阿多夫藏有一具，人殊珍之，据云系出土于安徽寿州（第三十一图第二号）。此剑之柄，平而作倒 U 字母外边形，边之中部微向内曲，柄

①　见伏尔萨（Worsaae）：《新旧世界之石铜器时代》，一八八○年版。
②　见杜勒（H.Doré）：《中国杂录》，一九一八年上海版。

及刃之切体,均作六角形。柄底一面作直形,一面作半轮形。剑刃近于直形,近尖处微圆。刃之近柄处,尚有木及布之遗迹。无剑格,或失去乎?剑共长六四公分,柄长一九七公厘,柄厚一公分,宽三公分,刃厚七公厘,宽二五公厘。系由卡伯克君购自寿州以献瑞典王子者,按其形式已与汉剑同矣。此剑之柄,不知是否另铸后装,抑系同铸者。剑形直下,而刃之宽窄不显,近于棒形,殊属特别,刃作六角形切体,亦甚罕见;瑞典远东古物博物馆中所藏中国铜剑虽多,但仅有二剑及一匕首(大都系丁种剑),其刃体作六角形,第三十图版第一号剑,即其中之一,出土于安徽凤台县。

以上分类,系就向斯之原作而略加修正,并补入吾人意见者。向斯致学甚勤,而凭借独厚,故论剑甚有见地。然其所抚摩研究之剑虽多,而亦有未曾见及之剑,如清程瑶田氏,日本原田淑人诸氏先后图示吾人者①;又如燕大容庚教授所研究之鸟书越王剑,以及罗振玉之异文剑,想均向斯所未获参考,兹补入之。

清嘉庆歙县程瑶田图示吾人之周铜剑,虽只寥寥十二具,然能暗含向斯氏分类之见解,超越《考工记》之囿束,故贡献颇多。如第三十二图所示之两剑(见《通艺录》),第一号似属乙种剑而实非,可谓另系一种类,盖其茎细而实,并非空体也。第二号剑或匕首,尤属特异,茎有双翼,且其茎凿空成三窗形,为向斯之所

---

① 参见原田淑人、驹井和爱:《支那古器图考·兵器篇》。

未见者。程氏曰："《史记·刺客传》，曹沫执匕首劫齐桓公。《索隐》引刘氏注曰'短剑也'。《盐铁论》'以为长尺八寸，其头类匕，故云匕首'。郑注下士之剑，为今匕首，则二尺，非尺八寸也。此器于古尺尺三寸耳，匕首短剑近是。"剑腊离刃向左右悬空分出，作刺或翅形，尤所罕有。但仅此一器，亦未便特立一种类，仅以示上面分类法之尚未能概括一切耳。

原田淑人、驹井和爱二氏所图示之铜剑（见《支那古器图考·兵器篇》），似亦有数剑未经向斯见及，未获一并研究，故其分类法似难于包括入内（第三十三图版之第一、二、六等号）。但为数不多，现亦毋庸为之特立种类耳。

容庚所研究之越王剑，确为春秋、战国名剑，已见第二十八图矣。

清程瑶田及清冯云鹏兄弟，均图有一铭文形似鸟虫书文之铜剑[1]，铭曰"吴季子之子保之永用剑"十字，释为吴季札之子之

---

① 见《考工创物小记》《金石索》。

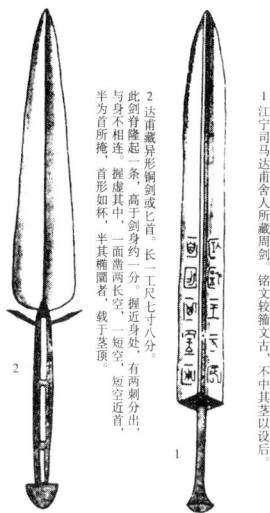

1 江宁司马达甫舍人所藏周剑，铭文较籀文古，不中其茎以设后，

2 达甫藏异形铜剑或匕首，长一工尺七寸八分。此剑脊隆起一条，高于剑身约一分。有两刺分出，与身不相连，握近身处，一面凿两长空，一面凿一短空，半为首所掩，一短空近首。握虚其中，短空近首。半其椭圜者，载于茎顶。首形如杯，

第三十二图　程瑶田氏所图示形式特异之中国古代铜剑

剑。季札挂剑于徐君之墓,世所周知,徐君生时所赏,其剑之佳可知,季札所传于其子之剑之佳亦可知矣。程注曰:"剑上字非籀非篆,系鸟虫书之遗,吾见三代诸器款识多矣,鲜有及此者。"惜程氏仅由胡生处得孙退谷所藏古剑铭拓本,获见其铭,而未克见其器耳(第三十四图版第一号)。

清末上虞罗振玉收集三代铜器玉器殊夥,著述甚多,其中所图铜兵中,有一异文剑①(第三十四图版第二号),剑形类于晚周之器,其刃自腊起,竟体五分之三长,刻有双行异形文字,至今尚无人能译述其意义焉。

所图十余剑,虽未能包括于向斯之分类表中,但亦无特立门类之必要,因其同形之器无多也。

此外有一种剑,向斯虽约略道及,而未与以特别注意,吾人认为应与特立一种类,即玉具剑是也。玉具剑已经程瑶田研究及之,近年朝鲜及他处出土者不少。自汉以来之载籍,多有矜式玉具剑者,玉具剑之形式范围果何如乎?

己种　玉具剑　玉具剑者,具字意义明晰,当然非以玉为刃之剑,而系用玉为剑之其他部分者。如剑首、剑格(腊)、剑璏(剑鼻)、剑茎及剑室,均可用玉为之,或用玉饰之也。清廷藏有周剑及周匕首数具(第三十七图版),则剑柄全部(剑格、剑茎、剑首)均用玉制,雕刻精美但作风不同,恐非周代之艺术品而为后人配

---

①　见罗振玉:《梦郼草堂吉金图》。

制者。此处余对郭沫若氏认为璏珕、鞸韐、璏珌,均非刀剑鞘上下之玉饰,而主张古刀剑鞘绝对未曾有上下玉饰之说,窃拟加以纠正,以匡贤者之不逮。郭氏曰:"按刀鞘之上下,不得有玉饰,何者? 刀鞘之上,常与剑镡相触,如有玉饰,则一触即碎;刀鞘之下,亦易与他物相触,如有玉饰,亦一触即碎,此理之显而易见者。再证之以古说,如《匈奴传》注孟康说,摽首镡卫,尽以玉为之,而不及鞘之上下。更证之以古器,则乐浪墓所出之玉具剑,其摽首镡卫,正尽以玉为之,而鞘之上下无玉饰,是则谓璏珌为刀鞘上下饰者,乃诡言。古说言刀不言鞘,则璏者乃刀柄之上饰,珌者乃刀柄之下饰也。璏即摽首之雅名,珌则镡之用玉者耳。"①郭氏之误会,由于未见实物。他姑无论,即就著者所藏之亚洲各国或各民族之古兵二百五十余件而言(见《剑庐藏兵目》),其中已有十余具玉具剑(均印度王公贵族之遗物),柄为白玉碧玉或灰玉质,鞘之上下端(鞘上口及鞘下尖),均为白玉饰套。其玉套之形状不一,大抵鞘口之玉箍套作凸体长方中空缀尖形,鞘尖之玉箅套,作上空下实凸体青椒形,或直其尖而为圆球,或曲其尖而作塔形或蛇首形。从未见亦未闻此种鞘上下之玉套,易于触碎也。不宁唯是,此鞘外玉饰,往往镶嵌红绿蓝青等等印度名贵真宝石及真钻石至每一玉套上嵌有四五十枚宝石之多,亦从未闻未见有触碎之事也。余友人等有时抽拔及收插

---

① 见郭沫若:《释鞸韐》,载《金文丛考》卷中《金文余释》。

剑刃,用力太猛,玉柄触鞘口玉套有声,或鞘底玉套触案有声,亦从未损及玉及宝石之毫末也。且有较玉更易碎之物质,如水晶等质,伊斯兰文化中人亦往往用以为柄及鞘之上下套饰,亦未闻未见有触碎者,或以易碎为虞者。盖此之所谓玉,质厚而坚,其选料得法,制兵得法,装置得法,而古之服剑者,大都悬挂于腰际或插入腰带之中,绝非妇女头上或手腕上之玉饰可比,何至触镡或触他物即碎乎?且古说亦未必言刀不言鞘,如《毛传》谓"琫上饰,珌下饰;下曰鞞,上曰琫",《说文》所谓"琫,佩刀上饰;珌,佩刀下饰",孟康所谓"佩刀之饰上曰琫,下曰珌"。均即刘熙《释名》所谓"室口之饰曰琫,下末之饰曰琕也",亦即《释文》所谓"琫佩刀削上饰,珌佩刀下饰也",可以无疑也。且即就郭氏所采吴大澂之玉琫二图而论,其长方形者类于鞘口饰,共六边形者类于鞘底(尖)饰(第三十六图版第三、四、五、六等号)。此种鞘大都以细皮或丝绒包裹两竹片或薄木片为里而为刀、剑之室,其上下端之玉饰,系套着并胶粘于鞘上,既无脱落之虞,亦绝不至一触即碎也。至于郭氏谓"剑首为摽首、为环,以玉为之谓之琫;剑腊为口、为喉、为镡,以玉为之珌,或谓之珥。剑鞘上部,有玉饰以贯緌者,为鼻、为璏,或谓之卫,珌于经典作鞞",无非欲证明剑室或刀室从无上下玉饰耳。实则玉首之剑固有,而玉腊(郭氏所谓珌)之剑,确亦常见。周剑首之以玉为饰者,程瑶田曾图示其形状及装置之法(第三十五图版)。此种玉首甚小,无非一种装饰品,以示剑主显者之身份地位,或富有之表张耳。是以其铜腊及铜茎之制造,一如常柄,仅于茎首留一小铜盘或一小圆轴,以备将玉首腊套其上。作战时如玉首脱落,于用剑无伤,剑主仍可御敌或进攻。今剑格(腊)亦用玉制,则便于作战与否,殊属疑问,是以作战之剑格,大概未必用玉,如用玉为之(第三十六图版第九号),则恐系文人服而不用之剑,或殉葬之明器,非剑之正宗也。

至于第三十六图版中之第一、二、七、八、十三、十四等号玉饰,则诚如郭氏所言,即俗呼"昭文带"之玉饰,其位置在剑鞘之上部,用以贯带而系剑于腰者。但是否"依其形制而言,自非璏莫属……又古人佩剑必有緱,故其方孔余地,系用以贯剑緱者,佩时以挂于剑带之下钩,解佩时可供提絜",如郭氏之所言者,则未敢确定。因方孔当有余地,以便左手握鞘而稍与抬高时,右手易于拔剑,若塞之以緱,则活动较笨,此非善用剑者不能体察入微也。玉剑首之形式,各有不同:程瑶田所图示之玉剑首,为平头中心有孔不穿通之蘑菇形;乐浪郡出土之玉剑首,为矮碟形,中心似亦有孔而不穿通;余家有一周剑,其玉剑首系墨玉质,作长枣形,上面无中孔。商代玉兵(如矛头等),白玉质居多,绿玉亦有;周代玉圭玉刀玉戚,多绿玉质,剑首则用白玉者较多;汉人喜用玉为腰佩及小器皿,多有用墨玉为之者。乐浪郡出土铁刃玉具剑,系汉人遗器非战国之物也。

三、周剑之各部

剑之各部，如剑刃、格（腊）、茎、首以及附属之剑室（鞘），均是。大概古剑均系一体，即用一块铜或铁制成，大都无鞘。是以剑之愈古者，其各部愈简单，盖专以刃为重也。剑之次古者，则各部渐多刻划修饰，形式亦扩大复杂，降至汉以后之剑，则几于专重柄格与鞘之装饰，用以炫人，而刃质反逊矣。

初期矛形剑，大概无首，无腊无后，仅有极短之茎，几于不成为柄。其后，茎加大加长，由杆形茎而演为杆形柄，再进为管形柄，更演为实茎有后有腊有首之柄，而剑身亦渐长。战国之剑，腊愈加大而渐成为剑格，且精工刻镂，且有镶嵌绿松石及金银者；茎亦有刻镂镶嵌者；首则渐开用玉之风，且铜首之镂刻镶嵌，亦间有与腊同工者。此期之剑，刃质极佳，各部之装潢又美，颇为后世所重视。今就刃、格（腊）、茎、首及鞘饰，以次言其大致。

（一）剑刃（身）　刃系剑之主要部分，能御侮克敌与否，胥于是瞻之。周人铸刃之术，式样极多，如第三十八图版所示瑞典远东古物博物馆等处所藏中国古铜剑一百六十具中搜集类选而图出之剑刃中段切面有十七种形制，虽各异其形，得其大概，然犹未能纲举目张，包括无遗也。即以程瑶田所图示之刺腊剑（第三十二图第二号），及原田淑人所图示之第六、七等号剑而论（第三十三图版），其切面已另开生面，不属于此范围矣。此三剑之切面如下形：◄━ ◄●► ◄◆► 皆向斯所未曾见及之铜剑也。向斯谓伊所研究之剑,出土于华北华中者居多,然则吴越名剑,尚眠地下,未经吾人见闻所及者,尚不知凡几。此所图剑身切面共二十种,亦不过示其大者要者而已。至于剑刃铸造之方法,及吴越名剑刃上天然花纹之奇特艺术,将于下段述之。又剑刃嵌金或雕作鸟兽形,亦周代优美艺术之一。一九三五年英伦中国艺术国际展览会中,列有战国名剑二,其一刃上全体嵌金为铭,其一刃上雕刻一长龙,均周代艺术刃也。

（二）剑格（腊） 古剑无剑格,筒形茎之剑及匕首之制行,仍未有剑格也(第二十九图第一号及第三十图版第三号)。迨至周代中期,筒形茎之剑,始渐渐有腊形出现,然极形细微,仅作一横线形,而端均不离剑身,与剑身平而并不向外凸出,尚未成为剑格也(第二十九图第二号)。再迟至下半期,《考工记》所载之周服剑,即实茎有后之剑出现(普通二后,间亦有一后及三后者),始渐有略向两方凸出少许之腊,已成为初期之剑格矣。其始形仍为上下平而两边凸出,如⌂形(第二十六图第二号),不久即变为上平而下凸出,如♥形矣(第二十六图第一、三两号及第二十八图)。自时厥后,剑格之形已成;虽尚与剑身、剑茎、剑首为一体,尚未分化,但已独标异帜,或雕兽形,或刻花纹,或以鸟书点缀,或且镶嵌金银及绿松石。再降则剑格渐次独立,自成一体。至周末汉初,且扩大为透雕双耳之怪兽形,中作浮雕虎头,全体镀金(第三十九图版第三号)。至于玉质剑格,亦同时与玉首并用（第三十六图版第九号）。清通儒程瑶田曾致力研究周剑甚勤，其所图铜剑格二（第三十九图版第一、二两号），可以为《考工记》时代铜剑剑格之代表物，所谓举其大者要者是已。

一九三五至一九三六年英伦中国艺术国际展览会中，曾列有巴黎鲁佛耳①国立博物院送陈之战国甲种式铜剑一具，长五十三公分，全刃镶嵌黄金为铭，自剑格以至剑尖，嵌金殆满，毫未剥落，艳美夺目。剑首为一玉盘，铜剑格上，亦满体镶嵌黄金及绿松石，金碧辉煌，令人想见战国武士堂皇丽都之概，及斯代高尚精美之艺术焉。惜乎此种珍贵之名剑及其美术剑格，国内已难于见及矣。

瑞典远东古物博物馆中，藏有中国铜剑剑格将近二百具之多，向斯并曾搜集他处所藏者，同为研究。据伊研究之结果，认为大多数青铜剑剑格，均系青铜制，均系实体，均系长斜方形及心尖形（甲种剑式）。大多数铜剑剑格，均与剑身（刃）剑茎剑首为一体，为一炉冶成之器。只有丁种剑之剑格，系剑成后再加上者。但丁种剑亦有始终未加剑格者（属于较古之矛形剑），亦有如甲种剑原来有一剑格者（第三十一图版第一号），则系例外之器。丁种剑之剑格，大都平面无花纹，但亦有刻作藁草云头形或鳞甲形者（第四十图版第一、二两号）。此种尾形剑之剑格，亦有用玉制者，有时刻作龙蛇形、饕餮文，或几何形文，恐系周以后汉

---

① 现称之为卢浮宫，世上最古、最大、最著名之博物馆。编者注。

代之器矣。此外向斯所图简单无花纹之铜剑格四(第四十图版第三、四、五、六等号)均系甲种周剑之剑格形,仅有厚薄凸凹之分耳。其余玉鞘饰二,鞘铜饰三(第四十图版第七、八、九、十、十一等号),亦备一格。

(三)剑茎(柄柱)　后世剑茎,极形简单,可名之为剑尾。仅一铁尾,与剑刃同铸,中穿二孔,两面夹木,并以丝索缠绕,或饰金银铜或玳瑁等质。周代剑茎则不尽然,有剑茎与腊与首,与剑刃铸为一体,缠缑之后,中部容中指之二铜片,仍隐约凸起,以便握持。程瑶田曰:"茎设后以容指者,中间最短,容中指也;近腊一间,长于中间,盖大指食指绕而容之;近首一间最长,所以容无名指与季指也。……设其后者何,后之言缑也,以绳缠之谓之缑。缑之言喉也,当茎之中,设之以容指,而因以名其所缠之绳。又'蒯缑'说者谓剑把以蒯绳缠之;剑把者茎也,茎必缠以缑,故知中其茎而设之者在是也。"①依刺剑击剑之术度之,大拇指必力按腊上,小拇指必推剑首及于掌心,而借腕力挺剑向前刺出,以贯敌人之胸。故周剑茎之有后,系周人剑术精深之制作,而此甲种剑之使用区域极广,使用之时期极长,亦由此也。汉以后剑首剑腊,均与剑刃分体,而茎亦变为尾矣。

就茎之形式言之,可与分为六种:(1)实体有后圆茎。茎为直圆体,上下等大,普通有一凸后,如箍,间亦有三后者,则不多

① 见程瑶田:《考工创物小记》。

见(第二十六图),一后者尤少(第三十一图第一号)。周剑之具有此种茎形者极多,直用至汉代晚期始止。法人西伦(Siren)藏有此茎之剑一具,其茎上遍体连两后均镶嵌金银丝片及绿松石(第三十三图版第五号)。又巴黎鲁佛耳国家博物馆中所藏之战国铜剑,其茎上遍体连两后亦镶嵌黄金及绿松石,可谓此种茎中之美术品。两后之位置,大都近于茎之中部。但亦有特异之茎,其茎长至为刃之半长,两后乃偏近刃腊,握剑者手可把握茎之前段,而不及后,其茎之上段,乃浮刻作龙首含珠形,并全体镀金,此系茎之变像,为当时豪贵物主矜奇立异之器也(第三十三图版第六号)。(2)空体筒形圆茎。此种茎较实体有后之茎为古,系脱胎于矛形剑者,故其形制极为简单,亦乏镶嵌雕镂之手工。筒茎大都近腊处细小而近首处略加粗大,但亦多直形上下如一者(第二十九图及第三十图版第一、三、四等号)。此类茎之长度,大致与上类茎相似。但亦有至短者,则或系变体,或系效古人用掌心挺剑首以刺人之方法,然不多见也(第三十图版第四号)。空茎之薄厚何如乎?据向斯剖验之结果,其茎之铜胎甚薄,不过一公厘半之厚度,可见当时铸铜术已极精进,始能铸成如斯薄体之空茎也。空茎之首,

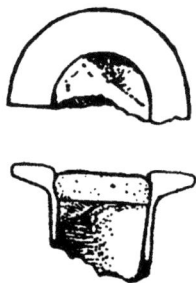

第三十三图
空体筒形铜茎之剖面形
(直径二三公厘)

即系向外翻出之铜边,其翻转部分铜片之宽度为七公厘。有时上端空体不露,而另以一圆铜片塞之(第三十三图)。此种茎之剑,为数恐亦不少,但因形式简单,又乏雕镂镶嵌之艺术品,故经人收藏者较少耳。(3)扁平尾茎。此类茎因剑体无腊无首,形如刀尾。其较古者(第二十五图),茎上有二孔,并非另装木质或他质柄或把手之用,乃用以贯索悬腰也。有时其茎无孔,或甚短而不可以安柄,或一孔偏一边,亦非安柄之道也(第三十一图版第二、三、四、七等号)。但此类茎可以谓之极古,亦可以谓之极不古,此不可以不注意判别。缘后世之铁剑刃,均系在尾上穿孔以安柄者,颇足以混淆观听,要在辨明其尾之形式、孔之部位及刃之形制物质,则不难认清古器矣。如第三十一图版第五号铜剑,其扁平尾茎,虽只有一孔在上,而刃体颇长,不难一望而知晚周次古之器也。又如该号图版第一、六两号扁平茎铜剑,茎虽无孔,已显然为楚国之剑矣。(4)窗体茎。此类茎不多见,程瑶田曾图示一小剑(第三十二图第二号),在其铜茎之实体上凿透三长方洞,均宽二公厘,近刃处之洞长二十一公厘,中洞长十九公厘,近首处之洞长十一公厘。首作馒头形,茎体中部较为粗大。按筒茎及窗茎,均在减轻茎即柄之重量,周人既用此方法,当然所铸之此类剑不止一具,唯因剑身无铭,形式怪异,去《考工记》太远,前人多弃而不收,微程氏吾人亦无从见及其形矣。(5)凹体茎。此类茎体之大部分,向内凹陷,亦为减轻柄重之意(第三十三图版第二号)。或者战国人士曾试铸之。(6)六角形茎。此类茎两面中部凸出成脊,直贯腊首,脊平而另有凸体花纹在其上,殊不多见(第三十三图版第一号)。此外容或尚有他样战国时代之剑茎,但恐非普通式样耳。

(四)剑首(柄头) 古剑无首,周代下半期之铜剑始有首,与茎与刃与腊同铸,同为一体。茎有空实平扁角形等分别,铜首亦因而异形。似可分为:(1)盘形上平下凸铜首。甲种实茎有后之剑首,大都均具此形(第二十六图及第二十八图)。(2)卷边铜首。乙种空茎无后之剑首,均具此形(第二十九图及第三十三图)。(3)弓形剑首(第三十图版第一号)。(4)莲蓬形或馒头形铜首(第三十图版第四号及第三十二图第二号)。(5)耳形铜首。此种剑首,左右有钩,向上卷起,或左右有孔,向上凸起,形如双耳,故称之为耳形首(第二十九图版第三号及第三十三图版第一号)。此种剑甚少,日本出土者则较多,西北亚洲以至北欧均有,恐系外来形式,经周人制作而加改变之首,但为数极少。(6)环形铜首。此类剑确系周人自作之器,盖商殷铜刀均环首,周铜刀亦用环首,铜剑用环首亦宜。唯出土之物不多,或者前代收藏家均因其无铭遂舍而不取乎?(第二十九图版第一号)(7)冠形铜首。其形如儒冠,又如蘑菇,春秋、战国时之铜剑首也(第三十一图第一号)。

除与剑一体之铜首外,晚周之剑,多有用玉首以及少数角骨木首者,亦偶有用金银为首饰者。汉代玉具剑之风尤炽。玉首之各种形式,已略图于上方玉具剑一段中(第三十五、三十六、三十七等图版)。至于楄具剑(木首),犀具剑(角首),金把剑(金首),珠首剑,银首剑,蚌及玟瑁首剑,汉初即已常见,或者战国时已有之乎?现无实物以示其图,姑引载籍以明之。如《匈奴传》曰:"甘露三年正月,呼韩邪单于朝,赐玉具剑。"注,"摽首镡卫,尽用玉为之"。《王莽传》曰:"进其玉具宝剑。"《南匈奴传》曰:"永元四年正月,北匈奴乞降,赐玉具剑。"《东观书》曰:"汉安二年,立单于兜楼储,天子临轩,赐玉具宝剑。"《说苑》曰:"径侯适魏,左带羽玉具剑,右带环佩,襄城君带玉剑。"此均玉首之剑也。《隽不疑传》曰:"冠进贤冠,带楄具剑,佩环玦。"此大型木首之剑也。注,"应劭曰:摽首之剑"。晋灼曰:"古长剑首,以玉作井鹿卢形,上刻木作山形,如莲花初生未敷时;今大剑木首,其状似此。"《应奉传》注,延熹中诏曰:"以奉昔守南土,威名播越……赐……驳犀方具剑,金错把刀剑,革带各一。"此以犀以金为首也。又曰:"传安帝赐冯石驳具剑、佩刀、紫艾绶、玉玦各一。"《魏志》曰:"羊侃初为尚书郎,以力闻,魏帝试作武状,侃以手抶殿没指,帝壮之,赐以珠剑,拜征东大将军。"此以珠为首也。周迁《舆服杂事》曰:"汉仪,诸臣带剑,至殿阶解剑,晋世始代之以木,贵者犹用玉首,贱者用蚌金银玟瑁为雕饰。"此以金银以蚌以玟瑁为首也。

向斯曾图示其所研究之盘形铜剑首二具,一上平而下凸,一下平而上凸。其上平者,平面之中心有一铜顶向上凸出,两器均深刻阳文花纹(第三十二图版第二、三两号)。向斯以为其上平者(第二号)当系丁种剑第一类剑之剑首,其面上所刻花纹,颇似周代铜镜背面所刻之花纹,中亦有一铜顶。朝鲜乐浪郡亦曾掘出此类花纹之青铜器,可见其传播之广。其下平者之凸面上花纹,殊形特异,颇属罕见,或者亦为尾形剑之剑首,因其下端作夹形也。此花纹有一鸟一蛇及一半兽体,或为龙凤麟之象征乎?

(五)剑室(鞘)　古剑无室,直接插腰,贯索缠索以插身或系腰耳。晚周剑体渐长,剑柄渐大,剑刃较锐,雕镂镶嵌之风又盛,佩剑乃有室焉。迨至战国时制铁剑①,剑乃不可以无室,盖铁剑身长而又极易生锈,非鞘不足以保存之悬系之也。剑鞘与剑柄,乃极尽装潢点缀之能事矣。

周代下半期,既已有剑室,故金文中曾数见鞞鞻等字(剑室自古即以革制)。《番生殷文》曰:"锡朱市恩黄鞞鞻玉环玉珍。"《静殷文》曰:"王锡静鞻刻。"清吴大澂解《静殷文》曰:"鞻古鞞字,刻古遂字,鞞刀室也,遂射鞲也,二物为同类。"②今人容庚解《番生殷文》曰:"鞻射鞲也。"③《诗·小雅》亦曾曰:"鞞琫有

_____

① 见《越绝书》及《吴越春秋》等书。又山东图书馆已掘出周代铁器数事。
② 见吴大澂:《说文古籀补》卷一。
③ 见容庚:《金文编》卷三。

珌。"传曰："鞞容刀室也，琫上饰，珌下饰。天子玉琫而珧珌，诸侯璗琫而璆珌，大夫镣琫而镠珌，士珕琫而珕珌。"《释文》曰："鞞字又作琕，琕字又作韠，珌字又作琕。"《大雅·公刘》曰："鞞琫容刀。"传曰："下曰鞞，上曰琫。"《左传》桓公二年曰："藻率鞞鞛。"据此，则周代剑室之上口及下尖，均已有玉饰矣，近室口之玉饰曰琫，面偏平，中下透空，以绳缠于鞘。尖之玉套曰珌，有半透双孔，冒于鞘端，下尖而实（第三十六图版第一、二与五、六及十三、十四等号玉具，均琫颇具其形，琫之为言捧也，捧剑时所握也。第四十图版第七号则为珌，亦即鞞，鞞之为言卑也）。宋人吕大临《考古图》，有"璏玉璏"一器，即俗名昭文带，装于鞘之上方，用以贯带系剑于腰者也。此类玉具，古今人收藏者颇多，如朱德润《古玉图》有七器，瞿中溶《奕载堂古玉图录》有七器，又有穿背短璏三器。吴大澂《古玉图考》有八器。日本《有竹斋古玉图谱》有二器。美国罗福（B.Laufer）氏《中国古玉研究》有六器。瑞典远东古物博物馆有十数器。近年朝鲜乐浪郡出土之玉具剑上，亦均有此璏玉璏或昭文带玉具。此风盛于汉代，而在战国时之剑鞘，除下端玉饰外，即已有此中段贯带悬剑于腰之玉具矣（第三十六图版第一、二与七、八及十三、十四三器）。至于剑室之本身，不外以竹或木片为里，以皮革为表，普通不饰玉者，大都以铜为鞘之上下饰（第四十图版第十、十一两号），及鞘中段饰，用以贯带悬腰。

向斯所研究中国古铜剑大都周代下半期春秋、战国之物,据伊所云,此种剑大都有鞘,因其刃上常粘有木及布类之残片也。其鞘恐系用木用兽皮或鲨鱼皮为之。鞘饰除用金类(铜、锡、金、银之类)及玉类为之外,或尚用坚硬之半宝石为之(如水晶、玛瑙、琉璃之类)。瑞典远东古物博物馆藏有玉瓏珑(或作鹿卢)十数具(第三十二图版第一号),系直装于鞘之上部贯带以悬剑于腰者。此种滑雪车形之鞘上挂带器,其使用之范围至广,在南部俄罗斯,曾掘出坚晶石制者三具,又玉制者一具,现存法国巴黎附近圣日耳曼镇古物博物馆中。此种器均系公元后第二或第三世纪之物。明思(M.E.Minns)曾图示斯奇地安古民族之金牌一面,其图画中,有一执剑战士,其剑鞘上挂带之器,完全与中国玉瓏珑同形。此种剑饰之传播路线若何,今尚未能确指。

四、周代铸剑艺术之特彩

　　商代所铸青铜容器,精美绝伦,合金成分之佳,雕镂之巧,镶嵌绿松石细致,超绝一时,虽周代无以过之。唯青铜兵器之铸造淬炼,及其相关之艺术,则以周代作品为最佳,在各种兵器中,尤以剑为最佳,其冶铸之科学,及刃上所显花纹之艺术,颇有研究价值焉。兹分为内质合金成分,与外镀技术,及天然花纹刃三项言之。

　　(一)周剑内质之合金成分　青铜为天然红铜与锡之合金,

在商代已有极佳之铸作品,周代合金,尤其是剑之合金,成分较为复杂,配合当更为优美。《考工记》曰:"金有六齐:六分其金而锡居一,谓之钟鼎之齐;五分其金而锡居一,谓之斧斤之齐;四分其金而锡居一,谓之戈戟之齐;参分其金而锡居一,谓之大刃之齐;五分其金而锡居二,谓之削杀矢之齐;金锡半,谓之鉴燧之齐。"剑当包括于所谓大刃之内,仅谓铜二分,锡一分,未免记载过于简陋,且此之所谓锡,系包括锡与铅两种原质而言也。

本世纪以来,中外人士化验周兵者颇多,但未及剑,其故甚为简单,即不忍舍弃其难得之宝剑以供切割化验耳。但剑之成分,虽必较优较细于他器,然亦可于他器之化验结果中识其大凡。如一九二九年越南河内矿质化验所,曾将中国周代空头铜斧,加以化验,其结果如下①:

天然铜	百分之五十五点二
铅	百分之十七点三
锡	百分之十五点三
铁	百分之四点四
银	百分之〇点〇一二
金	痕迹

----

① 见戈鲁伯夫:《北越南及东京之铜器时代》,一九二九年河内法文版。

一九三〇年,法国国立矿学校长兼全国矿务总监督帅诺（Chesneau）曾化验周代铜戈,所得结果如下①:

锡　十六点四四

铜　八十二点三二

铅　〇点一五

铁　〇点四三

锌　〇点二〇

锰　微弱之痕迹

镍　痕迹

砒　极微弱之痕迹

一九三五年,日人梅原末治将日本专家化验殷周戈矛之结果,披露于其所著之《中国青铜器时代考》一书中,所示化验之器,有矛二戈四,其中第二号戈及第四号矛,均系明器,即古人殉葬之兵器,故锡之成分较少,而铅之成分较多。其第五号戈,恐系雕戈,近于明器之类,锡之成分亦较少。其一二三等号,则系实用之兵器,成分之配合极佳。其分析结果总表如下②:

---

① 见徐传保:《中国古铜兵器铸造之研究》,载《先秦国际法之遗迹》附录四。
② 见梅原末治:《中国青铜器时代考》,一九三六年商务版。

日本专家化验周代铜兵之结果

	戈一（瞿形）	戈二	矛三	矛四
铜	八十五点二六	七十八点七〇	八十点六三	七十三点九四
锡	十三点八六	〇点一三	十七点三三	〇点一二
铅	〇点一三	十八点〇九	〇点一八	十六点九二
铁	〇点二六	一点一二	〇点三〇	一点一九
镍	——	〇点〇七	〇点一二	〇点一三
砒素	〇点一〇	一点六五	〇点一一	〇点九八
锑	〇点〇五	——	〇点一四	——
硫磺	——	〇点二二	——	〇点五〇
计	九十九点六六	九十九点九八	九十八点八一	九十三点七八

	戈一	戈五	戈六
铜	八十五点二六	八十四点八五	七十六点〇六
锡	十三点八六	九点九七	十二点〇三
铅	〇点一三	三点五一	十点八九
铁	〇点二六	〇点一二	〇点四三
镍	——	〇点〇七	〇点〇八
砒素	〇点一〇	〇点四〇	〇点四四
锑	〇点〇五	〇点四三	〇点二〇
计	九十九点六六	九十九点三五	一〇〇点一三

据上表观之，明器不计外，凡周代实用之兵器，其内质成分，

除主要之铜锡外,并含有铅、铁、镍、砒素、锑、硫黄等质,可谓应有尽有,与数百年后或千年后,伊斯兰文化诸民族所铸世界无敌之花纹名刃所含之各种原质相同,是岂偶然欤?且就上例二种结果观之,尚有金、银、锌、锰等原质在内,锌、锰有加强刃力,而使之柔能克刚、坚而不脆之效用,与锑及砒素以及硫黄混合一体,能使刃质刚柔相济,不但具有斩钉截铁之功用,可以一触而削损敌刃,且能耐久经用,历久不损坏不腐锈焉。金银则为增加刃上光彩之用,亦有防锈之功,从前日本名手所铸之良刃,其刃面有亮光花纹者,外人迄不知其奥妙之所在,直至本世纪开始,始悉系以银质少许,渗入铁中铸炼以成者,周人冶金术之深造,或亦有此?俟有化验战国名剑之结果,当可证实之。《考工记》对于周人冶金观气(火焰)之术,略有记载,虽撷拾不详,难得玄妙,亦可见周人铸炼知识之精深。其辞曰:"凡铸金之状,金(铜及他金类)与锡,黑浊之气竭,黄白次之;黄白之气竭,青白次之;青白之气竭,青气次之,然后可铸也。"此即后人所谓炉火纯青之功候是也。近世冶金学望气之术,当亦同此而加精进,孰知我先民早于两千年前已深知而力行之矣。

(二)周剑外镀之技术 外镀之术不始于周代,商殷人似已知之。唯是商殷兵器外镀厚,且有内红铜而外镀厚锡一层者。余在中央研究院历史语言研究所中所见商殷时代之虎面铜盔数具,其中完整之一具,内部红铜尚好,外面一层厚锡,镀法精美,光耀如新,且闪灼有白光,恐尚含有锌镍等质(第三十八图)。周代铜兵,尤其是铜剑,内质合金之配合愈巧,铸炼愈精,故其外镀甚薄而坚,非有心人不易窥见,即专家化验时,亦往往忽略此点。须知周剑之所以能居土中数千年而不锈腐者,固因铜锡等质合金之美,盖亦外面镀锡防锈防腐之功也。法国考古学家卫松(Andre Vayson de Pradenne)曾化验周戈等兵器,而有下列按语①:"中国古代,已有外镀,殊可钦异!且其外镀,不仅为美观避锈起见,又有保护兵器本身之功能,加大战斗之威力及兵器之价值焉。扩言之,中国古代铜器铸术之高尚程度,非斯时任何他处之所能及。且中国铜兵时代极早,足与西方地中海东区者相比,或且过之。外镀之术,实足以超越斯世,而使吾人之研究铜器文化者,不能不注意远东,且以主要地位许中国也。从前罗马文学家卜理来(Pline)氏,曾谓罗马之精良铜兵,悉取求于中国②,现法国教授费昂(F.Ferrand)氏亦有此说③,吾人可以置信矣。"读此可见周剑外镀之技能,实可以超越古今中外矣。昔程瑶田氏说周铜剑之外皮颜色曰:"其绿若瓜肤也,其红若楂皮也,其蓝若翡翠之羽也。三物驳布以为之章,有章有质,有质斯苍,水银罟之,乃生剑光。"④即上方化验表所列各种内质分子所发

---

① 见《考古学杂志》,一九二二年巴黎法文版。
② 参阅《铜器时代古物指南》,一九〇四年不列颠博物院出版。
③ 参阅费昂:《南海古交通》,载《考古学杂志》,一九二二年巴黎法文版。
④ 见《通艺录·考工创物小记》。

之光也。程氏为民国以前有数之考古专家,求学务实,虽缺乏化学知识,然能看出"三物"化合以为章,有章有质斯苍;又能看出外镀之术,而释之曰:"水银舀之,乃生剑光。"亦属可贵。上一表中本有金银之遗迹,或者周人镀剑,不止用锡,且或有用金、银及水银者矣。

(三)周剑刃上天然花纹之超代艺术 余幼年即喜抚摩家藏周剑,每觉刃上有异光若花纹然,心窃异之。及读《吴越春秋》及《魏都赋》,乃知古剑有"龟文漫理",又有"龙藻虹波",知非附会之词,必指余所见觉之异光花纹而云然。嗣读越人袁康所著之《越绝书》,愈觉吾所信之非虚,异光花纹,非偶然之现象,乃周代或战国铸剑者发明创制之惊人艺术。此所以干将、莫邪、巨阙、纯钧、湛卢、胜邪、鱼肠等铜剑,成为千古知名之宝物,而龙渊、泰阿、工布等铁剑之盛名,亦永垂不朽也。

《越绝书》卷第十一《外传记宝剑第十三》曰:"越王勾践有宝剑五,闻于天下。客有能相剑者名薛烛,王召而问之",先取巨阙,曰:"穿铜釜,绝铁锧,胥中决如粢米。"继取纯钧,薛烛对曰:"扬其华,捽如芙蓉始出;观其钣,烂如列星之行;观其光,浑浑如水之溢于塘;观其断,岩岩如琐石;观其才,焕焕如冰释,此所谓纯钧也。"又曰:"欧冶乃因天之精神,悉其伎巧,造为大刑三、小刑二:一曰湛卢,二曰纯钧,三曰胜邪,四曰鱼肠,五曰巨阙。吴王阖庐①之时,

---

① 即阖闾,《左传》作"阖庐",《晏子春秋》"庐"字作"闾"。编者注。

得其胜邪、鱼肠、湛卢……"嗣命炙鱼者刺王僚,即鱼肠剑也。观于此文,所谓"如芙蓉始出,如列星之行,如水之溢于塘,岩岩如琐石,焕焕如冰释"者,即指刃上之异光花纹而言也。

再观战国铁剑。《越绝书》同卷载楚王命风胡子之吴,见欧冶子及干将,使之作铁剑。欧冶子及干将,凿茨山,泄其溪,取铁英作为铁剑三枚,一曰龙渊,二曰泰阿,三曰工布。楚王见此三剑之精神大悦,问曰:"何谓龙渊、泰阿、工布?"风胡子对曰:"欲知龙渊,观其状如登高山,临深渊;欲知泰阿,观其钑,巍巍翼翼,如流水之波;欲知工布,钑从文起,至脊而止,如珠不可衽文若流水不绝。"亦均指刃上之花纹而言也。所谓"钑",与薛烛之所谓"钑"同,即刃上碎锦式花纹之谓也。

于此有一难题,即周剑之花纹,系平体乎? 抑系凸体乎? 换言之,即其花纹刃系平面乎? 抑糙面乎? 平面则可看而不可触,糙面则年久亦易看出,且可触及摸着而拓出也。

余既知周剑之佳者,铜剑铁剑之刃上,皆有天然精美之花纹,爰尽心力以求一见此种古代宝物,奈何游踪遍及南北诸省,迄未获如愿以偿,由幼年而壮年,由壮年而华颠,终未见及一花纹刃,心滋戚而志仍不衰。迨十余年前三度游欧,复孜孜研究亚洲其他民族之古兵器,尤致力于世界驰名之伊斯兰文化诸民族与马来民族及日本民族之名贵刀剑,结果乃获得花纹刃之奥妙,而庆向所信之非虚。

伊斯兰文化诸民族（包括古匈奴、突厥、回纥等族，及今波斯、印度、阿富汗、土耳其、阿拉伯及俄国民族中之一部分）之天然花纹刃，铸造至为精巧，历千百年而其钢不锈不腐化。其钢及其刃，均名为打磨（Damas，Damascus），因其出产最富之城名而得名也。十余年前，瑞士冶金学教授磋概，曾由瑞士收藏亚洲古兵专家毛瑟（Henri Moser）惠赠所藏伊斯兰名刀花纹刃六具，作为试验之用。试验结果，认为此种花纹刃，具有甚大之威力，非他刃之所能敌。其刃上天然花纹，系由内心发出，并非表面作品，故历久如新。至于花纹之种类至繁，变幻多端，各刃各样；其最贵重者，名为梯形花纹，黑花纹，珠簇花纹，及流泉屏障花纹。此第四十一图版所示者，即流泉屏障形花纹刃也。其刃乌色，其花作银白色，深入刃内，年久摩擦不变。此非《越绝书》之所谓"浑浑如水之溢于塘，岩岩如琐石，焕焕如冰释，巍巍翼翼，如流水之波，文若流水不绝"者乎？据磋概教授化验之结果，此花纹刃之内质配合如下：

碳素（C）	一点六七七
硅素（Si）	〇点〇一五
锰（Mn）	〇点〇五六
硫黄（S）	〇点〇〇七
磷（P）	〇点〇八六

第三十四图　日本名手所铸刃上出现平面天然花纹之良刃

（采自英人 H. L. Joly 及日人 H. Inada 合著之《刀剑及鲛》）

此所图示之刃中之磷质较少，其他刃中之磷质，则有多至〇点二五二者，硅素亦有多至〇点三二者。至于各刃试验曲力（曲而不折）之结果，则每一立方公分，可受九十四公斤至三百六十一公斤之重而不折。各刃试验硬度（受砍不凹）之结果，每一平面公厘可受碰力自一百九十三公斤至三百四十七公斤之重而不稍凹损。其威力之大，虽现代科学名刃不及也。而其最大之优点，尤在其刃边有暗形锯齿，系刃内各质凝合之奇异效果，是故其他民族之良刃，一与接触，辄被削断割裂焉。

此种伊斯兰花纹刃，系平面花纹，即扪之无垠，可视及而不能触及，可摄影而不能拓摹者也。今再言马来民族之糙面花纹刃，即可以触觉并可拓摹者。马来民族，昔时人人均腰插短剑，其名为克力士（Kris），几于全系花纹刃，名之为八魔刃（Pamor），八魔者马来语陨铁之谓，又其地名也。据云古时马来群岛无铁，故以陨铁制剑，嗣后始由华人贩铁前往云。

马来糙面花纹刃，亦世界驰名，各国博物馆及收藏家奉为珙璧之良刃也①。其花纹之富，多至数百种，迥非伊斯兰花纹刃之

———————

① 从前俄皇武库中，即察尔斯戈治—色罗（Zarskoé-Selo）别宫中，藏有马来克力士剑一柄，系世界罕见之奇兵异宝，其图形见拙作《亚洲古兵器图考》。

所能冀及。其铸造之精深秘密，从不外泄，仅知马来铸刃师，从前尊为国师，世食采地，一刃有铸至数年，入火至数百次始淬炼成功者，可见其术之深矣。第四十二图版所示者，不过寥寥五刃，对于马来刃之天然花纹，诚不免挂一漏万。然即此五剑，观其大体，举一反三，岂非《越绝书》中之所谓"捽如芙蓉始出，烂如列星之行，浑浑如水之溢于塘，岩岩如琐石，焕焕如冰释；又如登高山，临深渊，巍巍翼翼，如流水之波，如珠不可衽，文若流水不绝"者乎？

更观日本花纹刃。日本铸刃之术，唐以后始渐渐驰名于世，数百年来，在远东首屈一指。其考古学家谓日本初期刀剑，来自周朝，嗣后则自马来群岛及西藏输入，有多数出土实物为证。余意日本铸刃术，或亦曾受伊斯兰名刃之影响，故日本花纹系平面阴文，如伊斯兰刃，而非如马来花纹刃之凸面或糙面阳文也。日本花纹刃不少，其国人珍若珙璧，深藏而未肯轻易示人，第三十四图之日本花纹刃，出自日本名家之手，系采自英人斯密士（W. Harding Smith）之藏器中者。执此一刃以观，亦觉袁康所述《越绝书》中薛烛及风胡子二氏之言，不吾欺也。唯日本花纹刃，常因渗合银质而生出其亮光，故不如伊斯兰花纹刃之坚深耐久，故须加意保持，始能长存，至其花纹之变化，亦远不如马来花纹刃也。

一九二七年著者四度返国以来，继续竭力搜求周代及春秋、

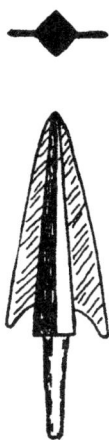

第三十五图　殷墟铜矢

（实大，全长六〇公厘，最
宽处二〇公厘。）

战国之花纹刃，虚心访问，几遍于全国，忽忽十易寒暑，仍无所获。迨至一九三六年，闻燕大教授容庚获越王剑二柄，急驰书请摄一影或拓摹刃面，以资参考，惜乎容庚教授已转其器于他人之手矣。又迟一年，一九三七年春，始由好古友人范兆昌恒斋自北平寄来购自琉璃厂某书肆之清吴大澂愙斋所藏之鱼肠剑拓本一纸，细视之真乃周代糙面花纹刃也。虽拓本不清，然其如星如石如珠之花纹，尚约略可辨（第四十三图版）。吴氏自注曰："《梦溪笔谈》：鱼肠即今蟠钢剑也，又谓之松纹。"是即指刃上花纹而言，拓本谅必无讹，但迄未能查知此剑今属谁氏，不克一见其物耳。此刃花纹之形，又密错如鱼肠，或即鱼肠剑命名之意义乎？未几，驻在瑞典老友王公使景岐，又惠寄瑞典京城远东博物馆所藏中国古铜剑影片多帧。其中六剑，均系糙面天然花纹刃，花纹较吴剑尤为清晰，唯不作鱼肠形，而作"芙蓉、列星，及琐石、焕冰"形，宛然薛烛及风胡子之所说者也（第四十四图版）。其第四及第五两剑较古，近于矛形剑，有如陈抱之所藏之夏匕首形，其刃上之花纹，一则缘边而起，一则遍于全体，而凸刻一兽，一曲腕张手及一异物形（第四十四图版五 a 及五 b 号）。此二刃之花纹，似非糙体而系平面者，但余未见其器,未敢断定,仅信周代花纹刃必有平面者耳。

吴窓斋之鱼肠剑,为周代甲种剑(详上分类一段),瑞典远东古物博物馆所藏周代花纹剑,其第一号为甲种剑,第二号为乙种剑,第四号及第五号为丁种剑。第六号(即第三十一图第一号)则为冠首剑。形式种类既然如此不同,则周代花纹剑铸造及使用之时期及区域范围,必然甚长久而甚广大,土中堙埋之宝器,尚不知凡几也。且春秋、战国铸剑艺术,以南方为高尚,铸剑名手,多产于南方,所谓越之欧冶子、吴之干将,袁康仅述及此二人而已,此外良师名剑应尚多,将来公家发掘工作,能由北方而扩至南方,则花纹剑之出土者,固可濯目而俟也。

叁 周代及春秋、战国射远器

中国古吴越文化期之民族,在甚早时期,似已知制造弓矢及弋弩等器。今人徐中舒氏,著《弋射与弩之溯原及关于此类名物之考释》一文①,根据古代象形文字及壁画,断定弋射与弩,起于东亚,在中国为史前之物,商殷以前即有之。其结论谓:“安特生于其《中华远古之文化》及《甘肃考古记》两文中,以戈鬲(或鼎)及粟鉴为起于东方之物。最古之弋射与弩,虽无遗物留存于今,然据甲骨文之象形字言之,殷代确已有矰缴之弩之存在。是殷商或其以前,东方所特有者,戈鬲粟鉴之外,又当有矰缴与

———————————

① 见《中央研究院历史语言研究所集刊》,第四本,第四分,一九三四年。

弩。……上文据弹及弋射之缴断定最初用弩者,当为居住黄河流域之华族,此说之当否,姑不必论,但观使用弩之区域,遍于亚洲之东南,而漠北则绝无此种影响,此种分布状况,必非有史以后之事。……从而殷商以前之文化,必受有若干南方文化之影响,其消息不难于此中求之。……如于之象弩,柲之为檠榜,弩䇶籍路之名称,钩彀彍韩之意义,弩之原起与弋射衰歇之故,及古蹶张之用腰引……不失为有理解之假设。"吾人对于商殷以前文化受有南方文化影响之说,深表同情,此又不独弋射与弩为然矣。此外尚有一器,吾人信为南方民族之遗物,即长短标枪是也。短标枪即长杆之箭,其始必用石刃首,略如石镞,商殷时尚用之,但出土物均被视同箭镞耳。周代投壶之风特盛,即练习标枪之一种技术。第四十五图版第五、六、七、八四号长茎铜镞,或即周代之短标枪,故标枪实为自古以迄周代射远器之一种也。

周代去殷不远,其兵车弓矢之制,尚大同而小异。其车士骑士及步卒,想均曾用短标枪为射远或掷远器也。河南安阳殷墟出土之弓矢及战车,据一九三六年教育部在南京所开第二次全国美术展览会中所陈列之影片图案等物言之,玉矢及铜矢甚多。殷墟出土之铜矢数目虽众,但均系同式,均系带刺倒须式,中有脊而脊下接茎(第三十五图),李济以为系从骨镞演化出来的,恰为骨矢类之丁种①(殷墟出土之镞,尚有石制蚌制及骨制三种,

---

① 见《安阳发掘报告》,第二期,第二四二页。

以骨镞为最多）。后来李济又以为有受外来影响之可能①。余意以为此类矛形矢镞，系脱胎于矛头。矛为长刺兵之最古者，在用铜之前，必已用蚌用贝用骨用石为尖头以刺人，有如兽之以角刺人者，不必受有外来影响始然也。安长柄以刺者为矛，安半长之柄以投掷者为标枪，安短柄以射者为箭，古代南方人之矛头及标枪首与箭镞，其大小几于不可分别。即如马来土人距今未久所用之矛及标枪，其锐首常具箭镞形，与镞同其大小，杀人亦无殊也。至于殷铜镞系沿用后来南方民族之矛头或标枪首之形，绝非西北方传来之器也。因以矛头或标枪首为式，故镞皆同式，盖无足异。迨至春秋、战国之际，制镞者已各国异其形，各地异其状，虽聚千百镞于一箧，而视其长短及形状，盖无一相同者，较之殷代，岂非大异。然细观其体制，仍不出中轴制及三棱（角）制之范围，仍与矛头或标枪首同制，所谓百变不离其宗，难逃本来面目也。

关于周代弓矢及弩，载籍所示吾人者不少。如《穀梁传》定公八年冬：“大弓者，武王之戎弓也。注，武王征伐之弓。”《大戴礼》曰：“武王弓铭曰：屈伸之义，废兴之行，无忘自过。”此铭如非汉人拟作，是殷末周初之时，已有弓铭矣。《周礼·夏官》曰：“司弓矢，下大夫二人，中士八人……掌六弓四弩八矢之法。辨其名

_____

① 见李济：《殷墟铜器五种及其相关之问题》。

物,而掌其守藏与其出入,中春献弓弩,中秋献矢箙。及其颁之:王弓弧弓,以授射甲革椹质者;夹弓庾弓,以授射豻侯鸟兽者;唐弓大弓,以授学射者。使者劳者,其矢箙皆从其弓。凡弩:夹庾利攻守;唐大利车战野战。凡矢:枉矢絜矢利火射,用诸守城车战;杀矢鍭矢,用诸近射田猎;矰矢茀矢,用诸弋射;恒矢痺矢,用诸散射(八矢弓弩各有四,在上者属弓,在下者属弩)。天子之弓,合九而成规,诸侯合七而成规,大夫合五而成规,士合三而成规,勾者谓之弊弓。注,箙盛矢器也,以兽皮为之。缮人,上士二人,下士四人……掌王之用弓弩矢箙矰弋抉拾,掌诏王射,赞王弓矢之事。槀人,中士四人……弓六物为三等,弩四物亦如之;矢八物皆三等,箙亦如之。"《冬官》曰:"弓人为弓,取六材必以其时,六材即聚,巧者和之。干也者以为远也,角也者以为疾也,筋也者以为深也,胶也者以为和也,丝也者以为固也,漆也者以为受霜露也。凡取干之道七,柘为上,檍次之、檿桑次之、橘次之、木瓜次之、荆次之,竹为下。凡相干,欲赤黑而阳声。……凡析干,射远者用势,射深者用直。……角欲青白而丰末……胶欲朱色而昔……筋欲小简而长,大结而泽……漆欲测,丝欲沈。……凡为弓,冬析干而春液角,夏治筋,秋合三材,寒奠体,冰析灂。……春被弦……角三液而干再液。……往体多,来体寡,谓之夹庾之属,利射侯与弋。往体寡,来体多,谓之王弓之属,利射革与质。往体来体若一,谓之唐弓之属,利射深。……

覆之而角至,谓之勾弓;覆之而干至,谓之侯弓;覆之而筋至,谓之深弓。矢人为矢,锻矢参分,茀矢(杀矢)参分,一在前,二在后。兵矢田矢五分,二在前,三在后。杀矢七分(当为茀矢),三在前,四在后。参分其长而杀其一,五分其长而羽其一,以其笴厚(笴读为槁),为之羽深,水之以辨其阴阳,夹其阴阳以设其比(比谓括也),夹其比以设其羽,参分其羽以设其刃,则虽有疾风,亦弗之能惮矣。……凡相笴,欲生而抟,同抟欲重,同重节欲疏,同疏欲桌。冶氏为杀矢,刃长寸,围寸,铤十之。注,杀矢用诸田猎。"《秋官》曰:"庭氏……以大阴之弓与枉矢射之。"《春官》曰:"大司乐……诏诸侯以弓矢舞。"《冬官考工记》曰:"弓人为弓……材美工巧为之时,谓之参均。……量其力有三均。均者三,谓之九和。九和之弓,角与干权,筋三侔,胶三铧,丝三邸,漆三斞。上工以有余,下工以不足。为天子之弓,合九而成规。"又曰:"弓长六尺有六寸,谓之上制,上士服之。弓长六尺有三寸,谓之中制,中士服之。弓长六尺,谓之下制,下士服之。"又《诗》曰:"彤弓,天子赐有功诸侯也。注,朱弓也。赐彤弓一,则赐彤矢百,玈弓矢千,诸侯然后专征伐。"《书》曰:平王赐晋文侯"彤弓一,彤矢百,卢弓一,卢矢百"。注,彤赤,卢黑也。《左传》昭公十五年:"襄之二路,鏚钺秬鬯,彤弓虎贲,文公受之,以有南阳之田。"按鏚钺秬长兵也,鬯短兵匕首也,虎贲虎头铜盔也。《博物志》曰:"徐偃王得朱弓赤矢之瑞。"即彤弓彤矢也。周代又有楛矢,东北方民族之矢也。其长尺有八寸。《国语》曰:"仲尼曰,昔武王克商,通道九夷八蛮,使各以方贿来贡,使无忘职业。肃慎贡楛矢石砮(石镞),其长尺有咫。"此楛矢非但周代有之,且流传甚为久远。如《魏志》曰:"挹娄弓长四尺,力如弩,矢用楛,长尺八寸,青石为镞。青龙四年五月丁巳献楛矢(《晋书》,挹娄有山出石,其利入铁)。景元三年四月,辽东言肃慎遣使重译入贡,献其国弓三十张,长三尺五寸,楛矢长一尺八寸,石砮三百枚。"《明堂位》曰:"越棘大弓,天子之戎器也。注,越国名,棘戟也,《春秋传》,子都拔棘。"此则南方之兵器也。《左传》庄公十一年:"乘丘之役,以金仆姑射南宫长万。"仆姑,矢名也。曰金者矢镞之饰金者,周矢盖有饰金者矣,盖已非专指铜而言也(日本数百年前以至千年前古矢之美者,常饰金花。系以金叶金丝,锤嵌入铁镞之凹槽中者。纽约中央博物馆藏有多具)。《说苑》曰:"齐攻鲁,子贡见哀公,请求救于吴,于是以杨干麻筋之弓六往。"此亦南方之弓也。《战国策》曰:"天下之强弓劲弩,皆自韩出,谿子、少府、时力、距来,皆射六百步之外。注,韩有谿子弩,又有少府所造二种之弩。"《吴越春秋》曰:"越王令安广之人,佩石碣之矢,张卢生之弩。"《左传》昭公七年:"夏四月,楚子享公于新台,好以大曲。注,大曲弓名。"《周礼》曰:"五射参连。"《六韬》:"陷坚阵,败强敌以大黄参连弩,飞凫电景矢。"注,飞凫,赤茎白羽,以铁为首;电景,青茎赤羽,以铜为首。此为周代业已用铁镞之一证。

统观以上所述较可凭信之记载，周代弓弩弋射之制甚繁而富，弓矢之种类亦多，制造之术，亦精而密，较之殷代，想有过之。殷代短兵不精，镞形亦简单，铜矢现只发现一种，与矛头及标枪首同制。周代长兵则重用戈戟矛三器，至战国时，尤以戟矛为最，短兵亦精进，如春秋、战国之名剑，几可雄视一世。射远器尤为进化，精锐无敌，弓之制既繁，矢则铜铁并用。专就铜矢而论，其形式更有多种变化，至今出土物之保存较好者，其锐利或有割刺如新者。至于铜镞之用铁茎或长形铁尾者，亦周矢之一种，出土者颇多。《周礼》对于周代长短兵器，叙述均甚简单，更不及制造之术；独于弓矢弋弩一端，记载綦详，名类既多，物体各异，制造方法，尤多所敷陈指示，几可如法炮制。此固因铸戈铸剑之术深，至汉已失其传，非补作《冬官考工记》者之所能臆造，乃付阙如，然亦可见周人崇尚弋射，推重射远之战，故其射远器之改良进化，精益求精，远超前代。同时吾人可见周代战术之精进，其作战也，似先用兵车及弓手，发矢射远至千百矢之多（或者继掷标枪，如投壶然），然后始以其犀利之长兵，冲锋陷阵，最后乃以周代特彩之名剑杀敌，继之以匕首。与今世新式战术暗合，此又周代技术超越之一证也。（北方诸省，发掘至战国地层时，常同时同处发现铜镞至千百具之多，俯拾即是，或有深入尸骨中者，战士遗骸累累，白骨盈坎，均当年中镞阵亡之冲锋战卒也。可以证明周人作战，先用长时间之射远杀敌，趋重用巧而不专重用力矣。至于弓弩及箭杆，则早已腐化土中，除玉及铜铁之外，盖无实物可见，前人虽有图示其形者，亦未敢转示读者也。）民国以前之学者，有研究周矢而可资借鉴者，允推清歙县程瑶田氏，然程氏仅囿于《考工记》"矢人为矢"一端，而未及《周礼》以外之弓矢，如上方所述诸般器物耳。按《夏官》司弓矢，职掌八矢之法，有枉矢、絜矢、杀矢、鍭矢、矰矢、茀矢、恒矢、痹矢。郑注，八矢，弓弩各有四焉：枉矢杀矢矰矢恒矢，弓所用也；絜矢鍭矢茀矢痹矢，弩所用也。枉絜二者，前于重，后微轻，行疾也。杀鍭二者，前尤重，中深，而不可远也。矰茀二者，前于重，又微轻，行不低也。恒痹二者，前后订，其行平也。又云，恒矢之属轩輖中，所谓志也。程瑶田曰："《尔雅》，金镞翦羽，谓之镞骨，镞不翦羽，谓之志。然则八矢中唯六矢用金镞。故《考工记》矢人职所举五矢，仅三等，不举恒矢之属，以轩輖中者，用骨镞不用金镞也。是故矢人之言鍭矢茀矢也（注，茀当为杀），曰参分，一在前，二在后，即《夏官》注所谓前尤重也。其言兵矢田矢也，曰五分，二在前，三在后，即《夏官》所谓前于重，后微轻者也。其言杀矢也，曰七分，三在前，四在后，即《夏官》注所谓前于重又微轻者也。其在《冶氏》曰，为杀矢，刃长寸，围寸，铤十之，重三垸（戴东原以垸为锾。锾读如丸，十一铢二十五分铢之十三）。矢人之言刃也，其辞同，不专言杀矢也。余以三等之矢订之而平者，前后殊所有，故在金镞有轻重。则《记》所云刃之度法,与权刃之数,宜如《冶氏》专指杀矢言也。又《考工记》云,以笴之厚为之羽深。注,谓厚之数未闻,然刃围寸者刃本之围也。刃之本即笴之末,循其所綦之末而渐丰之。至于所綦之始,所谓参分其长而綦其一也。准之而为笴末之綦围,则亦参分其围,綦其一而已矣。綦围寸,则不綦者围寸有半,其厚半寸,可知也。若是,刃之围寸,似无三等之差矣。围寸无差,而三等之差,实由金镞。岂所谓铤十之,重三垸者,唯杀矢之属为然。故《冶氏》专言杀矢,良有以欤?其他二等,则以次差短,亦以次差轻,准订平处试之,从可知其数欤?五分其长,而羽其一,参分其羽,以设其刃,羽六寸,刃二寸也。曰刃长寸者,注以《记》脱二字。戴东原补注云,矢匕中博,刃长寸,自博处至锋也。余见古矢镞不为匕,丰本锐末,自其半而渐杀之。然则二寸者,刃之通长,言刃长寸者,戴氏由今匕以通其义,余见古镞,而知其形,盖言其半之发于硎者耳。水之以辨其阴阳,注云,阴沉而阳浮。疏云,就其浮沉刻记之。夹其阴阳以设其比,注云,弓矢比在槁两旁,弩矢比在上下。余谓夹其阴阳者,如弓矢,既辨其沉而在下者为阴,浮而在上者为阳,而刻记之矣。乃夹其两旁而设比,是为夹其阴阳。若弩矢,则夹其上下设之,令阴阳不欹侧,亦为夹其阴阳也。夹其比以设其羽者,羽有四,先设其两,其比夹在两旁者,先设其上下,夹其上下者,先设其两旁,均之为夹其比也。两羽既设,复又夹两羽而更设两羽,则四羽与比适相当。(据注,设羽于四角,盖古羽四。若今羽三,则设一羽,当其阴阳,如鱼之鳍。而羽分设其下,成三觚,亦与阴阳不相舛错。)比与阴阳不相戾,然后以比关弦,而阴阳恒居上下,发而赴的,不嫌游掉,虽有疾风,何惮之有哉。虽然,笴之强弱,不可以弗讲也。前弱后强,后弱前强,与前后强弱同而中或偏强弱,则俯翔纤扬之病生。俯者前低,翔者前高,纤者中曲而不直,扬者前后轻而不定,故必挠之以眂其鸿杀,称则四病除矣。虽然,羽之丰杀,又不可以不讲也。丰则迟,杀则趮,《说文》:趮,疾也,对迟言,宜从《说文》(注,趮旁掉也)。今人试矢,以左手指撠而围之,藏

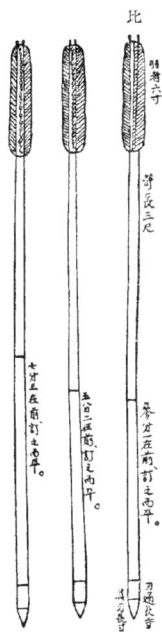

第三十六图　程瑶田氏所图矢人为矢三等之图

矢其中,复以右手两指夹其比旋之,令前行,以观其迟趮之宜。注言,今人以指夹矢儹卫,卫即羽也。《仪礼·既夕礼》云,翭矢短卫。疏言,羽所以防卫其矢,不使不调,故名羽为卫,是也。《记》曰,夹而摇之,以眂其丰杀之节,丰杀得其节,则迟趮之病亦除矣。相笴欲生而搏,注云,生谓无瑕蠹,余谓生如汉志冷纶取竹之解,谷而其窍,厚均之生。晋灼曰,生而自然均也。彼言其

厚,生而自然均,此言其形,生而自然圜。且生字直贯下四者,搏重疏榤,皆生而自然者也。"

程氏对于周矢笴羽之研究殊属允当,其所示三图形可资凭信(第三十六图)。唯所谓"刃通长二寸",当然系指普通官镞而言。周初袭殷之中轴矛形镞唯一形制,或者确有"通长"可言。迨至春秋、战国之时,则铜镞之形式,即较为庞杂,而长短又多不齐一,国别不同,范模自不尽同也。试观下列第三十七图及第四十五图版等铜镞,盖无一同其大小长短者。其中尾之较长者,则系铜刃而安铁尾者,大概铁不滑而易锈,便于黏合牢固,故用以为尾,此为铜镞化为铁镞之第一阶段。然并非由于铜镞不如铁镞,乃因铁价较廉,铁镞易制,铁茎又易锈嵌于笴中而粘固不滑,镞木一去不返之物,非刀剑之比,无保久之必要,自战国以后,秦汉之初,铜镞即绝迹矣。至于其他铜兵,则延至唐代尚有之焉。春秋、战国铜镞之形体大小长短,各镞各异者,一则因国数众多,各国各地各诸侯王,所用所尚之镞制不同,二则因各处手工不同,甚至一城之内,制镞者各异其形,用镞者既不求统一,制镞者亦任其徒工随铜块之大小长短而为之矣。然其大体亦可判分为两类,即中轴镞与三角镞,盖与矛头同时演进者也。至于《金石索》之叉头镞(第三十七图第一、二、三号),及我国东北南部出土之锚形镞(第四十五图版第四号),则系变体而非常形,或为南人北人标枪首之一种乎?

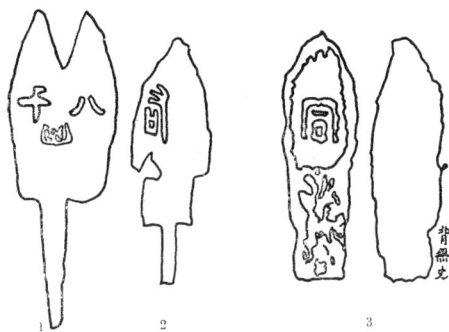

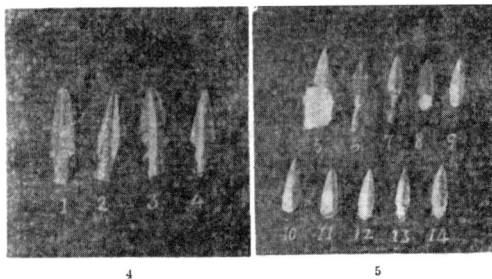

第三十七图　周代及春秋、战国之铜镞和有铭之铜镞

（见《金石索》）

箭镞弩矢有字者,绝不易见,1、2叶东卿得,

3桂米谷明府得(但不知是否后人所加之字)。

肆　周代及春秋、战国防御武器

中国战争之防御器,或卫身器,即甲胄铠盾之类,在古代应已有之,唯殊鲜实物可见。川滇山中之彝族为中国少数民族之一支,其所制皮盔皮甲,据四川华西协合大学所藏及近年私人与公家调查所获之实物观之，极为坚固精美，形式亦文而不野，威而不蛮，是中国南方民族早期文化之遗制（图见下章边疆各族武器一节中），尚可借为古代防御武器之例证。

发掘之事，现既止于商代，现所见最早之防御器，系河南安阳殷墟出土之铜盔及铜面具，至于皮胄皮甲皮靴皮盾及藤盾等器，想大多数已腐化于土中矣。殷代铜盔之在南京中央研究院历史语言研究所者，著者曾欲摄影问世而未果，唯以匆促数分钟间手描其中较为完整一具之草图列下（第三十八图）。此盔里面底质，系粗糙之天然红铜，并未腐锈，外面则镀有厚锡一层，光泽如新，且夹有白光，恐除铅锌等质外，或尚加有镍质在内。镍为

第三十八图　殷代铜盔

里面红铜，外镀厚锡，高约一五〇公厘，底宽约一八〇公厘

现代各种工业外镀最要之品，上世纪中叶欧美人始发明而利用之。若殷盔及殷兵外镀中果已有镍，则中国工业艺术进步之早，于此可见一斑，余曾请当事人将殷盔碎片做一化验，以分析其所含原质，惜未克成为事实。此盔作饕餮文，为虎头形，并不高大，而恰合今人之首，想当时盔上尚有饰品如羽翎之类。然即此以冠之，已觉光辉夺目，威武逼人，虎虎有生气。岂周代虎贲之士，即由袭戴殷虎盔而得名欤？

周代甲胄铠盾之盛,不亚于殷代,而华美过之;周代防御武器或卫体武器之见于载籍者,已较殷代为易觅。如《周礼·夏官》曰:"司甲,下大夫二人,中士八人。注,甲,今之铠也。"(司甲之官,列于五兵之首,其用博矣。)又"司兵"曰:"司兵掌五兵五盾。"注,五盾,干橹之属,其名未尽闻也。是周盾有五种也。疏曰:"古用皮谓之甲。"《考工记》曰:"燕之无函也,非无函也。夫人而能为函也(燕近强秦,习作甲胄)。……函人为甲,犀甲七属,兕甲六属,合甲五属。注,削革里肉,但取其表,合以为甲。"属谓上旅下旅札续之数。革坚者札长者又支久。"犀甲寿百年,兕甲寿二百年,合甲寿三百年。凡为甲必先为容,然后制革,权其上旅与其下旅而重若一,以其长为之围。凡甲锻不挚则不坚,已敝则桡。"《左传》昭公十五年:"阙巩之甲,武所以克商也。注,阙巩国所出铠。"于兹可见周代战争时甲之关系重要,而制甲术之精进矣。《荀子》曰:"武王定三革,偃五兵。注,三革犀兕牛也。"此为周初之甲依兽皮而分为三种也。《乐记》曰:"武王克商,散马牛车甲,衅而藏之府库,而弗复用。倒载干戈,包之以虎皮。"《诗·小戎》:"虎韔镂膺。"疏:"弓则有虎皮之韬。"是则商末周初,尚用虎皮承兵也。证之殷代虎盔,可见商周时之尚虎矣。《周礼·夏官·司兵》曰:"司兵,中士四人……掌五兵五盾。各辨其物与其等,以待军事……军事建车之五兵会同亦如之。注,五盾,干橹之属,其名未尽闻也。"《正义音释》曰:"有朱干中干及橹,闻其三者,其二者未闻。五兵司农所云是也。"(郑司农云:"五兵者,戈、殳、戟、酋矛、夷矛。步卒之五兵,则无夷矛而有弓矢。")《夏官·司戈盾》:"下士二人……掌戈盾之物而颁之,祭祀授旅贲殳,故士戈盾(旅贲士执戈盾。齐侯以两千戈逆子钊)。授舞者兵亦如之。军旅会同授贰车戈盾,建乘车之戈盾,授旅贲及虎士戈盾,及舍,设藩盾,行则敛之。"注,藩盾可以藩卫者,如今扶苏。《月令》曰:"季秋习五戎。注,弓矢、殳、矛、戈、戟。"《榖梁传》曰:"五兵。注,矛、戟、钺、盾、弓矢。"此则以盾列入五兵之内矣,恐有误。因盾为手执以遮挡敌人兵器之防御器而不能杀人,非兵也。《诗正义》曰:"干戈皆盾别名。"此亦有误,干为手执以自卫之盾,其古字原为象形之意,戈则非也。《易·离》为甲胄。《释名》曰:"甲似物有孚甲以自御也,亦曰介,亦曰函,亦曰铠,皆坚重之名也。"《说文》曰:"首铠谓之兜鍪,亦曰胄;臂铠谓之釬;颈铠谓之钘锻。"胸铠腿铠未言及。但据《书正义》《经典》,皆言甲胄自秦以来,始有铠及兜鍪之名;古之作甲用皮,秦汉以来始用铁。是则周盔未必称兜鍪,唯皮与铁之间,尚有用铜之时期甚长,其名称尚待考证耳。

春秋、战国之时,制兵之术愈精,且竞尚华美,防御武器亦然。如《费誓》曰:"善敹乃甲胄,敿乃干,无敢不吊。备乃弓矢,锻乃戈矛,砺乃锋刃,无敢不善。"胄为盔,甲为护身甲,干乃盾也。《鲁颂》曰:"公车千乘,朱英绿縢,二矛重弓,公徒三万,贝胄

朱綴,烝徒增增。疏,以贝饰胄,其甲以朱绳缀之。"鲁地滨海,贝
蚌易拾,故今山东掘出贝蚌镞独多。春秋、战国时鲁之贝胄,则
尚无出土者,想赤线早腐化,贝存而散漫,发掘者亦不识为胄矣。
《齐语》曰:"管子制重罪,赎以犀甲一戟,轻罪赎以鞼盾一戟(可
见周时尚武重兵之风)。桓公定三革,偃五刃。韦昭注,三革甲
胄盾,五刃刀剑矛戟矢。《左传》,齐甲士三千人。"是则齐人之盔
甲盾,均尚以革制之,犀为贵,鞼次之。以齐国一国,已有三千甲
士之多,而实物乃竟罕见焉,革易腐也。《吴语》曰:"奉文犀之
渠。注,盾也。"《吴都赋》曰:"扈带鲛函,扶揄属镂,家有鹤膝,
户有犀渠,吴钩越棘,纯钩湛卢,戎车盈于石城,戈船掩乎江淮。"
《越语》曰:"夫差衣水犀之甲者,亿有三千。"是其家有鹤膝,户
有犀盾矣,何其盛欤!《越绝书》曰:"越王被旸夷之甲,拔勃卢之
矛。"又曰:"越王勾践,作为策盾,婴以白璧,镂以黄金,类龙蛇而
行者,使大夫种献之于吴王。"策盾婴镂金玉,作龙蛇行动状,何
其美欤!《吴越春秋》曰:"越王被唐夷之甲,带布光之剑,杖屈卢
之矛,以三百人为阵。"唐夷即旸夷,想系善制甲者之名称,或系
大甲。《晋语》曰:"唐叔射兕于徒林,殪,以为大甲。宋城者讴,
牛犀兕丹漆。"《左传》襄公三年:"楚子重伐吴……组甲三百,被
练三千以侵吴。注,漆甲成组文,被练,练袍。"按漆为南方产物,
故南方出土周兵,常有漆其柄者。剑亦然,瑞典远东古物博物馆
即藏有数柄。巴黎中国估商卢某,曾以战国漆剑一柄,送往一九

三五至一九三六年伦敦所开中国艺术国际展览会中陈列,嗣又随中国古器返归南京古物展览会陈列。著者见此剑仅长尺许,柄及鞘均系乌红雕漆制,刻有花纹,甚织细轻小,想系匕首,就其漆而论之,当系闽越产物(闽省自一九三六年以来,已掘出石兵及他种石器不少,均新石器时代之物,故其文化未必在中南诸省之后也)。《荀子》曰:"楚人鲛革犀兕以为甲,鞈为金石。"言犀兕与鲛之革所制之甲,其坚如金石也。是以周代,尤其是春秋、战国之战士卫体器,均用革而不用铜,出土实物之所以稀少者由此。《礼论》曰:"寝兕持虎。"谓服兜革之甲而寝,持虎革之盾而斗也。"魏氏武卒衣三属之甲。"言上中下三甲,即肩甲胸甲腿甲,以三种革分制而成者,尚有头甲(盔)则非衣矣。《盐铁论》曰:"强楚劲郑,有犀兕之甲,犀轴兕矜。"轴者甲之中枢及机纽也,是一甲乃用犀兕两种革合制而为之者。《韩非子》曰:"赵简子围卫,犀盾犀橹,立于矢石之所及。"此言犀盾犀橹之坚,不畏弓矢弩石,故立其力所能贯及之近距离而无伤,因围敌而克之。以上均战具也,周代尚有朱干玉戚,则属于乐舞之器矣。体甲大都均能解易除,周代有衿甲,名为不解甲,想系内隐之衷甲。《左传》襄公十八年:晋侯伐齐,州绰射殖绰中肩,"乃弛弓而自后缚之,其右具丙亦舍兵而缚郭最,皆衿甲面缚,坐于中军之鼓下。注,衿甲不解甲"。周之皮盔,亦称鞮鍪。《战国策》曰:"甲盾鞮鍪,铁幕革抉,咙芮,无不毕具。"关于周代制甲之法,《周礼·冬官·函人》曰:"函人为甲,犀甲七属,兕甲六属,合甲五属。注,属读如灌注之注,谓上旅下旅札续之数也,革坚者札长。郑司农云,合甲,削革里肉,但取其表,合以为甲。""犀甲寿百年,兕甲寿二百年,合甲寿三百年。凡为甲,必先为容,然后制革。权其上旅与其下旅而重若一,以其长为之围。凡甲锻不挚则不坚,已敝则桡。凡察革之道,视其钻空,欲其窬也。郑司农注,窬小孔貌。""视其里,欲其易也。视其朕,欲其直也。郑司农注,朕谓革制。""橐之,欲其约也。举而视之,欲其丰也。衣之,欲其无齘也。视其钻空而窬,则革坚也。视其里而易,则材更也。视其朕而直,则制善也。橐之而约,则周也。举之而丰,则明也。衣之无齘,则变也。注,周,密致也。明,有光耀。郑司农云,更,善也。变,随人身便利。"关于锻甲之法,周代,尤其是春秋、战国之时,研究甚精,工作极细,且各国钩心斗角,出奇争胜,锻术极有可观。《史记·主父偃传》曰:"今天下锻甲砥剑……未见休时。"可见其盛况矣。

综上诸说观之,周代盔甲,大概革制者居多,铜制者极少。商末周初时,即已如此。《战国策》曰:"武王将素甲三千领,战一日,破纣之国。"素甲想非铜甲,直至晚周《考工记》时代,仍未见有铜甲之记载。《考工记》仅言函人制革甲,不及铜质,而其所记金分六齐之说,又仅言钟鼎、斧斤、戈戟、大刃、削杀矢、鉴燧等器,未及铠甲。是以周代铜兵之出土者,铠甲阙如,岂偶然哉?

其时亚洲西部、非洲及欧洲强国,如腓尼基、埃及、希腊等强大民族,均皆风尚铜盔甲,如谓周铜剑等青铜器,曾受有外族影响,甚至有主张由西北传来者,则铜盔铜甲何以独不然乎?于以知中国文化,自远古以至周代,均系本民族固有之文化,并未受有外来影响也。

近年发掘事业日盛,周代,尤其是春秋、战国时之防御武器,渐有实物出土,可资吾人之印证。如中央研究院与河南省政府合组之河南古迹研究会,曾于一九三二年春,在浚县掘得卫残墓二,同年秋清理卫残墓十一。一九三三年春第三次发掘,清理卫残墓二十一,同年秋第四次发掘,清理卫残墓五十一。先后所获卫国遗物甚多,曾于一九三五年在河南省会第二次展览会中,陈列其一部。其中属于防御武器者,计有下列诸种:

(一)西周革制假面具 此物名颟头,或作倛头,又名触圹,四具为一组,悬于墓中之四隅或四门,故尚未腐化。其面貌极为丑恶凶戾。甲骨文有字,郭沫若释为倛,知此物殷代即有,不始于卫。《周礼》谓:"方相氏,狂夫四人……掌蒙熊皮,黄金四目。……大丧,先柩,及墓,入圹,以戈击四隅,欧方良。"想即指此假面具而言。虽非

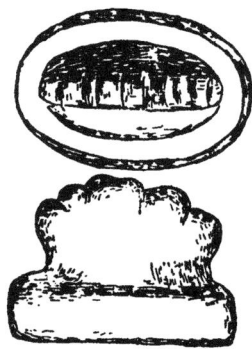

第三十九图 石冠
(日本飞驒角川发现)

战器,然既执戈以击,容或类是。但曰熊皮,则又出乎犀兕鲛犊之外矣。

(二)革制戎衣　胸铠、腹铠、披膊等器均有,多带有凶恶状之饕餮文,以增其威武。

(三)花纹铜片数具　想系革胄革甲之饰护品。

(四)殉葬之革制甲胄　其数颇多,但以平埋土中,革质腐朽,全形殆不可见。其所存者,唯余札叶。后世铁札叶之形长方,周代铜札叶之形系正圆。出土时,多七片为一组,与《考工记》七属之说相合。其边有细穿,背有小梁,以备缀系,布纹革痕,犹有存者。中部上凸,所以增强抵御之力,其一出人顶,殆胄叶也。上二叶背铸"卫"字,为卫国遗物之确证,右一平叶极平,背有小纽,当非甲叶,或即镜鉴之前身,后世所谓护心镜欤?

卫墓中所见者止此。他处亦偶有出土之物,如近年安徽寿县曾掘出楚国革制甲胄残片,与楚国铜兵多件同出者,但残缺太甚,故安徽省立图书馆仅保存其铜兵而已。

周代铜盔铜甲,虽属罕见,余意必有。非但殷铜盔必尚存于周初,周代虎贲之士,容或冠殷之虎盔,抑且前人亦偶有记载及之。如袁桷《居庸关诗》曰:"石皮散青铜,云是旧战铠。"又汉人诗曰:"金甲耀日光。"皆指铜甲胄而言也。至于石皮云云,岂有石铠乎?梁简文帝《南郊颂序》曰:"石铠犀衣之士。"当有所据而云然。数年前日本学者中谷治宇二郎,曾于其所著之《日本石器时代提要》一书中,列有石冠之照片一件,云系日本磨制石器时代,即新石器时代之遗物。其冠之形状,大略如第三十九图,录之以备参考。其冠磨制颇精,工作甚佳,恐非专恃石器而作者,或者系石铜器时期之遗物乎?冠之者当然必有其人,唯恐系酋长之仪品,而非战盔耳。

周代文化,既远播于四方,是以南部诸族之古物,亦可为中国古物之补证。如范成大《桂海虞衡志》曰"大理国最工甲胄,皆用象皮。胸背各一大片如龟壳,坚厚与铁等,又连缀小片为披膊护项之属,制如中国铁甲,叶皆朱之。兜鍪及甲身内外,悉朱地间黄黑,漆作百花虫兽之文,如世所用犀毗器,极工妙。又以小白贝累累络甲缝及装兜鍪,疑犹传古贝胄朱綅遗制云"是也。《唐书·南蛮传》曰:"望苴蛮者,在兰苍江之西,男女勇捷,不鞍而骑,善用矛剑,短甲、仄马、步铠、鞮鍪,皆插牛尾,驰突若神。"《释名》曰:"须盾本出于蜀,须所持也;或曰羌盾,言出于羌也。……狭而长者曰步盾,步兵所持与刀相配者也。狭而短者曰子盾,车上所持者也。……以犀皮作之曰犀盾,以木作之曰木盾,皆因所用为名也。"凡此以补上方所遗,而与此段开始所云相呼应耳。至于周代革质防御武器,腐化不可以图示,此段之所以无图也。但一九三五年三月二十三日之南京《中央日报》,曾载有山东益都县发现周代鎏金盔一事,略谓:"山东益都县,古称青州,金改益都州,明称青州府,民国改称益都县。日前在县城西南山中,发现大批周代铜器,内有齐刀、周鼎、周剑、鬲、彝等大小三四十件,更有头盔一顶,系周代(?)将官之物,为鎏金质,为从来所未经发现者,已尽为日人购去。据多数考古学家云,他器常见,唯此鎏金盔,实属罕见云。"据此发现,如地层不乱,盔与鼎鬲同出,可证知周代不但有铜盔,且甚精美焉。唯报纸消息,究有多少可靠性,尚须再加考察。关于鎏金之制作,今人徐中舒氏曾曰:"西周以前之铜器皆厚重,深纹刻人,春秋、战国时之铜器,则变为圆整光泽之薄制,及细密轻浅之纹饰。鸟兽纹变为几何形,及车马狩猎凫鱼动作形。镶嵌饰则变为鎏金与金银错。此期兵器少斧斤,而多剑与戈矛,其上多有错金纹饰与篆刻,皆极精美。"[1]益都鎏金(包金)盔,或系属于此期之物欤?

第三节　三代以后之铜兵

三代以后,虽已至铁器时代,但铜兵犹有沿用者,直至三国时代,尚有人使用铜兵。晋代则铜兵已改制,短兵创用铜椎等器(第五十五图版第一号),铜镞则已绝迹。六朝时代,铜兵更稀,铁兵之制早盛。降至唐代,铜剑完全易形,成为点缀装饰之品,且为数寥寥。所可注意者,即山东省立图书馆所藏之唐铜炮一

---

① 　见徐中舒:《关于铜器之艺术》,载《教育部第二次全国美术展览会专刊》,一九三七年。

尊,如确系唐代之器,则中国在距今一千三百年以前,已有可观之装火药射远器矣(第五十五图版第六号)。五胡之时,亦有异样铜制兵器及附兵,惜乏出土之器,仅有附兵数具(第五十五图版第四、五两号)。五代以后,以迄清季,铜兵早废,所可见及者,如西夏小刀(第四十四图)。宋明铜锤铜锏铜鞭,明代铜瓜锤,清代铜锏,均非正式战争之器,不过铜兵之零星遗迹,为数至少。反是,铜制大炮,至明代而弥精,且其势力远及南洋群岛,传达至于马来诸族。以视元代之以火器传至印度者,尤称盛焉。清初亦尚用铜管枪枪及铜炮,至欧洲新式枪炮输入始废。但此种用火药射远之铜兵,当然不属于铜器时期之兵器,因吾人以铜兵为目,故附述及之。中国铜器时代尾期,或铜铁器时期之铜兵,当至汉而止。兹自秦代略论之。

甲　秦代铜兵

始皇兼并六国,统一六国,意欲天下不再用兵,尽毁天下精美优良之铜兵,以铸金人十二,或以铸农器,故秦代铜兵,几无足观。唯秦去战国甚近,流风衰而未歇,吾人亦可依前例寻其铜兵之残迹焉。

壹　秦代长兵

秦季长兵,无异于战国,唯铁兵(如铁戟,各处均有出土实物)渐多耳。青铜长兵,如戈,如戟,如矛,或仍用战国遗器,则虽名为秦兵,实系战国之物,故舍而不论。若由秦自造,刻以年号者(秦兵多刻年份,亦仍系始皇一世二世以至万世之意),则确为秦代兵器。秦代自制青铜长兵中,铜矛与铜戟皆有出土而甚少,铜镞亦罕见,秦祚短也。秦戈则有之,如第四十六图版第二号戈,内上刻有"廿四年邨隆□万命右军工戈夏工竖",此秦之"右军戈"也。第四号戈内上刻有"……左军……"等字样,此秦之"左军戈"也。惜拓本不佳,胡上几穿不明,戈形不如战国戈之精锐。第三号戈则近于周戈,胡仅三穿,始皇二十五年器也。执此数器以观,秦兵尚不如战国之兵也。

贰　秦代短兵

秦国似未曾有自制精良之短兵。《史记》曰:李斯上书云,今陛下"服太阿之剑,乘纤离之马……此数宝者,秦不生一焉"!此谓秦皇服南方吴越之名剑也。秦代自制之铜剑,与秦戈同,皆刻有年份。第四十六图版所示第一、六、七三号秦剑,刃上均刻有双行铭文,注以年份。第一号为空茎管柄剑,第六、七两号为实茎无后(缺首)之剑,或尾形剑(尾上须另加装衬),均系周剑旧形。至于实茎有后之周剑,直至后汉时犹继续利用,秦人亦曾有镶嵌金银及绿松石,或镀金雕龙等美术品,唯其少耳。秦剑之承用周器,无秦铭,未加刻年份者均被后人目为周剑,以为不属于秦也。如上节第三十三图版第五号剑,镶嵌金银及绿松石,在大同与秦式铜器一同出土。又第六号剑,柄形特别,且作镀金龙首含珠形,在朝鲜与秦戈同时出土,均秦剑也。

叁　秦代射远器

秦代弩机,尚无所闻,弓箭之制,亦罕见于经传,想与战国之器,无甚差别。至于出土实物,因秦墓少,发掘亦鲜及此,不若周汉兵器之易于见及,故无可称述也。

肆　秦代防御武器

秦既能兼并六国,统一六国,兵力之强,可以想见,其作战方式当重攻而不重守。《左传》僖公三十三年春,秦师过周北门,左右免胄而下。《战国策》曰:"山东之卒,被甲胄胄以会战,秦人捐甲徒裎以趁敌,左絜人头,右挟生虏。夫秦卒之与山东之卒也,犹孟贲之与怯夫。"此言山东兵皆披甲戴胄,而秦兵反弃甲徒步以胜之,秦人之攻击精神可见。于此知秦人不甚重视防御武器,其甲胄铠盾之出土,亦无所闻焉。至于秦代之甲兵虎符,虽非兵器,却有历史价值,因并图之(第四十六图版第五号)。

乙　汉代铜兵

汉代有四百余年之历史,非短祚之秦可比,故其铜兵颇有可观,且有为三代所无者,如铜弩机即为汉人自行创制之器也。刘备入蜀,后汉之铜兵与三代异形且与中原异形者,乃获见于四川。吾人所图二器(第四十八图版第一、二两号),颇与中原传统形式异制,时代演变兼有地方色彩也。

壹　汉代长兵

汉代长兵,似侧重戟与矛,汉矛已近于后世之长枪,汉戟亦与周戟异形,且有双戟之制,介于长兵短兵之间。汉初虽偶用铜戈,大抵前世之遗,其式仍如战国式,为斜体内长有后刃之戈。但主要兵器仍偏重戟矛。汉代戟制最盛,矛次之。且执戟者不限于武人,如《东方朔传》载武帝坐未央前殿,东方朔执戟立。是文臣亦执戟矣。卫士均皆持戟而不执戈,如《续汉书》曰:"杨仁诏补北宫卫士,被甲持戟,莫敢轻进。"将领重臣,亦皆以戟为重,此系长戟也。汉有短戟双戟,如《吴志》曰:"孙权乘马射虎,投以双戟。"是国君亦用双短戟也。又曰:"甘宁执双戟舞。"是吴将之用双戟者,更与周戟异制矣。《汉书》曰:"田肯贺上曰,秦形胜之国也,带河阻山悬隔千里,持戟百万……非亲子弟,莫可使王齐者。"又曰:"陈琳为袁绍檄豫州曰:幕府奉汉威灵,折冲宇宙,长戟百万……骋良弓劲弩之势。"一则曰持戟百万,一则曰长戟百万,岂汉军尽用戟乎,戟之外更无长兵可言乎?且汉戟多矣,但并非多而不精,且有干将之比焉。如司马相如之《子虚赋》曰:

"曳明月之珠旗,建干将之雄戟,左乌号之雕弓,右夏服之劲箭。"又张协《手戟铭》曰:"锬锬雄戟,淬金炼刚,名配越戟,用过干将,严锋劲柲,摘锷耀芒。"汉戟之精美锋锐可见也。

汉代长兵重戟,但亦用矛。三国张飞用长矛,长丈八尺。(著者在欧洲各国古兵博物馆所见之古矛,其柲常有长至今尺二丈左右者。盖斯时两军相接,均各挺矛直前平刺,其较长者乃可先及敌人之身。)《诸葛亮集》曰:"敕作部,作五折刚铠,十折矛,以给之。"并未作戟,岂后汉至三国时,矛之用已渐广于戟乎? 依后世用矛(即长枪)不用戟之风气观之,容或如此(东晋出土之枪头图详下)。四川成都华西协合大学,藏有汉代铜矛头二具,均有中轴而无耳环,其一近柲处穿有一孔,体则较小,或因筒小易脱,故穿孔贯钉乎?(第四十八图版第三、四两号)

汉代长兵,虽以戟矛为大宗,但亦尚有铜斧可见。如第四十八图版第七号汉铜瞿,系南京古物保存所藏器。第四十八图版第五、六两号汉空头铜斧,系成都华西协合大学藏器,两斧之近柲处,均有┏形凹槽,不知是否为固柲之用,抑系蜀斧特形,但其斧制已与三代之物异矣。同图版第一、二两号铜钺,前云恐即系陆懋德氏所未能获证之刘与杨,他处颇罕见及。但依其以内安柲(一号)及以銎装柲(二号)之形状观之又似直戳刺兵,其锋甚锐,有如矛头,不类仪仗陈列之假兵,其名称尚待考证,其器颇足一观。至于汉代铜戟,亦有少数实物可图。如上节第十七图第三号朝鲜出土大型铜戟,及第四号广州出土小型铜戟,均汉戟也。唯因十数年以前,学者尚惑于程瑶田氏之说,以内末有刃之戈为戟,认识既误,藏器亦遂寥若晨星矣(汉铁戟详下)。

贰　汉代短兵

汉去战国甚近,故其短兵,如刀如剑,均尚用周代之兵,尤以实茎有后之铜剑,用途最广,至马援征交趾时,尚利用之,越南曾有实物出土(第四十七图版第五号),且朝鲜亦有出土者,盖不仅国内为然也。至于周代空茎无后之铜剑,汉人亦恒用之。汉代铜刀,亦如周代环首长刀,唯环上已加修饰,加铸点缀品,作鸟兽花卉及几何形。此种汉代环首刀,其势力范围颇广,东至日本、朝鲜,北及匈奴,西抵大月氏,南达越南,均有仿汉制而自制之器,各处均易见及,尤以日本及朝鲜为多,常有收藏至数十器者。除此数种与周兵同式之刀剑外,汉人亦自有其特形创制之短兵,如第四十七图版之粟纹剑(第一号),系纯粹汉器,周代未曾有也。至于其他短兵,如铜锤及短柲铜斧等器,汉人想已先两晋而用之矣,但缺少实物为图耳。兹专论其刀剑。

汉刀之见诸载籍者不少,依其文字度之,汉初仍尚周剑,未

第四十图　汉刀笔

久刀之势力渐大,帝王公卿,均佩刀而不复佩剑,周服剑之风已失矣。《后汉书》及《东观汉记》均曰:"光武帝怀半舌佩刀,以见李轶。"班固与窦宪笺曰:"昨上以宝刀赐臣曰,此大将军少小时所服,今以赐卿。"均明示汉代君臣,重刀而不复佩剑。《后汉书·舆服志》曰:"佩刀,乘舆黄金通身貂错,半蛟鱼鳞,金漆错,雌黄室,五色罽隐室华。诸侯王黄金错,环挟半鲛,黑室。公卿百官,皆淳黑,不半鲛。小黄门雌黄室。中黄门朱室。童子皆虎爪文,虎贲黄室虎文,其将白虎文,皆以白珠鲛为镖口之饰。乘舆者加翡翠山,纡婴其侧。"汉之服刀制可谓盛矣。关于造刀之术,载籍阙如,偶有所见,恐已涉及铁刀;然可见汉人铸刀之研究,亦颇有功夫也。魏武帝《内戒令》曰:"往岁作百辟刀五口,所谓百炼利器,以辟不祥,慑服奸宄。"铁因炼而成钢,多炼则钢质愈佳,刃愈柔利。入火入水,炼而淬之,淬而复炼,或不入水俟冷后再炼,至于百次,即所谓百辟也。今人武术家马良氏,曾于山东得汉铁刀数柄,均刀身而剑柄剑鞘,据云尚甚犀利,可证汉人制造刀剑之精。因系铁质,故图其形于下章汉铁兵段内。所可注意者,周代人士,少用匕首,因斯时刀剑体短,插体悬腰,易于抽拔,短兵相接,咫尺可用,无另带匕首之必要,故出土物虽有而极少。战国时剑体已加长,秦剑尤长,刀体更长,汉代亦然,于是匕首之效用乃增,除服刀或佩剑之外,尤有插挂或怀带匕首之必要,以击刺近身之敌人,故汉人视匕首与刀剑并重,此在汉代短兵中亦为一新有现象。

　　统上观之,知汉之刀制颇盛,至三国时乃有吴造万口,蜀造五万口,晋造八千口之巨数,短兵中已成刀之世界矣。铁刀既盛,铜刀当然渐次绝迹,然孙权之万口刀,尚以铜为方头,汉代似可称铜铁并用,过此以往,则纯为铁器时期矣。第四十七图版第四号汉元嘉长刀,无环,体则更长矣。汉削刀,即削刻竹简作书之青铜小刀,亦图示二柄,一无环而有孔贯索以悬身,一有大扁环,较长可挂体,亦南京古物保存所藏器也(第四十七图版第八、九两号)。第四十图汉刀笔,见宋代《宣和博古图》,亦见清乾隆壬申年天都黄晓峰鉴定、亦政堂藏版之《博古图》。青铜质,其刃形与上述两削刀相似,唯下方透空之方体首形为异,且锋利而体阔厚,似亦可为小匕首之用,则以刀笔而兼自卫之兵矣。又《至大重修宣和博古图录》之卷二七,亦录此刀笔,注曰:"此刀笔长七寸四分,阔六分,重二两有半,无铭,形制全若刀匕,而柄间可以置璎珞,正携佩之器也。盖古者用简牒,则人皆以刀笔自随而削书。《诗》云,岂不怀归,畏此简书。盖在三代时,固已有削书矣。《西汉书》赞萧何曹参,谓皆起秦刀笔吏,则自秦抵汉,亦复用之。然在秦时,蒙恬已尝造笔,而于汉尚言刀笔者,疑其时未能全革,犹有存者耳。"此注近是。依事实言之,恐汉代人民,尚延用刀笔甚久,如南京古物保存所藏之两削刀,均系汉民间之器,盖小刀在身,可作百用,人亦图其便耳。

重刀之习，起于汉代，固如上说；然汉剑亦自有其相当之声价，未容忽视焉。列朝载籍之称述汉剑者，并不亚于汉刀之记载。且汉时帝王临朝，亦尚守周秦服剑之风。如曹植《杂诗》曰："美玉生磐石，宝剑出龙渊。帝王临朝服，秉此威百蛮。"想系据汉代仪制而言者。《晋志》曰："汉制自天子至百官无不佩剑。"想系指前汉之制而言。张敞《东宫旧事》曰："太子仪饰有玉头剑。《春秋繁露》：剑在左，刀在右，剑之在左，青龙象也。"是则既佩刀，又佩剑，可谓刀剑并重之时期。

汉代有一特种剑，为数颇多，非楄具剑或犀具剑之比，犹如汉金错把刀之用广而名贵，即玉具剑是也。玉具剑已于上方周剑一段中加以研究，并图其实物，但其用实以汉代为最盛，汉以后则寥寥矣。关于汉玉具剑之记载，如谢承《后汉书》曰："建武二年，上赐冯异乘舆七尺玉具剑。"《匈奴传》曰："甘露三年正月，呼韩邪单于朝，赐玉具剑。注曰，摽首镡卫，尽用玉为之。"《王莽传》曰："进其玉具宝剑。"《后匈奴传》曰："永元四年正月，北匈奴乞降，赐玉具剑，羽盖车一驷。"《东观书》曰："汉安二年，立单于兜楼储，天子临轩，赐玉具刀剑。"《礼仪志》曰："皇太子即位，中黄门掌兵以玉具剑。"凡此均系关于汉玉具剑之记载，可见汉剑重玉，胜于周代，已由刃质而偏重饰品，由柄首而侧及鞘篋矣。玉具剑起自周代，至汉代而弥盛，中间亘数百年，降至晋代浸衰，人已渐用金银玳瑁蚌珠等物替代之，而不复用玉，求其易得或价廉，又不易碎而较为经久也。如《晋志》曰："汉制自天子至百官，无不佩剑，其后惟朝带剑，晋世，代之以木，贵者犹用玉首。"周迁《舆服杂事》曰："汉仪诸臣带剑，至殿阶解剑，晋世始代之以木，贵者犹用玉首，贱者用蚌金银玳瑁为雕饰。"是则真剑亡而玉具亦随之以没矣。汉铜剑图六器于第四十七图版中，其形制可分数种，且有汉以前未曾见有之剑，即第一号汉粟纹剑是也。此粟纹剑之护手或卫甚大，已非周剑之腊可比，其柄虽为管体，乃有一后，且柄体如塔形，亦异周剑，刃则无尖而全体等宽，亦为周代所罕见者，可谓为纯粹汉器。第二号剑则若周代空茎无后之剑，第三号剑如周代实茎有后之剑，第六、七两号剑，亦系周制空茎无后之剑也。第五号剑较为精美，在越南清化东山汉墓中掘出，系周制实茎有后之第一种剑，腊上有花铭。此类剑，用期最长久，区域最广大，域内既多，域外西北东南诸邻邦，均常有掘出者，于以见汉民族与域外之关系焉（玉具剑图，见上第三十六图版及第三十七图版）。

叁　汉代射远器

汉代射远器，可分为弓箭与弩机两种：汉弓尚用铜饰，其制造大都仿自战国，《考工记》所述弓制，可资参考。汉弓名称甚多，如虎贲弓，雕弓，角端弓，路弓，强弓均是。汉人重玉，汉弓有玉饰。如《尔雅·释器》曰"弓有缘者谓之弓，无缘者谓之弭，以金者谓之铣,以蜃者谓之珧,以玉者谓之珪"是也。铜弩机则为汉人自造或改良之器,用途甚广,各地出土者颇多,系汉代铜兵中之佼佼者。

汉代箭镞分为铜镞与铁镞两种。铁镞另见下章,铜镞大都仿战国遗制,恐亦用战国遗物,但汉人亦制有形式略异之镞,其茎部较长,刃之两端作左右翼张出形,普通谓之三角镞。此种镞与他种汉兵同,先后有人发现不少。镞之刃部,雕磨刻画甚精,颇为犀利,出土者尚可割手,与战国镞同其锋锐。镞之总形,可判为长尾与短茎两种,又有铁尾与铜尾之别。第四十七图版第十、十一、十三、十五等号铜镞,则均汉代长尾或长茎铜镞,尤以十五号之茎为长,第四十八图版所示之第十二、十三、十四三号汉铜镞,亦系短茎,但其镞首加厚,

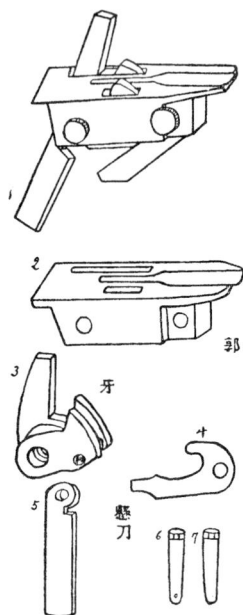

第四十一图

汉代铜弩机详图

1.弩机总形。

2.机盘(郭)。

3、4.钩括(牙)。

5.扳机(悬刀)。

6、7.栓塞。

作凸出另一镞首之形,镞之下端接茎处,则将锐锋减凹,异于他镞。此三镞出土于河北邯郸县插箭岭,或曰系赵武灵王胡服骑射时之铜镞,因其镞首凸形,或亦仿胡镞而为之者。或者汉代人

曾仿赵武灵王之制,而自造此种冠首铜镞,以用之于北方,姑存其说以备一考。

汉铜弩机较为重要,史籍多有记载,如《李广传》载李广以汉大黄参连弩,射匈奴左贤王裨将数人。《后汉书》谓:"陈王宠弩射以参连为奇。"参(叁)连者,连射也,机弩,即弩机也。《艺文志》谓兵技巧家,有"《望远连弩射法具》,十五篇"。《李陵传》曰:"发连弩射单于。"《诸葛亮传》曰:"亮作连弩木牛流马。"均指铜弩机也。近年四川有出土者(第四十八图版第八号)。《魏氏春秋》曰:"亮损益连弩,谓之元戎,以铁为矢,长八寸,一弩十矢俱发。"长仅八寸,正合于铜弩机之用。三国时不仅蜀用弩机,魏亦用之。如魏景初二年春,司马宣王征公孙渊,六月军至辽东,为发石连弩,射城中,是也。如第四十八图版第九号即魏正始二年之铜弩机也。《地理志》曰:"汉兵器以弩为尚,将军有强弩积弩之名,南郡有发弩官。路博德为强弩都尉。"《博古图》载汉弩机铭二十七字,曰:"延光三年闰月书言府作六石机郭公锻贤令磨守丞躬乘钜史训主。"又载银错弩机六。弩机而错银,此汉弩机中之艺术品也。《会稽典录》曰:"钟离牧谓朱育曰,吴神锋弩射三里。"此则吴越弩机之能射及三里者也。

关于铜弩机之机械及制造法,《吴越春秋》卷九曰:"当是时,诸侯相伐,兵刃交错,弓矢之威不能制服,琴氏乃横弓着臂,施机设枢,加之以力,然后诸侯可服。"所谓横弓,着臂,施机,设枢,观

《释名》第七卷之所释者,可得大概。其词曰:"弩,怒也,有势怒也。其柄曰臂,似人臂也;钩弦者曰牙,似齿牙也;牙外曰郭,为牙之规郭也;下曰悬刀,其形然也;合括之口曰机,言如机之巧也。亦言如门户之枢机,开阖有节也。"第四十一图所示汉弩机详图,与明茅元仪氏所著《武备志》中之所示者略同(茅图名为《法古制铜弩机散图》),采自《支那古器图考·兵器篇》,系根据高丽乐浪郡古墓出土铜弩机(第四十八图版第九号),而拆示其机械者。其张弦时因弩力大小有手拨或足踏之分。唐颜师古《汉书》卷四十二《申屠嘉传》注"蹶张"曰:"今之弩,以手张者曰擘张,以足蹋者曰蹶张。"是则汉时已有强弩必须用足踏始能张弓矣。各地出土实物,如第四十八图版第十、十一两号弩机,均南京古物保存所藏器,系华中出土之物,第十一号略似乐浪出土者,第八号弩机则系四川出土之物,形式较为简单,异于上图三器。至于汉弩机所用之箭及镞,各地出土物亦不同形。如第四十八图版第十五、十六两号长尾汉弩机箭矢铜镞,一为山东图书馆所有,一为安徽图书馆所有,均安徽寿县出土物。第十五号镞,犹如汉代长茎(长尾)铜镞,而刃与茎相接处加大。第十六号箭镞,则上端有铜管,近刃处有箍,与第十五号同,箭体颇长,汉器无疑也。

肆　汉代防御武器

汉代去战国未远,其甲胄铠盾之精良,必有可观,惜乎无出土物可资参证。防御武器中,尚有特器二种,用途颇广,即汉渠答及汉刁斗是也。《汉书·晁错传》上言兵事曰:"中国之长技五。"复言守边备塞曰:"选常居者,家室田作,且以备之,以便为之。高城深堑,具蔺石,布渠答。注:服虔曰:蔺石可投人石也。苏林曰:渠答,铁蒺藜也。如淳曰:蔺石,城上雷石也。墨子曰:城上二步一渠,立程长三尺,冠长十尺,臂长六尺。二步一答,广九尺,袤十二尺。"是渠近直立体,答近横立体,渠张臂以刺,而答则横矛以刺也。《唐六典》有铁蒺藜之制,注曰:"《汉书》晁错上疏云:磊石渠苔。注云渠苔铁蒺藜也。至隋炀帝征辽,布铁菱于地,亦其类也。"此处蔺作磊,答作苔。但后世之铁蒺藜,恐已较小,至铁菱则尤小,盖非汉器之比矣。关于刁斗之制,如汉名臣奏(元和韩宣)曰:"汉兴以来,深考古义,宫殿省闼,至五六里,周卫击刁斗。"《汉旧仪》曰:"昼漏尽,夜漏起,宫中卫,宫城门,击刁斗,周庐击木柝(颜延年谓为金柝)。"《西域传》载杜钦论遣使罽宾曰:"斥候士三百余人,五分夜,击刁斗自守。"是则刁斗乃汉军及汉宫城平时夜间五分其夜而报时,有警时则击之以报警,故曰守卫之器也。颜延年谓木柝当为金柝,可与置信,盖汉代去铜器时期不远,尚用铜兵,匈奴为患,守卫森严,报警之器,当皆系铜制无疑,木柝想系后来之物,且形式亦正不同耳。刁斗之形状何如乎?《李广传》曰:"广不击刁斗自卫,程不识击刁斗。注:孟康(魏时人)曰:以铜作鐎,受一斗,昼炊饭食,夜击持行夜,名曰

刁斗,今在荥阳库中也。苏林曰:形如鐎,无缘。颜师古曰:鐎即
铫也。"是则刁斗之形,如钵盂,又如锣磬,当系厚铜制。宋《宣和
博古图》绘有汉熊足鐎斗,梁山鐎,及龙首鐎斗(斗之可以区灼
者),想均系汉宫中器,禁城之刁斗也,故雕刻较为精贵。至于汉
军用刁斗,必较为轻捷便利焉。

伍　附铜鼓

铜鼓之来源,多出于南方边疆民族,制造精良,花纹美富(第
四十九图版及第五十图版),与商周青铜器异趣。南方边疆民
族,作战用铜鼓,遇有战争之威胁时,即击铜鼓以号召其族人备
战,亦古时战鼓遗制也。后汉马援征交趾时,曾得骆越铜鼓以
归,知汉时已有此物。以其为汉时物,为战鼓,故附列于此。以
其为铜制,非铁制,故不入边疆民族铁兵中。

自前世纪以来,西方人研究东亚铜鼓,有认其来源远在汉代
以前之中国者[①],有不以一地为来源,而分认其枝别者,如德国考
古学家海格耳氏所著之《东南亚洲之古铜鼓》一书,即系如此主
张。此外尚有荷兰、法国、奥国,考古学家多人[②],亦曾于上世纪

[①]　如德国考古学家西尔刺(F.Hirth)及格鲁特(J.J.M.Von Groot)均有专书主张
此说。最近法国考古学家戈鲁伯夫亦主张源出中国(见戈氏著法文《北越南及东京
之铜器时代》一书,一九二九年河内版)。
[②]　如法之 T.de Lacouperie,奥之 W.Foy 及 Myer,荷兰之 J.D.E.Schmeltz 及 Van
Hoëvell 诸氏。

末年及本世纪初年,为亚洲铜鼓之专门研究,各有著作问世,大致主张铜鼓为中国边族,或南洋群岛土族之自铸物。至于起自何时,由何种文化期之民族创制此艺术品则均未曾论及,日本学者,数十年来,亦颇有研究铜鼓之士,虽大都推衍上述欧洲学者之先论,但亦有独具见地,如松崎复(益城)氏所著之《铜鼓考》一文①中谓"铜鼓不始于汉代,所谓'马援鼓'与'诸葛鼓',均系苗蛮土族自铸之鼓,或其先人遗物"。并曰:"两湖,两广,贵州,云南,多蛮夷巢窟,或曰傜僮,或曰峒苗,此唐虞三苗,殷商之鬼方,周之庸蜀,羌髳,微卢,彭濮,其土人自铸铜鼓极多,系西南蛮夷世代传铸之器,秦汉以前早有之矣。"后来日本学者大给恒氏,复补足松崎氏之说曰:"……若夫伏波马式,则慊堂所说是。然其谓用铜鼓铸法则非,何则?殷周以来,铸铜之法具备,何苦效蛮夷法为。思西南蛮夷,久有铜鼓,由马援孔明获之,其名始显,故后世谓此鼓之类,统名为汉铜鼓耳,盖有兵器与乐器之分焉。"②此二说均近是。

铜鼓既为古中国南方民族,因受北方民族之压迫,南迁而携带以往,传授铸法,历久不衰之物,则除现在南方少数民族所居之地藏有大量铜鼓外,闽粤桂湘黔滇川等处,凡为古人南迁所经之地,即令现无苗人居住,亦应有而且实亦有铜鼓常常发现。盖

① 见《慊堂遗文》第二卷。
② 见大给恒:《古铜鼓考》。

南迁入山入海,中途必有停歇,且有随处留人居住之可能,他种古物固有,铜鼓实为古人作战作乐以及婚丧祈神禳灾聚众不可离之重器,故可因铜鼓而获见古人南迁之遗迹焉。自汉以降,南迁之民族,因气候及环境压迫之关系,生活日艰,文化日衰,独于铸造铜鼓一道,秉承祖训,历久不渝,直至明末,犹能自铸未替焉。古人南迁所遗,或其后人仿铸之铜鼓,见于载籍者颇多,如《后汉书》载:"马援征交趾,得骆越铜鼓,并见铸鼓之法,乃改铸为马,上之。"唐章怀太子李贤注引裴氏《广州记》曰:"俚僚铸铜为鼓,鼓唯高大为贵,面阔丈余。初成,悬于庭,克晨置酒,招致同类,来者盈门,豪富子女,以金银为大钗,执以叩鼓,叩竟乃遗主人也。"《隋书·地理志》所志相同,并云"自岭以南,二十余郡均如此"。杜佑《通典》所志亦同。可见唐时南方少数民族崇尚铜鼓之风之盛,且面阔有逾丈者,则戈鲁伯夫所图古神舟中之大铜鼓形(第五十三图版),并非刻工故意为之张大矣。《晋书·食货志》曰:"广州夷人,宝贵铜鼓,闻官私贾人,输钱铸败作鼓,其重禁科罪。"《南史·欧阳頠传》曰:"梁左卫将军兰钦,从征南夷僚,禽陈文彻,所获不可胜计,献大铜鼓,累代所无。后頠授越南将军,衡州刺史,威震南土,又多致铜鼓献奉,前后委积,有助军国。"唐刘恂《岭表录异》曰:"蛮夷之乐有铜鼓,形如腰鼓,一头有面,圆一尺许,面与身连,其身遍有虫鱼花草之状,击之响亮,不下鸣鼍,多铸蛙黾之状(按大铜鼓为南中国古人之军鼓,此种小铜鼓为其乐鼓）。贞元中，骠国进乐，有铜鼓。张方直贬龚州刺史，修城掘得一大铜鼓，载以归京，抵襄阳以为庞大无用之物，遂舍于延庆禅院，悬于斋堂，今见存焉。"此鼓之大可知，唐代掘城而得，其鼓之古又可知。宋《太平广记》曰："蛮夷之乐，有铜鼓焉，形如腰鼓而一头有面。鼓面圆二尺许，面与身连，全用铜铸，其身遍有虫鱼花草之状，通体均匀，厚二分以外。炉铸之妙，实为奇巧，击之响亮，不下鸣鼍。贞元中，骠国进乐，有玉螺铜鼓，即知南蛮酋首之家，皆有此鼓也。"宋范成大《桂海虞衡志》"志器条"曰："铜鼓古蛮人所用，南边土中，时有掘得者，其制如坐墩而空其下。满鼓皆细花纹，极工致，四角有小蟾蜍。两人舁行，以手拊之，声全似鞞鼓。"《唐书·南蛮传》曰："盘盘在南海，曲乐有琵琶、横笛、铜钹、铜鼓、蠡。"宋朱辅《溪蛮丛笑》曰："麻阳有铜鼓，江水中掘出，如大钟，长筒，三十六乳，重百余斤，今入天庆观。他处鼓尤多，其文环以甲士。溪洞爱铜鼓，甚于金玉，模取鼓文，以蜡刻板，印布入靛缺渍染，名曰点蜡慢。"此重百余斤大鼓也。宋周去非《岭外代答》，志铜鼓之花纹独详，曰："广西土中铜鼓，耕者屡得之。其制正圆，而平其面，曲其腰，状若烘篮，又类宣座；面有五蟾，分据其上，蟾皆累蹲，一大一小相负也。周围款识，其圆纹为古钱，其方纹如织簟，或为人形，或如琰璧，或尖如浮屠，如玉林，或斜如豕牙，如鹿耳，各以其环成章，合其象纹，大类细画圆阵之形，工巧微密，可以玩好。铜鼓大者阔七尺，小者三尺,所在神祠佛寺皆有之,州县用以为更点。交趾尝私买以归,复埋于山,未知其何义也。按《广州记》云:'俚僚铸铜为鼓,唯以高大为贵,面阔丈余,不知所铸果在何时。'按马援征交趾,得骆越铜鼓,铸为马式,或谓铜鼓铸在西京以前宜若可信。大鼓外亦有极小铜鼓,方二尺许者,极可爱玩,类为士夫搜求无遗矣。"元人之记述铜鼓者罕见。明朱国桢《涌幢小品》曰:"蛮中诸鼓有剥蚀而声响者为上上,易牛千头,次者七八百头,藏二三面者即得僭号为寨主矣。汉人破蛮塞必称获诸葛铜鼓,有多至数十面者,此必诸葛倡之,后人仿式而造,其精巧反有过之者。"成都华西协合大学,藏有数鼓,出土于四川,名之为"诸葛鼓",想此类也。明末有邝露者,为傜僮云䵣娘记室,作《赤雅》二卷,谓:"峒中酋长生子者,铸铜为鼓。"是明末时南方少数民族尚有自铸铜鼓者。刘锡蕃《岭表纪蛮》曰:"西南蛮族铜鼓旧制,全体皆铜质,面平底空,中腰凹束,镌满旗帜及各种花纹形状。中心花瓣突起,形式光润,如被油脂。两旁有耳,亦有狮龙,花瓣,各种形状。其面有蟾蜍而镌汉文者,为上上品。鼓身大小不一,据《宾州志》(今改宾阳)称:该邑从前得有铜鼓一具,面阔丈余,其大可以想见。今苗山所遗留者,大者圆径四五尺,小者仅二三尺,重量由二三十斤至六七十斤,百斤之物,已极罕见。予家藏一具,高尺有三寸,径口一尺九寸,重三十二斤,系其两耳悬于架上,拊之,其声隆隆,颇为可听,然而次品也。"刘氏所述花纹,可补前人记述之不足。贵州苗族之铜鼓,记载亦有,如《黔苗图说》《黄州通志》《贵阳府志》《遵义府志》《溪蛮丛笑》《叙州府志》等书志,均述及苗族之铜鼓,但大都系小型者,用为乐器,无复军鼓可言,其花纹亦无甚可观,均与从略。唯《郁林州志》(广西)志一铜鼓,其面上花纹,自边至中央,乃有十九晕之多,鼓身三重,有花纹二十七晕之多,是较越南河内博物馆所藏所谓最美之铜鼓(第五十图版三 a 图形)又胜一筹矣。其花纹图形,可略见于州志。今录其词曰:"州之文昌阁中有铜鼓,高一尺五寸,面径二尺六寸,底径二尺六寸,边出厂一寸,腰束减二寸,自边至中央,凡十九晕。晕间或为雷文,或为螺文,或为五铢钱文,或为篷簇文,中央隆起,内廓有横斜十字文。沿边近里四分强,有六蟾蜍,相去一尺三分,蟾蜍前高一寸,足间一寸二分,后高八分,足间亦八分。鼓身凡三重,带二十七晕,晕间文与面同。两旁近上有耳,前后对出,近下亦有耳,左右对出,文如贯索形。模中度镂刻精工,色如绿沉,土花斑驳,盖西汉时物也。豸塘岭北帝庙,石脚堡岩颔庙,亦有鼓,较此为差小耳。"此鼓上下均有双耳,且位于四方,是与常鼓相异之点。晕数虽多,但并无鸟兽鼓舟及战士等形,是不同河内博物馆藏鼓之处。花纹有五铢钱文(纹),确为汉鼓。近年越南清化东山古墓中,曾掘出汉五铢钱不少,系与汉剑等兵器同时出土者。以五铢钱为纹,果系汉人自铸乎? 抑南方少数民族效之乎? 不可知矣。

汉人搜取铜鼓之数极多，在宋时即有藏之秘府者；《老学庵笔记》乃谓"此风自梁时已盛"。梁欧阳頠征南，乃献大量铜鼓以为战功，梁秘阁下古器库，亦藏铜鼓，谢启昆《铜鼓考》乃谓"此所谓迁其重器也"。近人刘锡蕃《岭表纪蛮》曰："即数十年前，黔桂边境一带少数民族，尚往往掘得铜鼓，连续埋藏，动辄以数十计，均在深溪密箐之间。"可见南方少数民族埋鼓之多矣。但人搜取之数亦甚巨，假以一二事证之。如叙州府《长宁县志》曰："明万历元年，巡抚曾省吾平九丝夷，获铜鼓九十三面，铜铁锅二口，系酋长阿大所蓄，制甚奇古。识者曰，此非锅，乃鼎类也，其名曰鬵，今三江所出之器，疑即当年所遗者。"是则南方少数民族且有锅形之铜鬲鼎，即青铜容器矣。《明史·刘显传》曰："克塞六十余……得铜鼓九十三，铜铁锅各一。阿大泣曰：向者击鼓山巅，群蛮毕集，今已矣。其锅状如鼎，大可函牛，刻画有文彩。"此青铜容器，乃大可烹牛，古时罕有。惜乎其文采如何，未经道及耳。

依上所列，本国文献关于铜鼓之记载略具，于此可见铜鼓之形制、纹饰、铸造、用途与收藏，而多推及于汉代。

铜鼓可依时代，可依大小，可依花纹，可依外形四种方法而分类之，前三种分类法，尚无人为之，困难多也。第四种分类法最易，只需搜集或观摩铜鼓至百余器之多，依其外形并略及鼓面大体花纹，即可进行分类矣。

德国考古学家海格耳(F.Heger)即用第四种方法,于一九〇二年,在其所著之《东南亚洲古铜鼓》中,依其所有及所见铜鼓一百六十五器,而分之为四类。自时厥后,大都依附海氏之说,更无另为分类之研究者,兹为介绍并推论其分类法于下:

第一形式　可称为直体三分之铜鼓。其最下一段,为向上包接之直线锐角形,略如 ⌴ 形;其中段为直体圆筒形,略如 ▯ 形,有时直体微曲,上段为向下包接平面曲边形,略如 ⌒ 形。此第一形式之铜鼓最多(第五十图版第一、二、三号),有产自马来群岛者,有产自越南东京及西南中国者。海格耳谓此类铜鼓,系由古代未甚开化民族发明制造者,此等未甚开化民族,现尚居于中国广西、贵州及四川等处,即今人所称之苗族及彝族是也。此类铜鼓之研究者亦较多,戈鲁伯夫铜鼓之研究,亦即以此类铜鼓为其根据。盖因此第一形式,实为铜鼓之基础形式。海氏所取材者,计有三十四鼓(乾隆时清宫中亦藏有佳品十四器,鼓面花纹,均极精致,铜质亦佳①)。此类鼓之表面及胴部,均刻有花纹,面上之晕数,多寡不同,愈佳者晕(即圆圈图)愈多。晕间之花纹,有人兽鸟鱼各种动物形,及植物房屋器具铜鼓船舶等形,有时体上亦有。鼓面上常有蹲蛙(蟾蜍),亦偶有其他蹲势动物。此类铜鼓除花纹图画,容有后代作风外,其形式盖属最古者。其广播之区域,自南中国经越南马来群岛达其极南端新几内亚岛附近之

① 见《西清古鉴》。

铠夷岛（Cayes）等地。

第二形式　第二形铜鼓，其鼓面宽大，过于鼓身，而向外伸出，略如⋔，或⊓形，其鼓身亦可分为几部分（第四十九图版立体图）。其上部至中部接合点之角度，近有 S 字母形，下部续为圆锥形，面上则有蹲蛙（蟾蜍）或骑马像。此形鼓之变化，较第一类为少，而图画花纹，亦往往较为简单。其主要区域，在中国东南部，迤北则达于长江口之希伯岛（译音）。

第三形式　第三形式大致与第二形式相同，其鼓面伸张于鼓身之外，亦如第二形，但其鼓体更为简单，不如第二形式之鼓体，尚可以曲线代表之，此系不同之点也。此形鼓多小形蛙（小蟾蜍），圆胴自上大而下缩为小。其使用之区域则以缅甸各地卡兰族之间以及印度支那老挝地方之掸族，暹罗京城盘谷附近地方为最，且至今尚用之，其主要者大都在宫殿及寺院之内。此形鼓之花纹及外表，略如前者，且亦有蹲蛙，故海氏谓系由前二类脱胎化简而来者。

第四形式　此形式铜鼓之鼓面，与鼓体恰相衔接，毫无大小出入，浑为一体。鼓面中心之星形，大都为十二出，鼓体较矮，其切体略如 S 字母形，而曲度略减（第五十一图版第一、二两号）。海格耳谓此式铜鼓均系在中国制造者，故咸具备中国要素而形小。胴部较短，鼓面蹲蛙之数亦少或竟无之。其花纹多具中国风，面与胴均无人物鸟兽等形，外貌颇似中国之大鼓，绘画为中

国式,且常刻有中国文字(如第五十一图版第一及第二号鼓面上
之近中心圈之第二晕,为衔接排刻之"酉"字。鸟居龙藏因古之
酉作𨑒,以为马来群岛铜鼓,均图有此种鸟形。且谓海格耳所引
证之铜鼓,以及《西清古鉴》中所图诸铜鼓,均可依此解释之)。
是以此第四形式铜鼓,显与汉人有密切关系。其出土地点,多在
中国南部。且黔湘桂等地苗族,至今尚有使用之者。

　　海格耳所拟铜鼓之分类如此,世界学者咸宗之。海氏又曾
将各形铜鼓,予以化学分析,其结果如下表:

形式	铜	铅	锡
第一形式	六十点八二至七十一点七一	十四点二五至二十六点六九	四点九〇至十点八八
过渡形式	七十六点〇二	十点六四	十二点三九
第二形式	七十一点一五至七十九点〇二	十六点五四至十六点六九	八点八五至十一点九四
过渡形式	七十三点一九至七十八点七〇	七点五五至十点九四	十一点七二至十五点四四
第四形式	七十三点三〇至八十五点四八	三点七五至十四点八〇	九点一九至十七点六〇

　　据此表观之,第一形式之青铜质最佳,恰与其图形之精美相
称,其铅锡之量,乃自百分之十九有奇至百分之三十七有奇。第
二形式之合金成分已差,其铅锡量自百分之二十五有奇至百分

之二十八有奇。第四形式之铜质更差,铅锡量仅自百分之十二有奇至百分之三十二有奇,但百分之二十以上者甚少。海氏及各国考古学家,均认第一形式之鼓,为最古之器,谓第四形式为汉人所制器,第二形式主要产地为中国,第一形式散见于南中国及越南马来等地,是不啻间接承认铜鼓以中国为其主要产生地矣。海氏之著作,出于四十年以前,斯时不但南中国尚未发现石器时代遗址遗器,即西北各省之石器时代遗器,亦尚鲜出土者,若海氏在今日而再论铜鼓来源,想持论更当不同矣。

形式及铜质以外,鼓面及鼓胴(鼓体,即鼓腹)之花纹图形,亦为研究铜鼓之要素。海格耳氏及上述诸国研究铜鼓之专家,对于鼓之花纹,均有相当意见发表。最近日本鸟居龙藏研究黔苗铜鼓之花纹甚详①(第五十一图版第二号铜鼓之面部及胴部详图),发现其鼓面有中国字之"酉"字排圈,即古兓字,以为马来越南铜鼓上之鸟形,均与此字有关,此点颇饶兴味;岂此酉字,或即中华南迁之古民族之一种特征或徽号乎?其余花纹,则系三代时或三代后之中国式花纹居多。曩岁上海市博物馆杨宽君,曾为本馆所陈列之铜鼓花纹之考察一文②,仅就该馆所有吴窦斋旧藏之湘粤苗瑶族铜鼓八具,研究其花纹而发表特见,略谓鼓面花纹,多与汉铜洗相类似,恐出汉人之手,其言近于事实。鸟居

①　见鸟居龙藏:《苗族调查报告》。
②　载上海《民报》附刊,一九三七年三月。

龙藏氏所获苗族铜鼓之面腹花纹(第五十一图版二 a、二 b、二 c、二 d、二 e 等图形)完全中国式,且西字花纹甚显,想系汉代或汉以后之物;与西北羌族铜鼓面部腹部之花纹(第五十一图版第一号),几于完全相同,此羌鼓曾经陕西图书馆鉴定为宋代之物;又与上海市博物馆现存吴愙斋旧藏湘粤之苗瑶族八铜鼓之面部腹部花纹(第五十二图版第十三号鼓面图,及第五十图版第一号铜鼓)亦均大致相同,盖俱系汉以后所制之器,其云纹雷纹及万字直钩纹,系模仿汉以前之雕形耳,兹类鼓均面上无蹲蛙者也。但如谓面无蹲蛙之鼓,为时较晚,花纹较为粗略,则又不然。试观河内博物馆所藏之鼓(第五十图版第三号铜鼓)面无蹲蛙,而其面部雕刻图形之精美,实为越南及马来群岛出土铜鼓之冠。其所图各形,均系古形图案,应为古遗画而为后人摹拓。至于镇江焦山所藏之铜鼓,在第一与第二形式之间,有六蹲蛙(蟾蜍),其鼓面鼓身花纹之细腻精致,在上述苗羌瑶各鼓之上,而与河内博物馆藏鼓,可略相伯仲,但花纹较为汉化耳(第四十九图版立体图)。其青铜质亦薄而佳,非苗羌之鼓可比。其中心星形,则与苗羌瑶之鼓同,亦为十二出,河内博物馆藏鼓,则为十四出。据海格耳之研究,普通铜鼓之星光,大都为十二出,其余为六出、八出、十出、十四出,以至十六出,均系偶数。至于鼓面蹲蛙,则常有奇数(如五蛙),自二蛙以至十数蛙均有。

就时代论之,大概汉代及汉以后之铜鼓,其花纹显具中国风,显为汉族化之作品,故中外学者,皆称为中国产或与中国有关。若依区域以求之,则其地去中国较远者,其铜鼓花纹,必尚存有远古中华文化之遗迹;一则因外族压迫较轻、掠夺较少,其苗裔尚得保存先人遗制,二则因未受汉化之故也。但此种花纹,可以证明吾华先民入山出海之遗迹者,惜小颇难寻觅。盖南方各地少数民族自六朝以来,即有埋藏铜鼓之风气,恐古物尚居地下者多也。吾人今

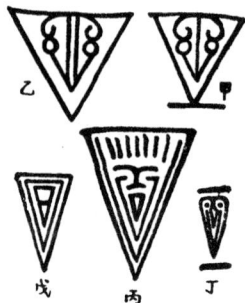

第四十二图

铜鼓鸟首花纹变迁图

甲、乙,第一、第四两过渡形式。

丙,第一、第二两过渡形式。

丁、戊,第四形式。

日所获越南马来铜鼓之花纹,均采自欧洲人之著作,二十年前,欧洲人尚不信中国全国曾经过石器时期文化,尚以为中国青铜器时代文化系来自西北者,安能注意与中国远古文化有关之铜鼓花纹乎?于如此材料残缺之情形中,而欲表示吾人见解,盖甚难矣,试勉言之。

(一)吾人先释铜鼓中心之星形或日形。此或系华中先民之民族标志,犹如何天行君以杭州良渚镇出土之多数石钺[1],为古越族命名之起源之意见。其所以分为六出、八出、十出、十二出、十四出,以至十六出者,盖因古人南迁之后,随地留下族人,繁衍

---

[1]　见何天行:《杭县良渚镇之石器与黑陶》,一九三七年。

殖垦,其支族仍守先民族志,但以出光纹之不同,以分别其族部耳。在中国者多十二出,因华人守十二行星及十二干支与一日十二时之数之故,在越南马来者,则十四出及其他数较多。

(二)蹲蛙(蟾蜍)之解释。此恐非仅如欧洲学者所谓迷信神权崇拜动物,或雨季企望之故,想系古人欲以此形表示南方草泽湖沼,到处蛙鸣,蛙地行军,系华中远古民族之实地生活,故有此象征耳。

(三)紧接中心出光纹之鸟目。此亦系远古南方民族之旗号标志,其始作鸟形,后来始逐渐为西字形及日字形。日本鸟居龙藏所图之铜鼓鸟首花纹变迁图(第四十二图),虽均指后代之铜鼓而言,亦尚可见及其蛛丝马迹。上海市博物馆所藏八铜鼓之鸟首及兽首花纹,尚带有商周尚虎及回文之制,不必定系汉代花纹也(第五十二图版第十四、十五、十六、十七、十八、十九、二十、二十一等号)。古有比目鱼,产于南方,此或南方先民之用意,亦属可能(参见第五十图版三 a 鼓面上第一晕中之双目形)。今姑假定为鸟首,其鸟之形状果何如乎? 今依马来群岛及越南之铜鼓面上所刻大鸟形观之(第五十二图版第四、五、八、十一、十二等鸟形。第五十图版三 a 鼓面图中长喙羽首大鸟形及宽喙圆首大鸟形。又第五十四图版拓本宽喙圆首大鸟形),此种鸟均系中国南方水鸟,数千年前之物,当然较今鸟为大,并非越南及马来群岛之海鸟。杨宽君呼之为鹭纹,是否为鹭,无关紧要,盖鹭亦华中华南之喙鱼水鸟，北地无之，但各铜鼓上所图之鸟，如宽喙大首者，似鹳而非鹭耳。北方人性刚，喜用猛兽为徽志，如商代人尚虎（如虎头盔等器），周代人亦尚虎（周亦有虎贲之士，周剑之产于北方者，其剑格常刻虎首形），及熊豹等兽，北人用其皮而图其形为旌旗及服饰；南人性柔，喜用水鸟为徽志，亦人情地理所宜然，且以自别于北来之族耳。以飞鸟为大量，而以鸟首或双目紧对星光或日光纹者，正以辅佐其国徽，为群鸟朝阳，翼载万方，向空瞩目，光及飞潜之义也。此亦华中及华南先民故留之遗迹也。

（四）鹿形。越南及马来铜鼓，常刻鸟飞鹿走之形，但越南马来，并非产鹿之区，华中华南，产鹿较多，亦先民南下之遗迹也。

（五）环首雷纹。苏门答腊，马来丹牙克族，及越南老挝出土铜鼓及他器上，常有两端曲首之回环雷纹或云纹，有时其曲首乃类鸟兽之头（第五十二图版第一、二、三等号），人均以为系汉代花纹，实则此种中国民族之花纹，来源甚早，盖在三代以前。依其柔和缩伸之姿势测之，想亦系华中华南古文化南下之遗迹也。

（六）舟车。越南出土铜鼓面之舟形（第五十三图版第一、二两图），俨然中国龙舟也。其战士之装束，头戴护项器及两长羽，有左手执钺右手执斧者，有左手执持类似矛形之旗帜，右手执箭者。舟之近舵处，有一指挥台，台下或仅置一大铜鼓，或置一铜鼓及一铜钟（或壶），类似鼎鬲，台上则有一指挥官，手执大弓及箭矢。台外下面，刻一立兽，蛙身而马足有尾，似备指挥官乘用者。舟之首尾，似均作鸟首形，舟之台上橹上桅杆上及战士冠上，均有小旗号，作中有一点之圆圈形，是否欲作鸟首翱翔之状，抑此圆圈即系南下先民之国徽旗号，均属可能。夫入海之舟，不作鱼龙形，而人舟均作鸟形，所以示其飞来之远也。此类大鸟，必系远古华中华南常见之鸟，先民乃以为象征，而留志其族之来处焉。舟中战士，峨冠而寡服。其作盛装广裤而类于甲胄战裙者，亦见河内战鼓面上（第五十四图版两拓形）。鸟羽高冠者，及无冠者，均着广裤，手持斧钺箭帜，与舟中战士同，意者舟中人为水军，此为陆军乎？是以战台之下有四铜鼓，台上立者一人，坐而作捣状者三人（捣击下面之鼓乎？）。战士前后拥护者，为一大型帐幕形之车，二车门之间，立一首领，两手均执有如指挥刀之器。车门及两边直柱上，均有圆圈徽号，其轮不显，或系由人扛抬之车乎？是绝非越南或马来群岛古代原有之交通器，必为华中先民南迁时所携往使用之物也。

铜鼓原非汉器，其来源当出自吴越等地，苗族人早已用之，以自后汉马援由南方携归中原，世称伏波铜鼓，吾人因此种关系，乃附铜鼓于汉代铜兵之末，非谓汉代始有铜鼓，亦非谓铜鼓盛于汉代也。

丙　两晋、南北朝及唐代铜兵

汉初尚可称为中国铜器时代尾期，或铜铁并用时期，至东汉
已全为铁器时期矣。且周代铁兵，近年已有出土者（详下章），古
书记载亦常见。中国铁器时期，事实上早于汉代。是以汉以后
之铜兵，本无足论，今仍择要图列之者，盖因晋代铜兵，具有特
形，异于前代之器；五胡六朝之剑器，形式尤殊。且专就三代后
中国兵器史中最重要之短兵，即剑之一器而论，六朝而后，以至
唐代，铜剑形发生重大变化，亦可谓已至剑式统一时期，嗣后历
代铁剑，均依唐剑形式，毫无变更。此均为吾人未可忽略之事
迹，而有阐述之必要者也。自中国剑形由晋唐而统一以后，中国
兵器之进化，似突然停滞，千数百年无所变更。是以外人之论中
国兵器者，惑于外观，未察实际，动辄谓中国固有兵器，只有剑之
一物，且其形式极为简单，千年如一日，盖无甚可观①，是则未免
舍本逐末，轻重倒置矣。

晋代戈制早废，长兵中铜戟铜矛，尚与铁戟铁矛同用，但已
反汉代重戟之风，从而重矛，又因矛之不便也，乃改为枪，晋代铜
枪，实为后世铁枪之始祖也（后汉已广用枪，但其刃锐长，尚未脱
矛头形也）。戟虽有铜质者，已降为仪仗之器，效法汉代棨戟而

---

① 见达敦（Egerton of Tatton）：《印度及东方兵器》，一八九六年伦敦版。

又过之,军士均执枪而不复持戟矣。如《晋书·王濬传》曰:"濬起宅门前路,令广数十步,曰:吾欲容长戟帜旗。"是戟之实用已早亡矣。晋代青铜短兵,亦有前代所无,而为后世所法式者,如东晋永昌铜椎即是(第五十五图版第一号)。晋代青铜短剑,尚略存周匕首之制及汉代花纹,但已形状迥别;环形首乃作纱帽形,腊向下分,刃之近腊处忽窄,茎则宽平,且柄长几等于刃长(第五十六图版第二号),已杂有五胡体制。晋代青铜矛头,体制亦较先代为小,且较为简单,名虽为矛,已与后世铁枪头相类似矣(第五十五图版第二、三两号)。第五十六图版第五号铜剑格一具,为福开森藏器,其下最宽处为十三点六公分,如此宽大之剑,如非晋代之物,则系六朝之器,北魏人好作大剑,此或其铜格乎? 晋人刀剑之装饰,承汉遗风,亦尚华美。如《晋书》所载:"会稽王给斑剑二。"《朝史志》曰:"斑剑亦曰象剑,取装饰斑兰之义。鞘以黄质紫斑文金铜饰紫条粉鐍。"晋《东宫旧事》曰:"太子仪饰有玉头剑。"陶弘景《古今刀剑录》曰:"晋怀帝炽,于永嘉元年,造一剑,篆名曰步光。东晋司马衍,于咸和元年,造剑十三口,铭曰兴国。东晋司马易明,于太元十年,造一剑铭曰神剑。"是则两晋之世,亦尚有周人重剑之遗风,但铜剑已稀,大都铁剑铜饰者多。刀之制则较盛,晋《中兴书》有三公所服刀之说。《晋书》曰:"赫连勃勃,造百炼钢刀,为龙雀大环,号曰大夏龙雀。铭其背曰:古之利器,吴楚湛卢,大夏龙雀,名冠神都,可以怀远,可以柔遁,如风靡草,威服九区。"百炼钢刀,亦如魏太子丕百辟宝剑之类耳,特魏尚重剑而晋则尚刀矣。晋张协作《七命》及《太阿剑铭》,对于刀剑铸造之术颇有所贡献,但均系铁制者矣。两晋射远器,因去汉未久,恐尚用汉遗铜镞,但其数甚少,铁镞较多;汉制铜弩机,晋人恐尚袭用之,但晋制者罕见耳。晋人好用大弩,名之神弩,夸言万钧神弩。如《晋书·舆服志》曰:"中朝大驾卤簿,以神弩二十张夹道,其五张神弩置一将,左右各二将。又有由基一行,弩一行,弩一阵。官志三卫前驱,由基强弩为三部司马。马隆请募勇士,限腰引弩三十六钧,弓四钧,立标简试(是为后世武人考试制之始,直至清末未衰)。义熙六年十二月,刘裕击卢循,军中多万钧神弩,所至莫不摧折。"潘岳《闲居赋》曰:"元戎禁营谿,子巨黍异絭。同机炮石雷,骇激矢虫飞。"此指晋弩机而言其威力也。晋嵇含《木弓铭》曰:"弦弧走括,截飞骇止。射隼高墙,出必有碍。既以御侮,亦以招王。"江统《弧矢铭》曰:"幽都筋角,会稽竹矢。《易》以获隼,《诗》以殪兕。伐叛柔服,用威不题。"均以见晋人趋重弓矢制之一斑,至于晋人防御武器,出土实物,殊难见及,载籍则间有记录。如《晋书·马隆传》曰:"隆讨西羌,夹道累磁石,贼负铁铠行,不得前,隆卒悉被犀甲(一云马隆兵着牛皮铠),无留碍,贼以为神。"据此可知周人鲜用铜甲而广用犀兕甲胄者,利其轻便耳,晋人袭其遗风,尚可胜羌人之铁铠焉。又《晋书》曰:"晋铠甲函犀七属,浴牛千群……晋重

铠浴铁。……桓伊有马步铠六百,上之。……庾翼与燕王书,致
襦铠。"又晋《陶公故事》曰:"臣侃奉献金华大羌盾五十幡,青绫
金革盾五十幡。"可见晋人不但依古制以革属制盔甲,且亦以革
制盾。革居土中易腐化,是以出土实物难见也。

　　五胡之铜兵,不易见及,第五十六图版第五号大铜剑格,或
系胡人之剑格,因藏主福开森,曾同时在陕西购入其他胡人兵
器,即第五十五图版第四、五两号青铜器是也。第四号立马及第
五号双角人首,均系胡人之旗首,可见其兵器装饰之一斑;马形
与河南等地出土北魏时代之陶器土俑马形相类似,胡马嘶风状
也。关于五胡兵器之记载,《匈奴传》可以参考,其他载籍,亦偶
有所述。如《晋书》载赫连勃勃造兵事曰:"……赫连勃勃委阿利
造五兵之器,精锐特甚。射甲不入,即斩弓人,入则斩铠匠。既
造龙雀大环百炼刚刀,复铸大铜鼓,飞廉翁仲铜驼龙兽之属,皆
以黄金饰之,莫不精丽。"铜鼓而饰以黄金,此为五胡兵器富丽之
一证。《东观汉记》曰:"邓遵破匈奴,得剑匕首二三千枚。"均匈
奴铜剑也。应劭《汉书注》曰:"径路,匈奴宝刀也。"一千八九百
年以前,五胡即有此种良兵,殊可赞叹。五胡之射远器,亦为长
弓大矢,匈奴射术甚精,其器必佳,惜宝物难见。五胡防御武器
亦精,且多系铜铁所制,其坚锐光耀,胜于革制者。《北史·突厥
传》曰:"突厥姓阿史,初自平凉以五百家奔蠕蠕,世居金山之阳,
为蠕蠕铁工,金山形如兜鍪,俗号兜鍪突厥,突厥因以为号。"凡

此均以见五胡等族防御武器之精良。南北朝时代以迄隋代之铜兵,实物殊难见及,金陵地下出土物,亦仅见及非兵器之铜器(南京古物保存所中有数具),即铁兵亦罕有也。依载籍度之,六朝长兵,必依晋制重枪,即矛之变形也;戟则完全变为仪仗卫阍之器,与周秦前汉之戟异形,戈已早亡,殳亦早无闻矣。六朝短兵,刀剑并用,刀已全系铁制,剑或尚有铜制者,实居少数,铁剑较多,匕首亦用铁制。大抵兵士多用刀枪,高级官则尚多佩剑者,是以铸剑专家,尚有所闻。如梁季秣陵道士陶弘景,即其中之一人也。陶氏著有《剑经》,开道家习剑术之风。又著《古今刀剑录》,其中尽附会穿凿之词,可见晋以后剑之实用日亡,而神话连篇,导人迷信矣。六朝剑未闻有出土者,至于陶氏自铸之剑谓用金银铜铁锡五色合为之,事实上容或可能,但惜未指示其配合之成分耳。又言长短各依剑法,而未见有剑术法一书,亦难于研究矣。其他载籍,亦偶记及六朝兵器。如《南史》载:"齐高帝以刘怀祖为齐郡太守,赐玉环刀一口。"是六朝之刀尚有环,犹如汉制,唯环系另饰,且有玉环刀焉。又载:"席阐千献梁武帝银装刀。"是六朝之刀,亦有银装者。不知仅以银装柄饰刃,抑且以银装鞘饰套耳。《通典》曰:"后魏有千牛刀,御刀名也。"《梁书》曰:"梁刘孝仪为晋安王,谢东宫,赐玉环刀。"是梁亦用玉环刀,均汉室遗制。梁简文帝《谢敕赉善胜威胜刀启》曰:"冰锷含采,雕玉表饰。"是又刀之有玉饰者,非只以玉为环也。《南史》曰:

"宋贬让诸侯王条格,剑不得鹿卢形。"鹿卢者,鞘上挂剑之玉饰,汉人称为昭文带,是六朝时尚用之也。《北史》曰:"魏毕众敬献银装剑一口。"是北魏亦有银装剑,与南朝同。六朝射远器,亦重弓矢,大弩不多,汉铜弩机之用渐亡,铜镞亦绝迹,尽用铁镞,箭形亦与后代之物相似。六朝防御武器,尚不弱于晋代,但已不敌五胡之铜盔铜铠坚盾矣。梁简文帝《从军行》曰:"冰城朝浴铁,地道夜衔枚。"徐陵《欧阳𬱟碑》曰:"浴铁蔽于川原,拟金骇于城堞。"浴铁拟金,皆铜铁制之甲胄,已脱周人革制之风,而袭五胡之制矣(赵武灵王已胡服骑射,胡人兵精器利,战国时已然)。但阅《北史・白兰传》曰:"周保定元年,遣使献犀甲铁铠。"是犀铁尚并用也。又《贺若谊传》曰:"突厥为边患,贺若谊重铠上马,北夷惮之。"重铠盖铁制而饰铜者也。又《阳休之传》:"齐文宣郊天,百寮咸从,休之衣两裆甲。"梁简文帝《南郊颂序》曰:"玉铠犀衣之士,连七萃而云屯;珠旗日羽之兵,互五营而星列。"是虽文学藻饰之词,亦可透露南朝战士尚用犀衣,而铠上或有缀玉之消息。《梁书・元帝纪》曰:"突骑短兵,犀函铁盾。"又虞世基《讲武赋》曰:"冲冠耸剑,铁盾铜头。"是六朝人所用之铁盾,乃以铜为首,利其不锈而生光也。但六朝人之盾,虽以铜铁制,而体不厚笨,面亦不甚阔大,故能高举以御矢石。如《南史・梁宗室藻传》曰:"乘平肩舆,巡行贼垒,贼聚弓乱射,矢下如雨,从者举盾御箭。"其盾必不甚重大也。

隋继六朝，三十余年，兵器无所更变，更无进化可言。

唐代长兵，早已无戈，斧制亦失，戟已沦为仪仗卫门之器，形式近于后世所谓方天画戟，大都铁制。周秦及汉初之铜戟，偶有出土者，唐人已目之为古物矣。如《唐书·尹师贞传》曰："师贞家掘地，获古戟十二，置于门前。"是其例也。《唐书》又曰："李岘兄弟，同居长兴里，第门列三戟。"又曰："唐柳仲郢为谏议大夫，每迁必乌集，升平里第庭树戟，架上皆满。"庭第满架皆戟，此已属于官制排场仪仗之属，而戟之实用衰矣。唐代矛头，异于周秦及汉初之器，而近于后代枪头，其柄有时颇长，有时短柄短刃如枪，略似晋永昌枪头。唐矛均系铁制铜箍铜饰，唐初或亦尚用铜矛，但其数或不多（第五十五图版第二、三两号）。唐代铁刀，想已有装长柄用为长兵者，或尚用铜为箍为环为饰，惜铁腐土中，殊鲜实物可示耳。《五代史》曰："唐明宗出涿州，遇契丹，战不胜，诸将引去，石敬瑭败至河中马蹄，李琼以长矛援出之。"此言唐将用矛之长也。唐《李光弼传》曰："光弼裨将，援矛刺贼洞马腹。"此言裨将均用长矛也。又《唐纪》曰："李光弼裨将白孝龙，挺身挟二矛，取河阳大将刘龙仙首级。"此言唐将之用双矛者。但双矛犹如双戟，用法不便而用者亦极少，非常制之兵耳。

唐代短兵，刀剑并用，且有锤锏等杂兵出现。刀均铁制铜饰，剑与杂兵，则尚有完全铜制者。唐剑有二特点，应予注意。一即形式之变迁，树后世剑形之鼻祖。周剑形制甚繁，可分为七八类,尚难悉举,前已言之。秦剑宗周,仅刃体较长耳。前汉之剑,亦依周制,体亦较长,但已趋于简单化,且仅偏重甲种周剑一种。后汉之剑,有特形者,但为数不多(第四十七图版第一号),其常形者,腊已变为独立剑格,首亦与茎分立,且多用玉为首者,然尚可见及周剑之大体也。唐剑形式,则已完全变更,失去周制,而独树一型,后人守之,千数百年而无所变改,此可谓剑至唐代即为后世之统一模型矣。此种千数百年未变之形式,可以第五十六图版第三号唐代铜剑为其代表器。此剑刃宽而长,中有脊,作◇斜方切体形,刃之下端虽稍窄,但不甚显著,刃尖作∨宽度锐角形,近于直角,其两边与刃锋衔接处,不圆而尖,此完全后世铁剑刃之常形,直至清末未变也。剑格与剑首,均作云头形,格凸出于刃之两面,而首亦凸出于茎之两面,茎之上下,微向内弯,茎体作六角形◇,此种剑柄,亦完全为后世铁剑柄之常形,直至清末未变也。故曰,中国剑形,至唐代而统一。同图版第四号含光铜剑,铭文字体不古,刃亦只有中脊,而无边垠,亦系唐代之器,但有魏或晋剑之可能性。其柄虽尚带有周代铜剑玉柄之略形,然已备具后世剑柄之要素,首、茎、腊,三部分之形制,均与第三号剑柄大相类似矣。第三号剑之刃、腊(格)、茎、首,均系青铜质,均系一炉所冶,系各部一体之剑,尚存周剑遗风,其形制则永为后世之模范,此其所以为贵也,惜其器已为美人攫去矣。二即剑身镶嵌及花纹雕镂之变迁,尽反周秦汉晋之制,而开后世仙侠神话之端,此亦为中国剑史上重大之变化。周至汉时,剑重刃质,剑铭则仅载人名年份或剑名,雕镂镶嵌之艺术极精,尤以战国之剑为最。柄上有以金银及绿松石镶嵌者,腊及首雕刻凸体(或凹体)精美花纹,及兽形,或饕餮纹与雷纹,茎上有雕刻盘龙形者(参阅上章周铜剑各图版),刃上亦有雕龙及他种图形,尤以天然花纹刃上之花纹为超代之艺术。节言之,古人之剑,均重刃质,首求其有杀敌致果之效能,其次始为雕镂镶嵌之美术,铭极简单,少仅两字,多亦不过数字而已,且亦有无铭者,其刃亦皆上品。唐剑则反是,刃质优劣不问,镶嵌艺术,亦不复见,士大夫心理充满道教神仙妖邪鬼怪之说,剑乃变为镇邪祛凶之器,一若此数尺铜铁,铸为剑形,即具有无上魔力者。于是家悬一剑,即以为祥,不习剑术,而以为剑自可以御敌而胜,此种迷信之风,始自六朝道家,重以唐代信佛之结果,而神奇怪诞之谈益炽矣。故自唐以后,剑类短兵,有一支为释道所利用,而引入歧途。

唐代射远器,亦以弓矢为最。据唐《刘黑闼传》及《太宗纪》,唐天策府有大弓长矢,武库有大弓。《唐六典·武库令》曰:"弓之制有四:曰长弓、角弓、梢弓、格弓。弩之制有七:曰擘张弩、角弓弩、木单弩、大木单弩、竹竿弩、大竹竿弩、伏远弩。箭之制有四:曰竹箭,木箭,兵箭,弩箭。"唐《官志》曰:"备身左右,掌执御弓矢。"唐《礼志》曰:"千牛备身二人,奉御弓及矢,立于东阶上,西面千牛将军奉弓,郎将奉矢。"唐《王忠嗣传》曰:"有漆弓百五十斤,每弢之。"唐《仪卫志》曰:"亲王卤簿幨弩,一品二品四品,万年令皆有之。"唐杜甫诗曰:"贞观铜牙弩,开元锦兽张。"幨弩有靫,铜牙则弩饰也。唐《兵志》曰:"开元十二年更长从宿卫,名彍骑。十三年,始以彍骑分隶十二卫,总十二万,为六番,内弩手六千(《官志》,诸卫,有弩手左右骁卫各八十五人,余卫各八十三人。隋御营弩手三万人)。又择材勇者为番头,颇习弩射。又有羽林军飞骑,亦习弩。凡伏远弩,自能施张,纵矢三百步,擘张弩二百三十步,皆四发而二中;角弓弩二百步,四发而三中;单弓弩一百六十步,四发而二中:皆为及第。诸军近营为堋,士有便习者,教试之,及第者有赏。"此均述骑士之弩。其弓均铜饰,箭亦箍铜,镞则尽铁矣。唐张云《咸通解围录》曰:"南蛮有执旗者,傅城发静塞弩贯之。"此则唐代守城之大弩,名为静塞弩者也。唐时西蜀弩名尤多,大者莫逾连弩。十矢谓之群鸦,一矢谓之飞枪,通呼为摧山弩,即蜀时孔明所谓元戎也。又有八年威边定戎静塞弩,亦固塞守城之大弩也。崔安潜曾乞洪州弩手,教蜀人用弩,选千人,号神机宫。又高崇文讨蜀未下,李吉甫言宣洪蕲鄂强弩,号天下精兵。强者言力大而射程较远也。韩滉运米馈,李晟船置十弩相警捍。又于宣州教习长兵,铸军器。王栖曜为浙西将,以强弩三千涉水,夜入宁陵,希烈不知,晨朝矢集帐前,惊曰,江淮弩士至矣,遂不敢东。此皆指军士所用之强弩而言也,弩虽强而不甚大,非静塞等大弩之比也。杜牧注《孙子》

第二章 铜兵 | 223

曰:"弧矢能威天下,盖战法利于弧矢,非得阵不见其利,故黄帝险于蚩尤。以中夏车徒,制夷虏骑士,此乃弧矢之利也。"亦可见唐时弧矢制之盛矣(惜除壁画及石刻之粗形外,无从得见唐代实物耳)。曩岁济南山东省立图书馆馆长王献唐氏,惠寄该馆所藏铜炮筒之写真,其器铭曰"龙飞",长十二点五英寸,口径上一点三英寸,下〇点七英寸,据云系唐代之器。若然,则铜炮已萌芽于唐代乎?(第五十五图版第六号)

唐代防御武器,亦甚讲求甲胄铠盾之制。如唐《太宗纪》曰:"武德四年,执窦建德,降王世充,六月凯旋(一云七月甲子)。太宗被金甲,陈铁骑一万,介士三万,前后鼓吹,献俘太庙。"铁骑万人,甲士三万人,何其盛欤!《实录》曰:"贞观十九年五月丁丑,营于马首山,初太宗遣使于百济,取金漆涂铁甲,色迈兼金。又以五采染玄金,制为山文甲。甲申,太宗亲率甲骑万余人,光彩曜日,与李勣会辽东城下,旌旗数百里。……张长逊以兵会讨薛举,赐锦袍金甲。"可见唐代甲骑之盛装色彩。杜甫诗亦有金锁甲、绿沈枪之句,所谓锁子甲者,系用链子衔接、互相密扣、缀合而成衣形之甲也。因其柔和便利,可抗利器,而较大型坚甲为轻松也。唐时银甲较少,但有金银合制之甲。如《唐书》曰:"苻坚使熊邈造金银细铠金为线以缧之。"是其一例也。唐代尚金,兼及斧钺,如《旧纪》曰:"贞观十二年十月己亥,百济贡金甲雕斧。"投唐所好也。《会要》曰:"天宝元年正月一日敕,古以金饰应五行之数,宜改为金钺,威武之义也。"可见唐人尚金之甚。古人称铜为金,至唐时则已只称黄金为金,铜为铜矣。唐铠甲有明光、细鳞、金髹、乌锤、山文、光要等十数名目。如《百济传》曰:"武德四年,献果下马,后五年,献明光铠。"《高丽传》曰:"帝渡

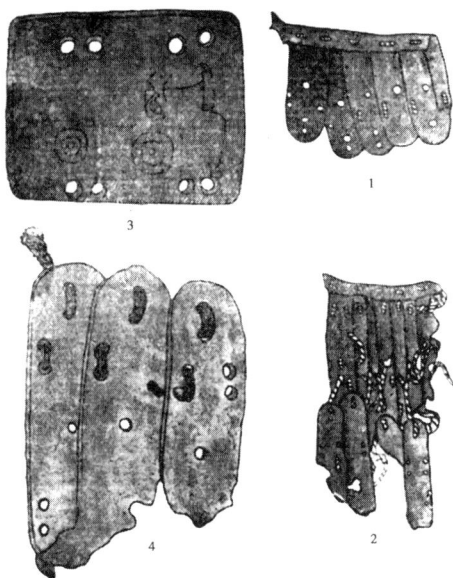

第四十三图　唐宋残甲片

1、2.铁制小札。约十分之三大。朝鲜总督府博物馆藏。新疆三堡出土物。与日本东大寺正仓院传存之铁甲残片比较,似均系唐宋间遗物,用缄丝革麻以连贯各片之残迹犹存。

3、4.皮制小札。约十分之八大。新疆出土,与三堡出土者同系。皮革上黑漆涂朱,描以环文。西本愿寺橘瑞超氏所得。

辽水时,用百济金髹铠,又以玄金为山文铠,士被以从。"《唐六典·武库令》曰:"甲之制十有三:曰明光甲、光要甲、细鳞甲、山文甲、乌锤甲、白布甲、皂绢甲、布背甲、步兵甲、皮甲、木甲、锁子甲、马甲。……元和九年七月甲戌,命淮浙江西荆南,造甲以进。"是除铁甲及饰铜之甲外,尚有皮甲一物也。唐皮甲之用途较少,恐其所制者,已非周秦犀兕坚甲之比,而用普通牛皮矣。但唐人亦尚崇犀革甲铠,唯藏之宫中,奉为古物或珍品,将领不能私有耳。如唐《郭子仪家传》曰:"上赐公犀甲一,又赐其明光甲。"是犀甲须上赐,且较明光甲,尤为贵重也。又《列传》曰:"马晓大理卿有犀铠,惧而瘗之,奴告其藏甲,按之无他。"是以大理卿而惧埋犀铠,恐干禁令,获诛谴也。唐代铠甲之名目虽多,而制造则未必尽属坚韧,善射者一矢可以穿其数甲焉。如《列传》曰:"薛仁贵讨九姓将行,高宗宴内殿曰:古善射,穿七札,卿试五甲射焉。仁贵一发洞贯。"是其一例也。唐铠如周剑,有三制,长短求合体耳。如《列传》曰"马燧节度河东,造铠必长短三制,称士所衣,以便进趋"是也。唐代甲工,以安定等地者为较著名。如《列传》曰:"李德裕节度西川,请甲于安定,弓人河东,弩人浙西蜀,兵器皆犀锐。"系指制兵者言,非谓用兵之军士也。至于唐甲重金,系尚黄色之故,中国帝制尚黄,不始于唐,但自唐弥甚,迄至清季未变。是以唐季尚有黄质甲铠,则兼重其色也。如《唐书·百官志》曰:"胄曹参军事各一人,掌兵械公廨兴缮罚谪,大朝会行从,则受黄质甲铠弓矢于卫尉。"是以帝室近侍官而用黄色甲铠也。唐甲铠之护片,铜铁并用,名为裹鍪,其质甚坚,可使矢镞碰损反卷。如《唐书·李元谅传》曰:"元谅自潼关引兵讨贼,有一矢贯札,中其裹鍪,为裹鍪所刮,铁皆反卷,其坚如此。"唯此类裹鍪,不知有革制者否耳。日人曾搜获唐代残甲片多具[1],均新疆出土者,今零图其中四具之一部分(第四十三图)。两为铁质小札,较小(第一、二两号),两为革质小札,较大较厚。其革经历千余年而不腐朽,虽因新疆气候干燥之故,亦可见其质料之坚好,及制造之精良矣(第三、四两号)。唯新疆在唐代屡遭东西两突厥部族之侵扰,突厥族之铁革甲铠亦极坚良,此数残片,殊难断定确系唐人之物,抑系胡人之物耳。宋时新疆一带,曾为西夏、回鹘及西辽(黑契丹)诸族所占,其北又有日形强大之蒙古族,及吉尔吉思族,如认此数残甲片为宋代之物,更难断定其为何族之器。如属于唐代,则较可能为唐人之甲,因唐人极重甲铠,品质应胜于宋代之器,乃有历千余年而不朽之实质焉。唐代连环锁子甲,制造极精,除上述记录外,尚有志之者。如《唐书·西戎·康国传》曰:"开元初贡锁子铠,水精杯,玛瑙瓶,鸵鸟卵及越诺侏儒,胡旋女子。"《二老堂诗话》:"甲之精细者,谓之'锁子甲'。"是唐代锁子甲中,固有西域所贡之物在焉。唐甲尚有五采之制。如《唐书·礼乐志》曰:"帝将伐高丽,燕洛阳城门,

---

① 见《支那古器图考·兵器篇》。

观屯营教舞。按新征用武之势,名曰'一戎大定'。乐舞者百四十人,被五采甲,持槊而舞。歌者和曰:'八弦同,轨乐象,高丽平,而天下大定。'"此所被甲持槊,系按新征用武之势。是此时戟已沦为仪仗卫阎之器,槊亦变为乐舞之兵矣。唯是唐代乐舞,亦尚有用戟之时,且不用金甲而用银甲,利其素也。如《唐书·礼乐志》曰:"太宗制舞图,命吕才以图教乐工百二十八人,披银甲,执戟而舞,每三变,每变为四阵,象击刺往来。歌声和曰:'秦王破阵乐'。"是虽银甲执戟,别于战士,仍列阵击刺,不落武风也。所谓银甲,不悉是否如唐金甲之铁面涂金而涂银,但似属可能也。如《隋书·礼仪志》曰:"左右宗侍,陪左右前侍之后,夜则卫于寝庭之中,皆服金涂甲,左执豹环,右执貔环长刀。"貔豹皆隋朝环首长刀之以兽首为环首形者,商周尚虎,战国雕龙,五胡喜龙雀,至隋乃降为貔豹焉。唐甲除黄白玄及五采五色以外,尚有紫色甲。如《唐书·仪卫志》曰:"夹毂队厢,各折冲都尉一人,果毅都尉二人,检校冠进德冠,被紫绸连甲,绯绣葵花文袍。"是紫其甲而绯其袍也。唐人甲铠尚色彩,其鲜艳有如此者。甚至夸为二十万人,耀照天地,言其甲之光也。如《唐会要》曰:"先天二年十月,讲武于骊山之下,征兵二十万,戈鋋金甲,耀照天地。"是均涂金之甲也。但甲之表面虽涂金,其质体仍甚重,且有裹甲至数重者。是以唐人用兵,首重甲铠,制度密而器具精。如《唐书·杨行密传》曰:"乾宁二年,行密袭亳州,李简重甲绝水缒而入，执刺史张燧，以刘金守之。"是重甲且有绝水之功用也。唐人尚甲，故言兵必言甲，称兵精必言甲精，甚少舍甲而专言他种兵器精利者。如《唐书·王思礼传》曰："思礼在太原，器甲完精，人不敢犯。"是其一例也。至于唐时胡番回蛮诸族甲铠之精良坚美，唐人亦有记载及之者。如《唐书·南蛮传》曰："望苴蛮者，在兰苍江西，男女勇捷，不鞍而骑，善用矛剑短甲，仄马步铠，鞮鍪皆插猫牛尾，驰突若神。"短甲步铠鞮鍪，前已言之，皆南方铜器时期文化中先民之遗物也。鞮鍪作朱色，与唐人尚金黄之制异，其革犀质，尚存三代遗风，盾为青铜质，则系青铜文化期之遗器。如《唐书·南诏传》曰："择乡兵为四军，罗苴子戴朱鞮鍪，负犀革铜盾，而跣足走险如飞。"是唐以苴蛮充乡兵，而仍任其用所固有之朱鞮鍪犀甲及铜盾也。突厥及契丹族甲铠之精良，不自唐始，前已言及，至于唐时强大之吐蕃，其甲铠之坚良精巧，有与诸族不同之点，而近于印度人之古甲者，亦为唐人所称道，但不知曾否仿制利用之耳。

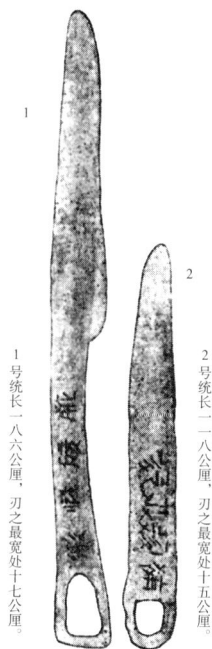

1号统长一八六公厘，刃之最宽处十七公厘。

2号统长一一八公厘，刃之最宽处十五公厘。

第四十四图

西夏文青铜小刀二柄

（北平燕京大学容庚教授藏器）

如《唐书·吐蕃传》曰："吐蕃之铠胄精良,衣之周身,窍两目,劲弓利刃,不能甚伤。"是或细网软甲,抑铜铁套筒形甲,被之周身,仅露两目,而足以抵御劲弓利刃者。若然,又较铁片或革片锁子甲,更为精巧便利坚固矣。

唐代武库,大体似袭汉制而名物不同。如唐《职官志》:"卫尉寺卿掌邦国器械,兵器入京师者,皆籍其名数而藏之;武库令掌藏邦国之兵仗器械,辨其名数;武器署令掌在外戎器,辨其名物,会其出入……"《六典》曰:"武库名数,军鼓三,金四,弓四,弩七,箭四,刀四,枪四,甲十三,鼓排六,旗三十二人,袍五,器用八。……元和九年三月乙亥,赐振武军弓甲,八月丙子,以戎械赐宥州,十年十二月,以军器给徐州。"据此,唐代进军收军,悉以皮鼓及铜锣为号令;弓箭之外,有一射数矢,或连发数矢之大弩从焉;短兵唯刀(但将帅尚有佩剑者);长兵唯枪,矛戟已不列于武库战器之中矣。甲数特多,多于袍数三倍,此为唐人重甲制之明证。旗士尤多,是以唐人记载,常有旌旗耀日之词,以形容其盛。

唐以后无铜兵可言。一则因古兵之制渐废,如戈、戟、殳、矛等长兵,均已废罢,而改用枪及长刀,短兵亦渐改用无环装柄之刀及匕首,剑渐沦为将官饰品及道家法器,铜弩机亦失其用,铜鼓则早即目为蛮夷之器而不用也。二则因铁矿之开采渐多,铁价较廉,冶制铁兵较易,工师易觅,铁器手工业,又到处繁兴,铜器仅因不锈之故,而克保持为容器耳,铜兵自无制之者。三则因国际关系,铜器时代早亡,铁器时代业已兴盛于西北亚洲及欧洲各国之间;边疆强族,如回鹘、突厥、契丹、蒙古、吐蕃诸族,亦既皆改用铁兵,均甚精锐,潮流所趋,汉人岂能独异,故亦视铜兵为古物,而不复用之矣。严格而论,汉初已为铁器时期,唯尚有铜兵残留,至晋唐铜兵,更完全为铁器时期过时之物矣。后世虽偶有青铜利器发现,均非兵器性质,不过利铜之不锈,而偶制为小刃,如西夏两小刀是也(第四十四图)。

第三章　铁兵

（包括钢兵）

第一节　周代铁兵

　　商代有无铁兵，在发掘中尚未见及，不敢臆度。周代至战国之际，确有铁兵出土，已多实物为证。如铁镞、铁矛、铁斧、铁刀、环首铁刀、铁殳、铅刀，均可根据实物图而出之，已毋庸吾人置疑矣（第五十七图版）。就文献言之，如《史记·范雎传》曰："昭王曰：吾闻楚之铁剑利……夫铁剑利则士勇。"《礼书》曰："楚……宛之钜铁，施钻如蜂虿。"《索隐》曰："钻谓矛刃及矢镞也。"《正义》曰："钜，刚铁也。"其文本出《荀子·议兵》篇，原作"宛钜铁鉏,惨如蜂虿"。《说文》曰:钜训大刚,鉏训小矛。《文选》张平子《西京赋》注引《说文》作"小戈"。古戈矛有用铁者,故《吴越春秋·勾践入臣外传》亦载范蠡曰:"臽铁之矛,无分发之便。"臽字通作陷,以刚铁陷入矛刃,即钜铁之鉏也。此属于南方楚越之铁兵者,北方鲁人已先言之。如《韩诗外传》卷九称颜渊曰:"铸库兵以为农器。"库兵二字,《说苑》指武,作剑戟。古北方剑戟与南方同,当亦有用铁者;否则铜锡之库兵,何自铸为以铁耕之农器。近年济南近郊出土有周铁耙,即铁农器遗物之一征(第五十七图版第十号)。《春秋穀梁传》僖公元年称鲁有宝刀曰孟劳。孟劳与《左传》哀公十一年所载属镂一声之转。孟劳之刀与属镂之剑,皆以刃有刚铁而名,皆周代北方之兵也。周之刀剑用铁,矢镞亦用铁。《考工记》曰:"冶氏为杀矢,刃长寸,围寸,铤十之,重三垸。"郑司农曰:"铤,箭足入稿中者也。"又:"矢人为矢,鍭矢殺弗矢参分,一在前,二在后;兵矢田矢五分,二在前,三在后;杀矢七分,三在前,四在后。"郑注据《夏官·司弓·矢职》,改弗为杀,杀为弗,云"参订之而平者,前有铁重也"。引郑司农云:"一在前,谓箭稿中铁茎,居参分杀一以前。"又云:"兵矢田矢……铁差短小也,弗矢……铁又差短小也。"然则八矢古用铁,杀矢之齐,不唯五分其金而锡居二矣。或曰二郑之注,以汉制说经,非古矢制也。则《左传》宣公四年皇浒之战,"楚伯棼射王,汰辀及鼓跗,着于丁宁;又射,汰辀,以贯笠毂"。服虔注曰:"笠毂,车毂上铁。"是即《吴子·图国》篇所谓铁毂,亦即《史记·田单传》所谓铁笼。若非铁矢,能着丁宁之钲,岂能贯入笼毂之铁。又昭公二十六年炊鼻之战,"齐子渊捷从泄声子,射之,中盾瓦,繇胸汰辀,匕入者三寸"。杜预注以匕为矢镞,瓦为盾脊。考盾瓦及《礼·郊特牲》记朱干设锡之锡,郑注谓"锡傅其背如龟"。安邱王氏《说文句读》曰:"今谓锡为鋄瓦。"鋄即铁或字,若非铁矢,岂能中盾脊之铁而匕入三寸。又古人记载,须推阐始明,但至今日则周代铜头铁尾镞,出土者已日见其多,如第四十五图所示之镞,系北平历史博物馆藏器,先后出土于北方各地,均周时战国之镞也。此种镞形体不尽相同,盖制镞者手工各异,各国习尚又相殊也。就其大体言之,镞之茎较长,而茎末另有一尾贯入箭杆之中,以防镞之脱落。此种镞实居多数。铁值较铜值低廉,箭为一去不复返之物,战国末既能用铁制尾,则全部用铁制镞当

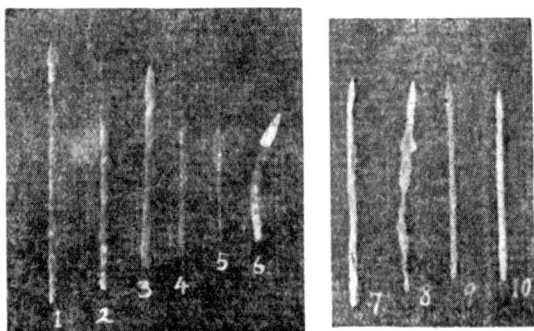

第四十五图　汉代铁杆铜镞

有可能矣。又铁斧今亦有出土,如第五十七图版第八、九、十一三器,均周代铁斧斤,系于一九三六年出土于济南东南向八十里之小南营(古之蠡龙庄),迤北四里大南营之西南角者。同时同地出土者,先有周代铜器多件,排列整齐,戈、剑、矛均有;再掘复见枪形战器两具,认为铜质均有长柄;复掘之更得耙形铁器四件,内一耙形铁器柄极大,柄上凿孔可穿(第五十七图版第十号),另有一茶杯形石器,并埋耙侧。农民茅实安既掘获诸品,见铁器均已锈腐,弃而弗顾,仅携铜器入省求售。山东省立图书馆馆长王献唐氏,闻而往取其铁器,乃见周代青铜戈数事,尚紧粘于铁器之上,确为周代铁器无疑,遂藏诸该馆,与粘连之周铜戈数具并列。吾人乃得于一九三七年七月六日前往摄取其影形而图列于此。记载铁兵之古书,如《墨子·备穴》篇曰:"铁锁,县正当寇穴口,铁锁长三丈,端环,一端钩……"又《备城门》篇曰:"为疾犁(即铁蒺藜),投长二尺五寸……涿(同椓)弋(同杙),弋长七寸,弋间六寸剡其末。"又《备梯》篇曰:"蒺藜投,必遂而立,以车推引之。"(参阅第五十七图版第十四、十五号铁蒺藜)又《备蛾傅》篇曰:"为铁锁,钩其两端之县……镵杙(毕沅本误作找)长五尺,大围半以上。"以铁锁、铁杙、铁蒺藜均铁兵也。至于周代防御武器,亦有铁制者,虽实物阙如,而载籍颇多记录。如《韩非子·南面》篇曰:"人主者明能知治,严必行之,故虽拂于民心,立其治,说在商君之内外,而铁殳重盾而豫戒也。"又其《内储说上·七术》篇曰："夫矢来有乡,则积铁以备一乡;矢来无乡,则为铁室以尽备之。"注云："谓甲之全者,自首至足,无不有铁,故曰铁室。"又《八说》篇曰："揗笄干戚,不适有方铁铦。"注云:"方,盾也。"《吕氏春秋·贵卒》篇曰:"赵氏攻中山,中山之人多力者曰吾丘鸠,衣铁甲操铁杖以战。"《战国策》曰:"当敌则斩坚甲盾鞮鍪铁幕。"注谓:"铁幕以铁为臂胫之衣。"所谓铁殳、重盾、铁室、铁甲、铁幕、铁杖,均战国人士之铁制防御武器也。唯是载籍虽多,实物却少,今就各地所藏实物论之,周代铁兵尚少见。无已,则即汉铁兵之可以证周者,亦并录之。如铁刀,则有环首长刀二具(第五十七图版第一、三两号),环首及秃首短刀二具(第五十七图版第二、四两号,四者均汉刀)。铁戟则有三角形及半十字形(卜字形)二具(第五十七图版第五、六两号,亦均汉戟)。铁矛头则有近于铜矛形式者一具(第五十七图版第七号)。铁斧则有空头平方直边刃而有腰箍者三具,及实首曲边曲刃而有双耳者一具,与周铜斧同形(第五十七图版第八、九、十一等号)。又铁蒺藜二具(第五十七图版第十四、十五两号,汉器)。此外并有周铅刀柄二残段,仅长八点五至十英寸,刃不全(第五十七图版第十二、十三两号)。可为周人已善用铅之一证。三代合金之术,至周而弥精,铅之用至今盖亦两千余年矣!《楚辞》曰:"铅刀进御兮,遥弃太阿。"可见铅刀虽小,其利亦强可一割也。

第二节　秦汉铁兵

秦统治为期甚短,且始皇坑士销兵以防天下再乱,是以秦兵器无甚特彩,铜兵尚偶可见及(详上),铁兵殊罕见也。且秦处西北,古时产铁甚少,远不如华中华南铁产之富,故秦王曾兴铁兵不利之叹。如《史记》曰:秦昭王临朝叹息,范雎请罪。昭王曰:"吾闻楚之铁剑利而倡优拙。夫铁剑利则士勇;倡优拙则思远虑。夫以远思虑而御勇士,吾恐楚之图秦也。"可见秦之铁兵不佳,亦可见自战国以至秦代铁兵之盛行,而铸造之精良也。上列第四十五图及第五十七图版中,容有秦代铁兵。

汉代已至铁兵全盛时代,进为钢兵,有炼至百辟者,则迥非三代以后之铜兵可能抵敌者矣。如《典论》载魏太子曹丕选楚越良工制铁刀、铁剑、铁匕首,精而炼之,至于百辟,或文似灵龟,或采似丹霞,或皎若严霜,或状似龙文,或色比彩虹,或形若龙鳞,均刃上铸有天然花纹之名器也。其中一器,名曰"素质",刀身而剑铗,长四尺三寸,重二斤九两(汉代度量衡也)。济南省立图书馆及南京古物保存所各藏有汉铁剑一具,均系出土于汉墓中者,长短宽窄不同,铁已腐化剥落,确系前汉铁剑,惜均难磨洗认前朝矣(第五十八图版第十四、十五两号)。内地出土之汉代铁刀多遭毁弃,其较为完整而可图供参考者,有安南七庙地方汉墓中掘出之汉铁刀一具，环首而柄刃分界处有铜箍，长一一一公分，其形与周铁刀相似，现藏越南河内博物馆（第五十八图版第十三号）。汉代长兵，已于叙述汉代铜兵时详言之矣。汉代铁镞，日本各地收藏者不少，形式各有不同，其变幻不亚于战国铜镞，亦有完全与上图周秦镞异形者。如第五十八图版之所示者，系出土于中国东北部、朝鲜之汉铁镞也（第五十八图版第一、二、三、四、五、六、七、八、九等号）。北方地气干燥，故两千年后之铁兵，尚有完整可观者；南方潮湿，埋铁朽蚀较甚，且收藏家从前均不注意及此，是以自汉以来之铁兵，出土于南方者无闻焉。日人又藏有汉代鸣镝多具，如第五十八图版第十、十一、十二等号是也，均铁制而饰装兽骨及象牙者，亦有用水牛角为鸣具者，出土于朝鲜者较多。鸣镝不始于汉，胡人多喜用之。后世则呼为响箭，直至清季尚有用之者。汉代弓矢弩机之制甚繁，弓矢之名称颇多，形式各有异同，已于述汉铜兵时言之矣。汉代防御武器，革制、铜制、铁制者均有，至后汉已全用铁制，仅以铜为饰耳。唯上级将官及贵族仍喜用铜，或饰以金银玉石，利其光辉华彩，且以夸耀敌人也。《书》曰："善敹乃甲胄。"注谓："甲，铠胄兜鍪。"《正义》《经典》皆言"甲胄秦世以来，始有铠、兜鍪之文。古之作甲用皮，秦汉以来用铁。铠、鍪二字皆从金，盖用铁为之，而因以作名也"是也。汉代甲铠胄兜鍪盾之名目甚多，式样亦繁，所用质料及装饰与颜色各有不同，已详上方汉铜兵之中。实则汉初已广用铁兵,不独防御武器为然。是以汉代铁兵,必有佳品,惜乏出土实物可供研究耳。

第三节　晋唐铁兵

　　两晋、五胡十六国,以至隋唐之世,其间铁兵早届全盛时期,各器必有可观,亦惜无藏器可资参考。资料缺乏原因,岂真铁兵均朽乎? 实因其器无铭而不齿于金石之列,收藏家鄙弃弗录也。实物既感缺乏,载籍亦复寥寥,仅知晋代铁兵略如后汉,而短兵颇有新制而已。唐人长兵重枪、重长刀;短兵重刀,剑渐沦为贵族及将官饰品,又降为道家镇邪之器。唐人射远器首重弓矢,其制均已略述于上章矣。火器亦有进步,观上章唐铜炮筒可知,惜记载亦甚鲜耳。唐人之将士武装及其防御武器均颇为精美,尤以防御武器为最。唐剑形式实为后来历代铁剑之鼻祖。凡此均已附述于唐代兵器之中,兹不赘论。历代考古家鲜论及铁兵,至清代始有注意及此者,如李光庭及冯云鹏兄弟,是其较著者。李氏在所著《吉金志存》中,图有唐代铁剑一柄,形与上图唐铜剑相似,后世制剑多仿此形。全剑系一炉铸成,剑之两面各刻七言诗二句,亦唐人习惯也(第五十九图版第二号)。冯氏兄弟所著《金石索》,图有后梁招讨使王彦章之铁鞭或铁锏一具,长汉尺六尺二寸强,重清秤十五斤,凡十九节,每节以铜条束之,柄饰木而束以铜,柄端如锤,四面环列"赤心报国"四字,字色绿,似熔铜铸就者(第五十九图版第一号)。兹两器尽因有铭而始获鉴纳,但是否唐器,尚难确证耳。日本在唐代与中国关系甚深,处处模仿中国文化,兵器亦然。是以日本各大寺院及收藏家,常有真实唐代刀剑及仿制各武器可见,惜均未公布,无从图示耳。第四十六图系日人所藏唐画唐人佩剑图也。

关于唐盾之制,可以补充上章之所未及者。如《唐六典·五库令》彭排(盾)项曰:"彭排之制有六:一曰膝排,二曰团排,三曰漆排,四曰木排,五曰联木排,六曰皮排。"似彭排指皮木漆质之盾而言,铜铁之盾未必均称彭排也。按彭排即彭旁也,言在旁排敌御攻也。《释名》卷七之《释兵》曰:"盾,遁也,跪其后避以隐遁也。大而平者曰吴魁,本出于吴,为魁师者所持也。隆者曰须盾,本出于蜀,须所持也;或曰羌盾,言出于羌也。约胁而邹者曰陷虏,言可

第四十六图　日本人所藏唐人佩剑图

见 H.L.Joly 及 H.Inada 同著《刀剑及鲛》(*The Sword and Sané*),一九一三年伦敦版。

以陷破房敌也,今谓之曰露见是也。狭而长者曰步盾,步兵所持与刀相配者也。狭而短者曰子盾,车上所持者也,子小称也。以缝编版谓之木络,以犀皮作之曰犀盾,以木作之曰木盾,皆因所用为名也。彭排,彭旁也,在旁排敌御攻也。"是则彭排或彭旁,系唐盾中之一种也。

第四节　宋代兵器

汉代铁兵盛行,铜兵已浸衰而亡;两晋铁兵亦有新制;六朝兵器,唯铁是用,但创制不甚多;五胡铁兵,则异形者颇多。唐承其后,统一各制,甲兵之盛夸耀一时,但剑制则化为简单一元式,后世遵之不衰。五代继唐制而兵器弗逮,实物亦鲜。宋既统一全国,鉴于外患之烈,甲兵之讲求不亚于唐季;但形式庞杂,凌乱无章,盖亦事势演变使然耳。

宋代铁兵之质料不佳,入墓者早已化为腐铁,保藏者屡经兵乱,亦皆荡然无存,堪供研究之资料赖有《武经总要》一书。此书曾公亮、丁度等撰,前后两集,都百十卷,均以图为主,说次之。虽比例不佳,绘法欠精,然亦可一目了然,恍然如见宋代及宋代以前五胡六朝隋唐五代传袭沿用而来之各种长短兵器、射远器以及防御武器焉。此书于明弘治年曾有再刊木版,清代制《四库全书》时,乃令焚毁,目为禁书,但亦未能尽销其藏本。今之研究宋兵者,仍克依之而有所根据。此外,先代载籍亦偶有述及宋兵者,不无可采,仍依前例分四类研究之。

壹　宋代长兵

宋代长兵沿袭隋唐遗制,以枪为主,长杆大刀次之,并有钩竿、叉竿等杂形长兵,显带胡人色彩(第六十四图版第六、八、九等号);各式长枪中,更杂有外族形制(第六十图版第二号、第六十一图版第三、四、五、七等号)。长刀则大都承袭三国两晋及隋唐之制。《武经总要》所图宋代长兵,都数十器,其中固有宋人创制者,但大多数均由旧兵仿制而来,与宋代前后之兵器极有关系,故为图示于后(第六十、六十一、六十二等图版),借以推知六朝以迄隋唐兵器之形制,且可见后代刀枪等制之所从出焉。宋代尚有银棨之制,想袭汉代棨、戟之成规,但非兵器耳。如《宋·礼志》曰:"皇太子夜开诸门,墨令银字棨传令信。"系以银戟传令信也。

贰　宋代短兵

宋代短兵之形制极为庞杂,但其最重要之两器,即刀与剑,则反为简单。刀只一色,极形笨重(第六十三图版第一号);剑只二色,悉依唐制,形式亦欠灵活(第六十三图版第七、八两号)。可见宋人之用短兵,微特不重剑,抑且不甚重刀,想因模仿外族短兵过甚之故,是以杂式短兵极多。如蒺藜、蒜头,原系羌戎兵器,汉时以之敌汉军(第六十三图版第二、三两号)。铁鞭多节,系袭晋代遗制(同图版第四号)。连珠三节鞭,亦系胡人器形(同图版第五号)。土耳其古兵博物馆中亦藏有此类兵器。铁简唐代已广用之(同图版第六号)。方体斧及凤头斧,系晋唐遗制(第六十四图版第一、五两号)。剜子斧则形式特别,不类汉人自制之器(同图版第七号)。此外,宋代短兵有铁棒一种,繁于前代,其形式有用钩用齿之分,及一节二节之别,杂有各边族兵器形制;其名目则有铁链夹棒、杆棒、柯藜棒、白棒、钩棒、杵棒、抓子棒、狼牙棒等(均见第六十五图版)。宋军用器并不统一,以至短兵杂乱如此,虽良将亦不能免。如诸史所载岳飞军中,即杂兵并用,岳飞之子岳云,即用双蒜头以敌金人者。兵器杂而劣,此其实例也。《武经总要》详言鞘饰,度宋人亦必如先代之修饰兵鞘,或者金、玉、银、铜与玳瑁、宝石并用,亦有华美精丽可观者,惜鲜实物为证耳。如《宋会要》曰:"御刀,晋宋以来皆有之,其制黑鞘,金花银饰靶,紫丝绦觚鐍。"此系言鞘以金银为饰者也。

叁　宋代射远器

北宋时代,中国制造火药已有成法,所制火炮已能应敌有效。南宋时火枪、火炮并用,如突火枪、霹雳炮、炮车等火器,均南宋军中物,而名见于史书者也。至于火箭,则宋人与金人均用之,战时曾屡奏奇效。其外形略如常箭,仅镞作荷苞式耳(第六十六图版第六号)。如宋高宗庚戌四年四月(金天会八年),韩世忠以大海舟遮击金将兀术于江中。兀术于无风时用小舟出江,海舟无风不能动;兀术令善射者乘轻舟,以火箭射之,烟焰蔽天,世忠军大败,兀术遂渡江。是金人以火箭胜宋也。又如宋高宗辛巳三十一年十月(金正隆六年),宋将李宝,在胶州海口陈家岛用火箭射金人舟,烟焰大发,延烧数百艘,斩金将完颜郑嘉努等六人,降其众三千余人。是宋人以火箭胜金也。关于宋人用火炮击败蒙古军一事,史亦有所记载。如宋理宗丙申三年十一月,蒙古将察罕攻真州,知州事邱岜,凭城为三伏,设炮石待之于西城,敌至炮发,杀其骁将,蒙古军虽以十倍之众,均舍城退走。又理宗戊戌二年九月,蒙古军围庐州,于壕外筑土城六十里,穿两壕,攻具齐备,筑坝高于城楼,杜杲于串楼内立雁翅七层,发炮倒坝,再发倾土城,蒙古军败走,引师北归。是役蒙古察罕帅兵号八十万,期破庐后造舟巢湖,以窥江左,乃竟为火炮所扼而不得逞。兹二事乃宋人用火炮败蒙古军之较著事实也。惜乎宋代火炮可闻而不可见,殊鲜实物可图耳。至于宋代弓弩之制,极事讲求,非但不逊于前代,且有数人同发之大弩,如床子弩等器,为先代之所未有者。宋弓之名目亦多,图示麻背弓及黄桦弓二种,及箭七种,是其较著者也(第六十六图版第一至九号)。宋人所用弓袋、弓靫及箭靫、箭囊,形式异于唐器,而制造颇精美(第六十六图版第十、十一、十二、十三等号）。宋劲弩有黑漆、雌黄、白桦、跳镫、木弩等名目，弩箭有三停、木羽、点钢、风羽、朴头等分别，镞形互异（第六十七图版第一至十号）。宋代大弩床弩，尤为宋军中精锐之射远器，一发可中数十人，可射及数百步，攻守均曾迭著其勋。图示双弓床弩及三弓床弩各一具，及其箭及附件，系宋军中最常用而最有威力之器也（第六十八图版第一至八号）。汉代虽已有弩机，诸葛武侯虽曾以一发十矢之弩机制造法传授姜维用以胜魏，但均不若宋床弩射远力之大而发矢之众耳。但《武经总要》所图宋代弓弩及箭制，似不甚详尽，宋人王应麟所著宋《兵制》（见《玉海》卷一百五十）记载宋弓箭及弩颇多，以资补助。其所记者，有太平兴国连弩、至道一石六斗弓、咸平木羽弩箭、火箭、景德漆弩、连弩、康定铧弓、皇祐御弓、皇祐车战卫阵无敌流星弩、熙宁神臂弓、元丰乌弰弓、床子弓、插弰弓、徽宗制胜强远弓、绍兴克敌弓、破胡弓、隆兴木羽弩箭、乾道木鹤弩、淳熙神劲弓、乾道铁帘、淳熙铁帘等器。具见宋代讲求射远不亚于唐代。如所记宋主亲理射事之事曰：

太平兴国四年九月己亥，帝幸新城西南隅观射，新募铁林卒，习射强弩。至道元年三月己巳，上御崇政殿，召殿前指挥使御龙宫数百辈，射于殿前。卫士能挽力及一石六斗之弓，皆引满平射，矢二十发，绰有余力。太平兴国二年九月乙未,帝幸造弓箭院。咸平二年十二月戊午,帝次澶州幸甲仗库,壬戌赐辅臣甲胄弓剑。六年,造木羽弩箭,以木为竿为翎,长尺余,所激甚远,入铠甲则干去而镞留,牢不可拔,番戎畏之。五年九月戊午,上幸崇政殿试火球火箭。开宝二年三月上巳,试火箭。天禧三年五月,改制木弩风雨箭。景德元年六月,给步军虎翼兵随身黑漆寸扎弩,常令调习。十一月甲戌,上幸澶州,观以连弩射杀鞑靼戎人。康定元年,上于殿前试二石七斗弓,其箭镞如铧,故名铧弓,一箭可贯二人。庆历四年,赐鄜延总管风羽子弩箭三十万。二年,杨偕请教骑兵止射九斗至七斗三等弓,画的为五晕,去的二十步,引满即发,中者视晕数给钱为赏。五年,范仲淹请以带甲射一石充骑兵,余至九斗至一斗,第为三等,力及等,即升之,诏着为法。皇祐元年三月丁酉,知忻州郭谘献独辕冲阵无敌流星弩。四月,知澧州宋守信献冲阵无敌流星弩、拒马牌、火镰、石火钢三刃、山字铁甲、添枪、野战拒马刀、弩塞脚车、冲阵剑轮无敌车、大风翎弩箭凡八种;甲子,上御崇政殿阅之。熙宁元年十二月庚申,大内副都知张若水,进所造神臂弓。初民李宏献此弓,其实弩也,以檿为身,檀为弰,铁镫枪头,铜为马面牙,发麻解索,札丝为弦,弩身通常三尺二寸,两弭各长九寸二分,两闪各长一尺一寸七分,弰长四寸,通长四尺五寸八分,弦长二尺五寸;箭木羽长数寸。时于玉津园校验,射二百四十余步,穿榆木没半竿。上御延和殿临阅,置铁甲七十步,若水引弓射之连中。七年九月军器监与三衙、定造狼牙箭、鸭嘴箭,请依式制之。十一月,军器监再造神臂弓,蝎尾牙发,及筝柱弩、牙发等事。元丰六年八月,以神臂弓千、箭十万,给环庆。元符二年二月,王岘请增造,岁约增一千七十五张。熙宁六年六月二十七日己亥,初置军器监,以三司胄案为监,命吕惠卿曾孝宽判之,制度皆着为式,凡一百十卷,杂材一,军器七十四件,物二十一,杂物四,添修及制造弓弩式十卷。七月甲寅,置内弓箭南库,储御前所制。七年正月庚戌,惠卿等上裁定中外所献枪样,又上编成弓式。初京师及诸路戎器杂恶,河朔尤甚,至是所制兵械皆精利。其后诏以新造军器付诸路为式,遣官分谕之。元丰四年七月,泾原经略言,按《武经总要》,有三弓八牛床子弩,射及二百余步,用一枪三剑箭,最为利器,攻守皆可用。戎监言弩重千余斤难致,乃图其样颁之。旧止有大小合蝉床子弩。六年八月,参定城池守具制度,十二月,命编修军器什物法制。元丰六年九月,上以金线乌弰神背弓二赐刘昌祚。同年七月,工部郎中范子奇奏言,军器监创床子大弓二,强于神臂弓及独辕弩,较之九牛弩尤轻便,用人少,射远而深,可御敌。诏比试以闻(旧床子弩射止七百步,魏丕增造至千步)。又二年四月,尹抃为上造插弰弓。熙宁八年十二月,命湖南、北制木弓弩七千,给广右。七年五月,诏造入阵弓箭,依上、中、下军分三等:上等弓四尺八寸五分,箭二尺八寸五分;中下弓第减一寸五分,弓箭第减一寸。和诜,徽宗时知雄州上制胜强远弓式,施行之,弓能破坚于三百步外,边人号为凤凰弓。绍兴三年十月,上谓辅臣曰:造弓必用良材,今御前所造弓,其值八千,可以为式,宣令军器所及张俊军中分造。十一年六月乙亥,诏有司造克敌弓,弓乃韩世忠五月所献。上谓辅臣曰:世忠宣抚淮东,日与虏战,常以此弓胜金贼,朕取观之,诚工巧,然犹未尽善,朕筹累日,乃少更之,遂增二石之力,而减数斤之重,能洞重甲。然杨存中以克敌弓虽劲,而士病蹶张之难,乃增损旧制,造马黄弩,制度精密,彼一矢未竟,而此三发矣。二十六年闰十月,诏克敌弓射远彻札,非弩可比,降样令建康都统王权军制造,以习射克敌。弓斗力雄劲,可洞犀象,贯七札。十一月五日,内军器库降克敌弓一千,箭十万,付权军。按韩世忠之制兵器,凡令跳涧以习骑,洞贯以习射,狻猊之鍪,连锁之甲,斧之有掠阵,弓之有克敌,皆世忠之遗法,强过汉之大黄,良逾鲁之仆姑。又宋《刘锜传》亦载绍兴十年五月,虏兵逼顺昌城,以破胡弓射之,翼以神臂弓强弩射之,虏稍稍引去。十五年三月甲子,上曰:顷在京师,见内库所藏弓箭皆太宗真宗所制,经历百年,记识如新。盖造作精善也。隆兴元年六月，御宝封木羽弩箭百四只，下枢密院江浙荆闽诸路制百万。乾道九年闰正月，衢州张子颜造木鹤弩两千，箭十万。绍兴十年六月，上曰：昨造大镞箭，用以破敌，始服其精；又造锐首小枪，刘锜顺昌破敌用之。先绍兴五年五月，军器所已造神劲弓六千，箭百万。淳熙中曾令浙西各地依样造神劲弓及箭，随斗力高下制造，付军士踏掇。乾道中乃创木羽弩箭，不用羽。铁帘出于古射侯之法，乾道七年、九年及圣政淳熙十三年二月，上均亲闻射铁帘合格官兵人数（按射铁帘所以习射穿连环锁子甲，及网子铁甲也）。凡弓有缘者谓之弭，以金弭谓之铣，以蜃者谓之珧，以玉者谓之珪。弓末曰箫，箫梢也。又谓之弭，中央曰拊，箫拊之间曰渊。弴画弓也，弰角弓、弧木弓、彍弓、曲彊便利，彍急张，弸强貌，弙满，有所向也。弩柄曰臂，钩弦者曰牙，牙外曰郭，下曰悬刀，合名之曰机。矢谓之箭，又谓之镝，关西曰箭，江淮谓之镞。

读此记载，于宋代弓矢弩箭之制，可得大略。宋时外患极深，故其历代君主，均殷殷勤求射远器之改良，并不亚于唐代。惜胡骑凭陵，人才零落，各种兵器既杂沓不精，难于胜敌；弓弩亦弗如辽金及蒙古之器；重以人心涣散，积弱日深，内有奸佞，外少良将，终难免南渡亡国之惨，人事之咎，抑亦兵器制造不精之故乎?

宋代弓、箭(弓靫、弓袋、弓箭葫芦、箭靫附)、弩、矢及双弓床子弩机、三弓床子弩机,均已图示并注解于第六十六、第六十七及第六十八三图版中,兹不赘述。

肆　宋代防御武器

防御武器,本应分为卫体武器及守城武器两种;但因自三代以迄唐晋,守城武器不可得而见,载籍之记述亦鲜,故上章叙述遂限于卫体一端,难及其他。至宋人所遗《武经总要》及他种著述,则并守城武器图而出之,且其器多非宋人自创,有远来自周代及秦代者(如铁蒺藜及兵车等器);有系汉代盛用之器,其形式尚守古制者(如鹿角木等器);亦有晋唐所制者(如挡蹄及木女头等器)。至于卫体武器诸图,亦多汉唐遗制,阅之非特可知宋制,且可得周、秦、汉、晋、隋、唐以来守城武器及卫体武器之一般。兹分述之。

子　宋代卫体武器

宋代卫体武器与弓弩同重,常由皇室军器库制造,颁赐诸将,私造者与私造弓弩等兵器一体论罪。据宋书《玉海》所载:"祥符中,上与马知节议边防,命制钢铁锁子甲赐之。康定元年,诏诸军各与铠甲十,马甲五。皇祐元年四月,御崇政殿阅宋守信所献黑漆顺水山字铁甲。至道二年二月戊戌,诏以前所造明光细网甲无里,宜以绸裹之,俾擐者不磨伤肌体。建炎三年六月,江东漕臣褚宗谔奏造明举甲三千;十月,辅臣奏明举甲每副工费凡八十缗有奇。上曰:朕召张浚、辛企宗示之曰,分毫以上,皆民力也;若弃一叶之甲,是弃生民方寸之肤(按是乃以钢铁叶片联成之甲,非网子甲也)。四年十二月,以御前新样斧一,付军器所制之。绍兴元年九月,造甲五千。七年五月,以御前所造鞍,宣示张浚。三年三月甲戌,赐韩世忠军士甲千副。六年十月,上以端石砚、笔、墨、刀、剑及犀甲,赐张浚(按宋时犀甲早成名贵古器,偶赐功臣,有若唐代,非军中普通用之甲也)。先是宋太祖初即位时,极重视兵器甲铠之制造。初以魏丕为作坊副使,八年乃迁正使,魏丕修创戎器,无不精劲。开宝九年三月乙巳,领代州刺史,仍典其职。所造兵器,十日一进呈,课之,谓之旬课,上亲阅之,列五库以贮焉。九月,分作坊为南北,岁造甲铠具装,枪、剑、刀、锯器械及床子弩等,凡三万两千。旧床子弩射止七百步,后增至千步。是岁又置弓弩院(旧在太平坊,后徙宣化坊)。岁造弓、弩、箭、镞等凡千六百五十余万。又有南北造箭二库,在兴国坊,上常幸焉。于咸平六年合为造箭院,隶弓弩院。天禧四年四月,诏南作坊之西偏为弓弩造箭院。诸州有作院,岁造弓、弩、箭、剑、甲、胄、箭镞等凡六百二十余万。又别造诸兵幕、甲、袋、钲、鼓、锅、锹、鑺、斧等,谓之什器。凡诸器械,列五库以贮之,戎具精劲,近古未有。景德四年十月,以岁造之器,可支三十年,还秦翰阅武库所聚,权罢缮治。旧制军器领于三司胄案。天圣四年十一月乙丑,以武库山积,诏减诸州岁造兵器之半。熙宁六年六月二十七日,始置监。七月甲寅,置内弓箭内库,又有军器所。元丰八年十月己卯,罢制军器。……广西吴彦方制利器械四,以式来上,则至和三年之三月。戎监定中外所献枪刀及弓式,以新造兵器付诸路作院为式,遣官分谕,则熙宁七年之正月十三日。编修九军兵杖,以河东经略同提举,则元丰元年十一月十五日也。命编修军器法制所,以什物精致者修为法式。尹抃造插弰弓,及阎守懃所定鏊则详密不复用旧法,五年八月二十四日也。渭州置平戎器甲库,政和五年十二月也。辍禁宇以缮武库,洒宸翰而制库名,七年二月也。请置军器提举官四员,而诏属之诸路提刑,建炎三年三月三日也。以御甲一副、头牟等共五件,命军器所依式制之,乾道六年闰五月二日也。建炎三年八月一日,诏诸州岁课上供军器,并输于内军器四库。绍兴五年三月戊午,军器所始隶工部,后复以中人典领。三十年七月庚子,诏工部,依条检察。……元丰二年,内侍押班王中正,受诏阅在京马步兵,中正悉以制弓弩兵器及马步射击刺施用法上之,既试咸可用。遂图其象,步射执弓、发矢、连手、举足、移步,及马射、马上使蕃枪,马上野战格斗、步用标排,皆有法,凡数千言;九月壬辰,请颁于诸军,使诵习之。天圣六年九月乙巳,遣使修诸路兵械,诏器甲人不缮治,遣使视阅。郭谘以所作刻漏圆盾、独辕弩、生皮甲、束上,帝颇嘉其简要。庆历五年十一月甲午,诏诸路进甲仗。嘉祐四年七月庚申,诏京师所制军器,多不犀利,其选朝臣武臣各一员拣试之(按宋太祖以后之兵器日渐杂沓不精,愈降愈劣,形式既混乱陋野,质料亦粗糙脆弱。至嘉祐时宋主始察知其兵器不犀利,实则群臣之掩饰已久,选员试之何益哉)。天圣四年,诏作坊造锥枪。景祐四年,造拴子枪弧枪。康定元年四月,诏江南淮南造纸甲三万给陕西(按纸甲唐时已有,见上)。皇祐五年,荆南钤辖王遂上临阵枪。庆历时有作龙虎八阵图者,其盾名为神盾。"(《宋史·李韬传》亦载韬之兵士,均用黄纸甲。为火光所照,色俱白,殊易辨。此言其纸甲着黄色之不佳也。)依上所述,宋代卫体武器,有祥符钢铁锁子甲、黑漆顺水山字铁甲、绸里明光细网甲,建炎明举甲、绍兴御赐犀甲、开宝造之甲铠、甲胄、乾道造之甲及头牟,庆历神盾,元丰造之步用标排,天圣六年之刻漏圆盾及生皮甲,庆历五年诸路进上之甲仗,康定元年之纸甲三万及黄纸甲等名目种类。始以钢铁锁子甲,降而为纸甲三万之多。可见宋之卫体武器与其长短兵器同,愈降而愈劣矣。其他载籍亦有偶及宋代甲胄,而可补《武经总要》及《玉海》之缺者。如《宋史·赵赞传》曰:"世宗移兵趣濠,以牛革蒙大盾攻城,赞亲督役,矢集于胄。"此之所谓大盾,恐系木质,否则无蒙牛革之必要,且矢亦不能猬集于铁盾也。是宋盾蒙皮仍不如蜀人皮铠之一证也。宋室亦颇重视古代铠甲,如《宋书·崔道固传》曰:"道固为北齐海二郡太守。民焦恭破古冢,得玉铠,道固捡得献之。"
是周代战国之铠也。又《宋书·王彦德传》曰:"除江州刺史,赐
以诸葛亮筒袖铠。"是后汉之铠也。[①] 战铠多无筒袖者,因不便
挥使兵器也,故古人均用钢铁网袖或半圆钢铁长片为覆腕,仅卫
腕之外面而已。宋人马铠谓之具装,如《宋史·仪卫志》曰"甲,
人铠也;具装,马铠也;宋有南北作坊,岁造甲铠具装"是也。宋
将之胄,亦有效法三代之胄,作兽形者。如《宋史·韩世忠传》谓
世忠"器仗规画,精绝过人,今克敌弓,连锁甲,狻猊鍪及跳涧以
习骑,洞贯以习射,皆其遗法也"。狻猊鍪即殷代虎胄之遗意也。
宋代甲盾,有名安山铁甲与金牌者,则源出金人之器也。如《金
史·仆散忠义传》曰"拜忠义平章政事,兼右副元帅,封荣国公,
赐以御府貂裘、宾铁、吐鹘、弓矢、大刀、具装、对马及安山铁甲、
金牌"是也。宋甲多由上赐,不准私制;甲则有轻重之分,犹如周
剑之有上、中、下三士之制,以人体长短及力之强弱与年之长幼
为准。如《宋史·马知节传》曰"知节自陈年齿未衰,如边方有
警,愿预其行,但得副都统署名及良马数匹、轻甲一联足矣。上
因命制轻钢铁锁子甲赐之"是也。晚宋则偏重轻甲,兜鍪亦减
轻,马甲改皮,车牌改木,均求其轻便,而质亦较劣矣。如《宋
史·毕再遇传》曰"扬州有北军两千五百人,再遇请分隶建康镇

---

① 此处作者误引《宋书》以证明"宋室亦颇重视古代铠甲"。应删去——编者
注。

江军,每队不过数人,使不得为变。更造轻甲,长不过膝,披不过肘,兜鍪亦杀重为轻,马甲易以皮,车牌易以木,而设转轴,其下使一人之力,可推可擎,务便捷不使重迟"是也。唐人甲胄铠盾,争尚色彩,各色均有;宋人则不着色,有之则边疆各族之器也。如《宋史·曹利用传》曰:"利用至岭外,遇贼武仙县,贼持健标,蒙采盾、衣甲坚利,锋镝不能入。利用使士持巨斧长刀破盾。"此采盾想系木质而非铁质,否则刀斧亦不能破之。宋人之盾不大,故马上能用,步行持刀亦能执盾突前挺战。如《宋书·宗越传》曰:"家贫无以市马,当刀盾步出,单身挺战,众莫能当。"又《宋书·长沙景王道怜传》曰:"子义融有质干,善于用短盾"是也。①宋代对卫体武器未尝不事讲求,但亦呈杂沓薄弱之象,与兵器同,微特远逊周秦之器,亦且不如汉唐所制者矣。吾人根据《武经总要》而图示于此者,有铁胄及兜鍪五具,钢铁甲、掩膊或披膊四具,钢铁片身甲三具,虎首钢铁片胸甲一具。步兵旁牌及骑兵旁牌各一具(第七十、七十一、七十三、七十四等图版)。又日人藏有镶嵌金银挖花作双龙向日形之铁胄、凸体云纹铁胄及小帽形或半瓜形军士简单铁胄,疑为宋代之器,亦采其影片于此,以补图形之不逮(第六十九图版)。宋代马甲,有面帘、半面帘、鸡项、身甲及搭后五种,除面帘及半面帘外,均以钢铁片装制,亦图

---

① 此处作者误引《宋书》以证明"宋人之盾不大,故马上能用,步行持刀亦能持盾突前挺战",应删去——编者注。

其形式于此(第七十三图版)。宋代骑步甲及马甲之形式及造法,大都承袭汉唐遗制,汉唐实物既不可得而见,阅此亦不无小补耳。

丑　宋代守城武器

宋人城防及营防武器亦大都承袭古制而来,自创者居少数。如铁菱角,即周秦铁蒺藜之遗制;刀车及枪车亦师周汉遗器。鹿角木则汉人曾广用之,三国时魏军尤不时大规模用以护城。拒马木枪亦唐制。研究宋器可同时远溯周秦汉唐诸代之器,是以吾人不吝图而出之,一目了然,胜于言辞解释多矣(见第七十四及七十五两图版)。

总之,宋代兵器,长兵、刀剑、各种短兵以及弓弩铠胄防御武器,除胡式杂形者外,自创者居极少数,大多数均脱胎于汉唐遗制,虽不如古器之犀利精锐,犹可窥见宋代以前各种武器之大体形制;且后来明清诸代之兵器亦多脱胎于宋器者,此其图形之所以为贵也。

第五节　元代兵器(辽、金、西夏附)

元代以前,本有辽、金、西夏之兵器可述,但实物阙如,记载甚鲜,颇难如汉族兵器,为有系统之研究。就大体论之,辽、金、蒙古之兵皆为长于骑射者,而其长短兵器,极为犀利精锐,甲胄亦极坚良。如史载宋高宗十年（金天眷三年）五月，金将兀术与刘锜战于顺昌，兀术披白袍，乘甲马，三千牙兵皆重铠甲，号"铁浮图"。戴铁兜牟，周匝缀长檐，三人为伍，贯以韦索，每进一步，即用拒马拥之；又有铁骑军，号"拐子马"，女真为其号长，所向无前，是也。契丹旧俗，其富以马，其强以兵以械。诸部族平时田牧，各有分地，有事则举部皆兵。而每一君主即位，又必分州县、析部族，以置"宫卫军"。诸亲王大臣，亦自置私甲，以从王事，是为"大首领部族军"。其"五京乡丁"则以土著之民为之，仅以保卫地方，不恃以作战。尚有"属国军"，有事征之，助兵多少，则各从其便，无定额。各种兵器，以宫卫军所用者为最精最佳，大首领部族军之兵械次之，乡丁之器，则较为杂沓粗笨矣。

契丹兵制，凡男子年十五以上、五十以下，皆隶兵籍。征兵则用金鱼符调发军马，又用银牌二百捉马及传命。正军每名备马三匹，备铁甲九事、弓四、箭四百、长短枪、镐锹、斧钺、锤、锥、小旗、火刀石等器。其远探拦子马，皆全副衣甲，人马均然。拦子马有时多至万骑。即暮环绕御帐，自近及远，析木梢屈为弓子铺，不设枪营堑棚之备。每战四面列骑为队，队各五七百人，十队为一道，十道当一面，各有主帅，一队先进，胜则诸队齐进，败则第二队继进，更迭攻敌，其后金兵较强，契丹称辽以后，未历多年，即为金人所灭。金人之兵亦不多，器械则甚精锐，弓箭、甲胄早皆著名。金制，诸部长平时称"勃堇"，战时称"猛安""谋克"。

猛安,千夫长;谋克,百夫长也。其后用兵,于猛安之上置军帅,军帅之上置万户,万户之上置都统。后改都统为元帅府,置元帅及左右副元帅,而元帅常居守不出。最后行兵曰元帅府,平时称枢密院,而罢万户官,一切兵器制造监试颁发,元帅府实际揽其大权焉。女真部落本极寡弱,其初起兵内侵时,兵数乃不满万,但其将勇而志一,兵精而器利,适与宋室情形相反,故能战胜攻取,所向无敌。迨至占据中原以后,自顾军力太薄,乃杂用汉兵及契丹兵,嗣且组织汉军为佐,兵器之精锐者,仍由金军专有,但不旋踵即为蒙古人所败而瓦解矣。西夏之兵制不同,其兵器似有一部分源出于汉(如上章所拓之西夏环首小铜刀二柄)。一部分或受有匈奴、突厥及蒙古人之影响,惜均缺乏实物可凭。其行军似不如蒙古诸族之勇悍神速,故其勃盛时期亦不久。

蒙古族全盛之情形则与上三族相反。蒙古称尊之大帝(西文称为大蒙古人,The Great Mongol),其势力几于统治全亚洲,且西及欧洲之一部分;兵力之雄、器械之精,近于举世无匹,此将近百年时期,历史上号称元代。

元代兵器,似须分为两种论之。一种为宋代所遗之各种兵器。宋代虽亡,元兵入华者不多,内地治安仍用汉人军队维持,此种军兵所用之兵器,仍为内地兵器,元人明知其不佳而弗顾也。上节业已逐类详示此种兵器之形制矣。一为元人自制自用之兵器,即蒙古兵器,其种类颇多,制造极为精美,尤其是蒙古大帝占领印度西北德里城,建都其地之后招募各国良工所制之兵器,更为犀利华美。此种蒙古兵器,当清代全盛时,蒙古王公有以其先世物十余器进贡清廷,今特为之影印量度而公之于世(第七十七图版)。

据史书所记,元代兵制似极为复杂。其出于本部族者,称为"蒙古军",凡男子年十五岁以上,七十岁以下皆从军。且童年即编籍,谓之"渐丁军"。其出于所属诸部族者,称为"探马赤军"。统治内地后,征民为兵,谓之"汉军"。其统兵之官,辄以兵数之多寡为爵秩之尊卑,如万户、千户、百户,皆世袭制也。蒙古人既平定各地,其兵皆有一定之籍隶。譬如河洛、山东,以蒙古军及探马赤军分戍之,江南戍兵,则蒙古军较少。至于兵籍如何分配,则唯元代枢密院中长官一二人知之,故有国百年,汉人从无知其兵数者。且元人严禁关于军事及兵器之研究及论述记载,故终元之世,未见有涉及兵器之著作焉。虽然蒙古人之兵器世人亦多有知之者,故仍得依上例分类研究之。

壹 元代长兵

蒙古军以骑兵为主,步兵次之。骑、步兵皆极精射术,均以弓箭为唯一之利器。除弓箭外,尚用剑与镰刀及斧与锤为杀敌之利器,似不喜用长兵,此为蒙古军与同时各军不同之要点。但蒙古军亦非无长兵者,其骑兵善用之标枪,有时枪体甚长,直亦可谓之长兵矣。据十六世纪葡萄牙探险家巴尔波沙(Barbosa)之记载:"蒙古王之兵士乘马者较多,其马与鞍均小,而骑士能使其身与马联合,运转如一体。蒙古骑士咸执一体轻而甚长之标枪,以为冲锋陷阵之长兵,其标枪之铁刃头常系四角形,极为尖锐牢固,此为蒙古主兵"云云。又据印度 Ain-I-Akbare 未经刊印之古书稿中所抄出之蒙古王阿克巴尔(Akbar)时代之着色蒙古兵器图①,蒙古军所用之标枪有三种:其一名"欺胡大"(Tschehonta),其体甚长,向前之刃作三角形,杆尾之刃作花瓣形,两头均可刺敌,亦可掷出杀敌(第七十六图版第十二号)。其二名"巴尔恰"(Barchah),体亦长,向前之刃近于斜方形不知是否即巴尔波沙氏之所谓四角形,杆尾之刃作圆头钉形,两头可刺,亦可掷杀敌人(第七十六图版第十四号)。其三名"三尾掷枪",向前之刃作圆头钉形。杆尾有三尖刃,不在尾端,而装置于尾之旁边,略含箭羽之意义。此种标枪之体较短,虽亦可在马上刺敌,但其作用纯为抛掷杀敌之远刺器,故称为"三尾掷枪"(第七十六图版第十三号)。其他蒙古长兵,或者随时随地尚有异制,但均非蒙古军之主要兵器也。

----

① 见英国达敦爵士(Egerton of Tatton):《印度及东方兵器》,一八九六年伦敦版,第二二页。

贰　元代短兵

元代蒙古军之短兵,尚剑与斧,锤与短式标枪次之,刀又次之。其剑、斧、锤、枪之形制,均与汉器不同,唯实物罕见。其侵略印度时,曾遭遇剧烈之战争,是以印度至今尚藏有蒙军所遗之兵器。据印度史及英国东方兵器学专家达敦爵士之记载,斯时蒙古军之兵器精美而丽都,兹节述其大致如下:

印度王拉西乌德丁(Nasir-ud-din)朝代,通称为戈利安朝代(Ghorian Dynasty)时,蒙古早已强大,业已屡次进兵侵略印度,斯时蒙古王乌鲁汗(Ulugh Khan)之军队,已占领印度东北边陲,印王乃于西历一二五九年以优礼隆重接待蒙王大帝成吉思汗之孙呼拉古王(Hulagu)所派来之大使,并陈兵二十万,炮车三千辆,战象两千头,又耀示其金制甲鞍、金与宝石装饰之刀剑,以威慑蒙古人。孰知蒙古人并不畏惧,侵略愈急。至一三九七年,蒙王铁木耳亲征印度,攻至德里城,一面挖筑壕沟,一面驱军与印度回王马木德苏丹(Sultan Mahmud)大战。斯时铁木耳所领之蒙军仅万人,马木德王则有步兵四万人,骑兵一万人,战象一百二十五头,均披战甲,载战台,台中均藏布可掷远杀敌之火药制手榴弹(印度名为 Radandaz)及骇敌惊马之火药制花炮爆竹,投掷之武士,密布于台中。乃铁木耳不顾一切,挥其右翼战士,发箭如雨。其左翼则挺刃前进,直取回王;战未久而印度军大败,德里城失,元铁木耳军追至恒河,即在德里城进印度皇帝之尊号。据斯时意大利探险家威尼斯城人马哥波罗①氏(一二五二至一三二二三年)之记载,当时缅甸王曾进兵印度与蒙古皇帝忽必烈大战,缅王有大象两千头,均负有精关坚固之战台,可容战士十二人至十六人,又有骑、步兵约六万余人。蒙古骑兵虽精悍异常,但为数不多,一见大象,马即惊溃,蒙军乃立即下骑,将马匹拴于树林之内,人亦潜伏其中。迫至象队大至,距离渐近,蒙军乃奋其强弓,一齐发矢,箭出如雨,象死或伤,其余存者均掉尾反奔,蒙军乃复一齐上马,向敌冲出,斧剑齐下,杀声振野,缅军虽猛烈抵御,终大败而回。斯时铁木耳等蒙王之军队,除极少数有火枪外,多数均带弓箭及斧剑,间亦有带刀者。铁木耳之卫队,则除刀箭斧剑之外,尚戴人脑盔及胸甲。其下士称红把戏者(Ounbushee,蒙古语帽子也)加服钢网衣(即连环锁子甲),称黑把戏者(Eubashee)加持锤棒,称明把戏者(Min-bashee)则加戴钢盔,并持大棒。据巴尔波沙之记载,嗣后印度狄坎省之蒙古王仍首重骑兵,执长标枪,其铁镞头为四角形,此为蒙古主兵。至步兵亦均系善射之弓手,其弓甚长

---

① 今译马可波罗。编者注。

大。蒙古战士所用之兵器甚多,其中一种,名为轮圈,蒙人呼曰"恰加儿拉力"(Chacarari)或"恰克拉姆"(Chakram),此种轮圈甚小,每一武士之左腕上,常套带七八具之多,而以右手手指套圈摇而远掷击敌,可以深入敌人之头颈等部(当时华语呼之为阴阳刺轮,后又称乾坤圈)。铁木耳之皇孙巴白耳(Baber)亦系一代之雄,据云斯时大蒙古皇帝曾召集波斯及印度等地之著名良工名手,制造并装饰其各种兵器,备极一代之盛,举世无匹。巴白耳战士所用兵器之最堪注意者,厥为夏西帕耳(Shushbur)之瓜锤(即六边形之铁锤,见第八十二图版第十二号,第七十六图版第三十五号形制略同),手掷之长箭(形同标枪),小斧,宽体大斧等兵器。未几复添用火枪。据斯时土耳其人阿布耳・法刺耳(Abul Fazl)之记载,伊曾受阿克巴尔之任命管理蒙古皇帝之武库,其武库中所储兵器,常可敷大军征伐之需。蒙皇所用兵器,均各有名称,其所喜用之干将短刃(Khacah、Kanjur)常有三十具之多。其制每月易一剑送往宫闱中悬挂。又有柯达耳(Katal)异形剑四十具(第七十六图版第二十八、二十九、三十、三十一、三十二等号)。剑带名为"鸦克班地"(Yakbandi),有十二件,每星期换一次。又有短宽剑名"响德哈儿"(Jamdhar)四十柄(第七十六图版第二十六、二十七、三十二等号),小宽剑"卡柏瓦斯"(Khapwahs)四十柄

（略似第七十六图版第二十九号）等短兵。蒙皇之军袋上有刀八柄，有"尼查"（Nezas）标枪二十杆，有"巴尔恰"标枪二十杆（第七十六图版第十四号），每月易其一杆用之。又有"马须哈地"（Mashhadi）及八大洋（Bhadayan）弓八十具，另有他弓二十具（第七十六图版第十六、十七两号），依蒙古历每月三十二日时，按日易一弓，每月三十一日时，每星期易两弓。其余兵器如锤、斧、枪、刀之类，不计其数，均由随从武官于蒙皇出征时抬之执之以随往焉。又据一六三八年曼德期劳（De Mandelsloe）氏之记载，阿克巴尔及其子孙之蒙古军，其骑士不用火器，但步兵颇能利用火枪。至于执用标枪之兵士，其标枪乃长至十至十二英尺，能远掷杀敌（第七十六图版第十二号）。兵上多披网甲者，但并无盔冠，亦无大规模有纪律之训练。蒙古象队背负木台，台中藏三或四人，用火石枪；蒙皇阿克巴尔曾蓄战象六千头。蒙军又有炮车多具，其炮有时甚大；蒙人且能自制火药。一六〇五年，阿克巴尔之子叶汗吉耳（Jehangir）即位，曾有著述，盛言其父之丰功伟业，并赞其所用之直射炮，名为"都儿鲁斯特·昂打剌"（Durust Andaz，昂打剌蒙古语为火炮也），谓为所向无敌。又据斯时英国派驻蒙皇叶汗吉耳京城之专使赫罗（Thomas Roe）氏之记载，伊盛称蒙皇服御之美、陈设之华、武士刀剑之佳，并曾由蒙皇赐以佳刃；其中一剑鞘为纯金质,镶嵌宝石,价值十万印度金卢比之巨云。叶汗吉耳有四子,因争皇位而互相争战,据法国探险家白尔理叶(Bernier)于一六五八年所著之《蒙古大帝国》一书观之,其长子达拉(Dara)曾与其第四子沃伦格齐伯(Aurungzebe)在强巴尔(Chambal)流域作剧烈之战争。达拉将其炮车平排,用链锁衔接,以抗敌方骑兵。炮队后列蒙古骆驼队,负载火石枪之兵士;骆驼队后始列步兵,均有火枪及背弓载箭并带剑与标枪之轻骑兵。对方沃伦格齐伯之军队则与第三皇子木拉(Murad)之军队联合,其阵容大致相等,唯阵之中部藏有轻炮若干尊,又另备手掷之小花炮多具,其名曰“砰”或“砰”(Ban),用一小竿燃之,掷于敌军骑兵队中,可使敌马惊溃,有时亦可伤人(按此种花炮,大约系元代蒙古军自中国携往仿制者)。斯时骑兵能力仍大,因火枪用手装枪两次,骑兵已可发箭六次也。两军交绥,炮战开始,弓手继而发箭,终则双方白刃相向,斧剑刀枪从事。是以两军之最后胜负,仍以刀剑、短兵及武术决其雌雄。是战结果,达拉一败涂地,沃伦格齐伯复兴大业,迭克南印度名城。白尔理叶又谓,斯时蒙古大皇帝在印度有骑兵二十万人,蒙古步兵及炮兵一万五千人,其余印度步兵甚多。蒙古重骑兵均披甲胄,象队之木台亦然。蒙皇沃伦格齐伯既征服狄坎(Deccan)全境及加儿拉地克(Carnatic),又屡破拉锡布特(Rashput)诸印度王之联军,复南下战胜马哈拉打族(Mahrattas)。据英人杜夫(Duff)所著之《印度马哈拉打族历史》一书观之,斯时蒙帝出征帐幕(俗呼蒙古包)之华丽美备,不亚于欧洲皇室宫闱之富丽。蒙皇已有炮至数百尊之多,用印度土人运动,而聘欧洲人发炮。沃伦格齐伯之后嗣不肖无能,蒙军渐弱,印度诸族复兴运动,受英法之怂恿而渐烈。一七三四年,波斯人乘乱进占蒙都德里城,将历代蒙古大皇帝所储藏之实物,以及镶嵌装饰各种宝石金玉之名贵珍奇良刃刀剑及他种兵器,悉数辇归波斯,劫掠殊丰。斯时蒙古帝国末运已届,蒙军已无征服之能力,不久印度即为英法二国竞争之场,结果英人独占印度,蒙古大帝之最后代表夏阿拉木(Shah Alam)为英军擒获于德里城,蒙古帝国乃亡。

据上所述,蒙古军所用之短兵,有刀、剑、锤、斧、标枪等器,就中尤以剑与斧为最普通。但各器之名称种类甚繁,形式亦不一致。如第七十六图版,仅略示蒙古大帝阿克巴尔一朝时各种兵器之大者要者,已觉形式庞杂,显有曾受中国兵器及印度兵器之影响之处,尤以刀剑为最。如该图版第十九及第二十一号两剑,第十八号刀,第二十二及第三十四号两斧,第三十五号瓜锤,均显带中国风者;第二十号长剑及自第二十六至第三十二号等七剑,则显然受有印度古兵之影响也。标枪(第十二、十三、十四等号)及大弓(第十六、十七两号)则纯然蒙古制。但所谓受有影响者,亦仅限于柄部之形式耳。

清廷所藏蒙古王公所献名贵兵器,有装置汉式柄鞘者,据云均元代遗器;至一九三六年时,尚存若干件,即第七十七图版中所示者是也。计共十三器,可分为长剑、短剑与匕首三类:第一、二、三等号长剑也,第四、五两号短剑也,第六至第十三号均匕首也。第一、三两剑刃系欧洲式,第二、四两剑刃蒙古式,第一、二、四等刃均装汉式柄鞘。不知是否元帝遗器,抑系蒙古王公贡进时始为此装饰者,但第五至第十三九剑既均未易柄鞘,则此三剑或系元代物欤? 第一号剑刃至为名贵,雕工精致,年代悠久。第三号剑刃与柄,均完全欧洲中古式,在意大利名为透网剑,因其刃体狭窄尖锐,能洞穿敌人铁网甲衣及铁盔之钢丝网也。第五号至第十三号短剑匕首,非但镶嵌宝石之玉柄及精工雕刻之鞘,且具有镶嵌黄金之百炼钢刃,精美异常。

叁 元代射远器

南宋已有枪炮,但至元代而毫无进化。蒙古军之所以能称霸欧亚者实全恃其骑射之精。直至十五世纪时,印度蒙皇之骑兵尚以弓箭为胜敌之利器,虽用枪炮而仍谓箭速较为便利(详上)。蒙古军所用之弓特大,军士载箭特多,故能发矢如雨,穿甲透铠而莫之能御。且其骑兵均带短标枪,可以远掷杀敌,以对付距离较近之敌人,而辅弓箭之不足,其作用可谓在弓箭与长兵之间。远者箭射,较近则掷短标枪杀之,再近则以长标枪刺之,及身则剑刺斧砍,短兵交下,此蒙古骑兵杀敌之四种程序也。第七十六图版所示之第十六号大弓,完全蒙古式,第十七号大弓则近于汉式。第十三号标枪可以掷远,尾有三尖,不但可以伤人,且有箭羽之作用也。

蒙古军所用之火器有三种:一为花炮及砰礴双响之类,曾广用之于印度各地,系由内地携往仿制者,欧人载籍称蒙古人能制火药,夫火药为中国古代发明之物,成吉思汗铁木耳蒙王,得之中国毫无可疑;二为土耳其人为蒙王制造之火枪,系用燧石发火之枪,据云系土耳其人获得欧洲制法而仿制者;三为大炮,系由葡萄牙人最先输入印度,而为蒙皇所得者。其后英法等国继续以较新枪炮贡献蒙皇,英法军官且曾受蒙皇任命,充其炮兵官佐焉。蒙古军内征时,已用火炮,《续通鉴》曾纪其事,但略而不详,如谓:"元顺帝二十七年丁未九月,平江城中丞相士信中炮死。"是尚非元初之炮也。又载:"元初得西域火炮,以机发石,攻蔡州时始用之,造法不传。"此则近是。此事在宋理宗癸巳绍定六年(金天兴二年)九月,蒙古将塔齐尔围金之蔡州,以炮具攻城,金总帅富珠哩中、洛索谋焚炮具未遂,仅以身免,城遂陷。此中炮具,不知使用土耳其人为蒙王所造之火炮否?至云以机发石,则似无疑义,盖斯时尚不知以药线引火,乃装燧石,拨动铁片触击之,以发火引燃膛中火药而喷掷炮弹者也。印度各地博物馆及王宫中,至今尚藏有蒙古军所用之枪炮。又载:"宋理宗嘉熙元年十月,蒙古大将琨布哈攻安丰(清凤阳府属州),以火炮击焚楼橹。"是亦蒙古军所用之火炮也。近年巴克尔(E.H.Parker)著《鞑靼千年史》一书,其中略有谈及兵器之处,谓突厥族之"兵器有角弓鸣镝、甲稍刀剑(鸣镝图形,已见上方)。其佩饰则兼有伏突(Vugh-dugh),旗纛之上施金狼头;侍卫之士谓之伏离(Vuri),夏言亦狼也"。"北牛蹄突厥……不鞍而骑、大弓长箭,尤善射……地多铜铁金银,其人工巧,铜铁兵器皆精好……""契丹兵制……其正军每名备马三匹,打草谷守营铺家丁各一人;人备铁甲九事;马鞯辔马甲皮铁视其力;弓四,箭四百;长短枪、镐镞(即骨朵或名蒺藜,图形详上)、斧钺、小旗、锤、锥、火刀石、马盂、沙一斗、沙袋、搭钁、伞各一,縻马绳二百尺;人马不给粮草,日遣打草谷骑四出抄掠以供之。""即暮,以吹角为号,众即顿合,环绕御帐,自近及远,折木梢屈为弓子铺,不设枪营堑棚之备"①云云。其后蒙古军制多与此同,契丹骑兵每人已载箭四百,蒙古兵恐更多于此。又关于火炮一事,成吉思汗以前,女真族已用之。巴克尔氏即据中国古籍以记载此者。据云:宋钦宗时(一一二六年及后数年),金主遣将粘罕及斡离不"……渡河围汴。汴城基趾甚大,纡曲纵斜,时人罔测,蔡京乃撤而方之;二将至城下,见曰:

---

① 见巴克尔:《鞑靼千年史》,向达译,商务印书馆一九三七年版。

是易攻耳,令植炮四隅,随方而击,一炮所压,一壁皆不守,城遂陷"①。是金人用炮,尤在元人即蒙古人之前,惜难知其炮之构造如何耳。元代中国军队,亦用火箭,与宋代同。如正史所载曰:"元顺帝十二年,江州总管李黼发火箭射贼舟,贼舟数千,着火者多,焚溺无算。"是其一例也。

肆　元代防御武器

蒙古军以骑兵为正宗,行军以帐幕为营舍,重在游击攻取,急骋锐进,故无所谓守城之具、营防之器。迨至入主中夏以后,始采用宋代以来之城防武具,未闻有新制也。至于蒙古军卫体武器,则大有可观。据上方所述,蒙古骑兵均披网甲(连环锁子甲),顶铁盔,其步卒亦然,但器质有逊。网甲系以铁片及铁丝铜丝贯合而成者,将帅之甲则装饰金银以增其美。蒙皇之甲铠,当另外镶嵌各种宝石,以别其贵,惜此类宝器在德里城于一七三四年间悉被波斯人掠去,今已难见及之矣。法国研究东方兵器专家沙勒·毕丹(Charles Buttin)藏有大块漆皮制成之胸铠一件,以饰银钢丝连贯之,胸前装饰多数银制花片,铠由胸前正中启闭,用两钩为枢纽,铠高六四〇公厘,重六公斤(第七十八图版第四号)。据云系元代之器,或者近是。蒙古胄之具有汉风而可称

①　见巴克尔:《鞑靼千年史》,向达译,商务印书馆一九三七年版。

为元胄者,日本博多元寇纪念馆中藏有多具,皆元帝征日本时其将士所遗者也。其中铁胄最多,皮胄亦有,《支那古器图考·兵器篇》所示之皮胄,高九寸,钵皮坚厚而涂黑漆,顶加银铜护片,上有唐代草文,中柱为插羽毛之用,眉庇铁制。胄内尚粘有小皮札及青色麻布,元代军士之皮胄也。与上述银花皮铠,可谓成套之物。铁胄形式不同,见第七十八图版第一、二、三等号,均元代将士之胄。其一为完全汉式之云龙铁胄,想系元代将帅之物;其二为胡人便帽形铁胄,或系元代蒙古步卒之胄;其三为有长体庇项及中柱眉庇之铁胄,想系元代蒙古骑兵之胄。此外尚有一蒙古铁胄,完全异形,系伦敦英国博物馆藏器(闻后移伦敦之印度博物馆,见第七十八图版第五号)。此胄之来源甚早,据意大利探险家马哥波罗氏所著之《古鞑靼记》(Tarink-i-Tahiti)所载,铁木耳之蒙古军首次侵入印度时,印度妇女见蒙古骑兵之大鼻铁胄以为神怪,群相骇倒仆地,即此种胄也。其铁钵之颠有一小尖顶,略似德国军盔之顶,钵体外加铜铁丝网数道,后有护项网,其钵系用钢铁板片及铜铁丝贯网联系而成者。其奇特之点,乃其硕大无朋之船锚形护鼻器;胄作帽形而无眉庇,故此护鼻器兼有护眼骨及口部之作用,远望之颇呈怪象,无惑乎印度妇女之惊骇也。元军,尤其是印度蒙古军,尚有护腿、护腕之网甲,以及铁盾护马铁甲与网甲等器,惜此间缺乏实物,不能图示耳。

元年蒙古军之兵器,大致如上所述。至于元代汉军之兵器,则大致与宋代兵器相同,元帝亦不求其精良及改善也。

第六节　明代兵器

宋代兵器半袭晋唐之制,半杂五胡及辽金蒙古等族兵器形制。元代蒙古军之兵器特异(详上),汉军兵器则大都承袭宋制,颇少变化。但宋代杂兵,已杂用各外族器形矣。明代兵器如就来源而论,可分为四类:

一、宋代传统式兵器。朱元璋之军,未即大统时即沿用之,直至明终清继,尚袭用不绝。前第六十至七十五等图版中所列是也。

二、明朝自制之兵器,与宋代兵器颇有出入(第七十九至八十三图版),且有前所未见完全出于明人创造者,如戚继光等军特制抗倭获胜之狼牙筅等器是也(第八十一图版第二号等兵器)。

三、日本式兵器。明代倭患至烈,中国兵器不能抵,于是乃参用日本式兵器。实则日本刀之铸炼成功,宋时业已开始,且已向中国输入,其时宋人欧阳修曾有诗记其事曰:"宝刀近出日本国,越贾得之沧海东。鱼皮装贴香木鞘,黄白间杂鍮与铜。百金传入好事手,佩服可以禳妖凶……"可见宋时刀剑已有自日本输入者矣。明季日本式刀之源流有二:其一系明代人仿日本刀之形式而自行制造者式样大致似日本刀,而曲折稍有出入,其刃质则大都不如也(第八十图版五、六、七等号);另一种则纯系日本刀,系由日本制就直接输入中国者(第八十二图版第一、二、三、四、五、六等号)。关于日本刀进入明廷一事,英人薛理(H. L. Joly)及日人稻田于一九一三年合著在英国契尔西出版(未公开发行)之《刀剑与鲛》一书中曾纪其略。据云:日本史书及别记所载,在中国明惠帝时,即日本应永朝第八年义满王曾以楚鲁戟(Tsurugi,译音①)十具及日本刀一柄献与明惠帝朱允炆,翌年又将大刀百柄献之。十四年(明成祖朝)复以大刀百柄献于明帝朱棣。十五年,义持王以金漆鞘大刀一柄、黑漆鞘大刀一百柄及Naginata②百柄贡献于明成祖皇帝。嗣后在日本永享第五年,义教王以金漆鞘大刀二柄、黑漆鞘大刀百柄及 Naginata 百柄贡献与明帝朱瞻基(明朝第五朝宣宗皇帝)。第八年,又以同样同数之刀献与朱祁镇(明朝第六朝英宗皇帝)。在日本义安朝第十五年,义政王以金漆鞘大刀二柄及黑漆鞘之 Yari③ 及 Naginata 各百柄献与明帝(明朝第八朝英宗复位时代)。是则以日本足利一王室所献于明帝室之刀,已有大刀 Tachi 六百十九柄,Naginata 五百柄,Yari 一百柄之多。此犹仅就两国王室之正式馈献而言,若

---

① 日语,剑。
② 日语,剃刀。
③ 日语,矛。

夫私人赠授、商家贸易，概未计及。是以明季日本刀入华之数必甚巨也。

　　四、火枪火炮。明代枪炮之制造甚佳，以靖边患，以平内乱，均曾建卓著奇勋。郑和辈且曾凭借炮火之威力出海西征，衔明成祖之命直指欧洲，其初率卒二万七千，以大船六十二艘航行，收功甚伟。其后经历成祖、仁宗、宣宗三朝，先后出海远航七次之多，经过爪哇等四十余国。西达红海，西南至非洲东岸。称雄南洋、印度洋海上达三十年之久。是以明时海外殖民异常发达，兵威所及，各小国多由中国人为国王或酋长，按期入贡明廷，称臣隶属。如梁道明曾为苏门答腊酋长，林道乾曾为婆罗洲王，新村主曾为爪哇之主，阮潢曾为黄南开国祖，郑昭曾为暹罗国王，林旺曾为菲律宾王，均曾称属入贡明廷，是其卓卓大者要者。据英人记载，直至十九世纪下半期，南洋群岛土人尚有用明代中国枪炮抵抗白人者①，可见明代所制枪炮之佳矣。就陆地言之，明代枪炮之威力，亦极有可观，屡克边患，祛倭寇，安定社稷。迨至明室将崩，清室称帝之时，袁崇焕犹借炮火之力，据宁远孤城，轰毙满兵至数千之多，支持至数年之久；其后清太宗用反间计陷袁崇焕受明诛，始获入关焉。据史载，袁崇焕所用之炮中有西洋大炮，想已有葡萄牙人输入之佛郎机炮矣。明季海上交通极为发达，欧洲人且有服官明廷甚久者。袁崇焕所用之炮，或者已为斯

_____

　　①　见英国达敦爵士所著《印度及东方兵器》等书。

时欧洲最新式之炮乎？明代自制火器尚不止于枪炮，如地雷、水雷、流星炮、连珠炮、万人敌大炸弹等器，均曾克奏奇勋者也。抑明军出海登陆与土人作战，亦并不专恃枪炮，其长兵短兵盖均较优于土人之兵器（十数年前，马来半岛某海岸尚出现明代沉舟，其中长短兵器多具，有经英人收入当地博物馆者。又南洋群岛及马来半岛亦常发现明代将士遗墓，其刀剑等器，悉遭欧洲好古家易去矣）。即以刀之一器而论，至今南洋群岛、马来半岛、尼泊尔、暹罗、缅甸、越南诸地，犹均用中国音呼其名为刀。形式虽有不同，名称则统一，均称刀，犹可想见受明季之影响焉。

由此观之，明代兵器，实较优于宋元两代（指元代之中国军器而言），颇有复兴之气象。故明代文化，较优于元代远甚。科学艺术盛兴，士重实学，民重实业，上下求新，国力隆盛，且输入欧洲新知识，斯时中国在国际上之地位，俨然可为亚洲文化之代表。是以关于兵器之著述，亦开秦汉以来列代未曾有之盛况。如唐荆川之《武编》、毕懋康之《军器图说》、王鸣鹤之《登坛必究》，以及戚继光诸名将之著作（《纪效新书》等），均明代杰作也。尤以明防风茅元仪所著之《武备志》，为最详细重要，图像之多，搜采之备，不亚于宋时敕编之《武经总要》。而如此庞然巨籍，竟能出之一人之手，为更可钦佩也。且尚有苦心研究科学之人在焉。如明宋应星著之《天工开物》，可谓系自《周礼·考工记》以后，历秦汉唐宋元诸代而未曾有之著作，可以与斯时欧洲科学家媲美者。于是冶铁铸兵之术,自战国以来,千数百年鲜见著述记录者,至明代则能嗣其绝响!吾人乃获于上述明代长兵、短兵、射远器及防御武器之外,增加系兵及冶铁之研究焉。

　　壹　明代长兵

　　明代长兵,小部分系承袭旧制,大部分系明人自行改制或创制之器。其沿用旧制者,如各种长刀(大刀)、各式长枪,均可参考第六十及六十二等图版所示。

　　明人创制之长兵,大致可分为刺兵、勾兵、镋兵、砍兵、铲兵、叉兵、锐兵、筅兵及火兵诸类。刺兵之重要者,如四角枪(第七十九图版第一号)、箭形枪(第七十九图版第二号)、曲刃枪或焰形枪(第七十九图版第三号)、标枪(第七十九图版第六号)等长柄铁枪是也。勾兵之重要者,如铁钩枪(第七十九图版第四号)及钩镰刀(第八十图版第四号)等长柄枪刀是也。镋兵之重要者为龙刀枪,砍人亦可,镋人亦可(第七十九图版第五号)。砍兵之重要者,如长刀(长六尺五寸,第八十图版第五号)、腰刀(长三尺二寸,第八十图版第七号)以及铁钩枪、龙刀枪、钩镰刀均是。但此长刀、腰刀两种,新式刀制,均为先代所无,系仿日本大刀式,长其刃而短其杆,用两手握柄以砍劈敌人身体或其兵器者,与旧式长杆短刃之长刀大刀制恰相反。此种刀之效能较大,可用猛力砍劈,折断敌人长兵之柄,或削断砍损敌兵之刃,进而砍断敌人之身,非单手所执之刀剑,尤其是钢质不佳及体质较轻之刀剑之所能抵御也。此外,尚有完全日本制造之长刀两种,均明代御林军用大刀,系日本馈献明帝之刀,清宫藏器也。其一种为双手大刀,通长英尺五尺四寸五分,介于长兵短兵之间(第八十二图版第一、二两号)。另一种为长柄短刃长刀,刃甚窄小,仅长英尺一尺七寸,木柄则长至七尺五寸,名曰剃刀,日本长兵中之利器也(第八十二图版第三、四、五、六等号)。铲兵之重要者为月牙铲,长明季小尺一丈(第八十图版第三号),略似宋代之叉竿(第六十四图版第九号),而刃之曲度稍异,作用恐亦不同;宋叉竿长宋尺二丈,两歧用叉,以叉飞梯及登城,近于攻城之兵;明铲则系长兵之一种,且其镈有刃作枪头形,亦可倒用此铲为枪也。叉兵之重要者为马叉(第八十图版第二号),长丈余,茅元仪注曰:上可叉人、下可叉马,想亦系步卒所用之长兵。镜兵之重要者为枪头齿翼月牙镜(第八十图版第一号),长与月牙铲同;茅氏注曰:以纯铁为之,盖恐用生铁则易折其翼也,镈亦有尖刃,可倒用为刺兵。此器原为刺兵,左、右、中三面均可刺,其齿形镜则兼有锘兵、勾兵之作用,诚属利器,唯恐使用较难,须经过精细之练习耳。又山西太原民众教育馆所藏之明三叉,乃无齿波折翼形镜也,作用相同(第八十二图版第二十二号)。筅兵之著者为狼牙筅,或狼筅(亦名长枪,第八十一图版第二号),此器纯系明代将士发明创造之长兵,为前此所未有者。据云戚继光等将帅,因他种长、短兵器,辄遭日本良刀砍断削折,乃创造此种多刃形之长兵,用铁,且可用江浙坚竹为之,以之抗倭,曾屡获胜利。《登坛必究》《武经》《武编》及《武备志》等明代兵书,均图此器,而略有不同。《武备志》所图者仅有九层,《登坛必究》所图者有十一层,即吾人所择入者,《武编》唐氏注曰:"此器名狼筅,长一丈五尺,重七斤,有竹铁二种,附枝必九层、十层、十一层尤妙。"器首亦削尖如枪头,其效能则具有刺、砍、勾、叉、镋、铲、镜、推、拉等作用。江浙产大竹,一夕可制多具,无惑乎戚继光氏能突出奇器以胜倭寇也。火兵亦为明代特制长兵之一种(并非普通火器),亦为胜倭之器。据云源出宋代,其最著者为梨花枪,系用普通矛形枪而施以喷火烧灼敌人之作用者。明崇祯八年,兵部侍郎毕懋康所著《军器图说》中曾图示其器之形制(第八十一图版第一号)。据毕氏注曰:"梨花枪以梨花一筒,系缚于长枪之首,发射数丈,敌着药昏眩倒地,火尽则用枪刺敌。宋李全曾以此种枪雄霸山东,先臣胡襄懋、宗宪得其法,秘制之,在沈庄以御倭寇,果得其用。此器装药之铁筒,外形如笋尖,小头口宽三分,大头口宽一寸八分,大头入药,闭以泥土,尖头安信燃放。筒可轮换。人可携带数筒,随放随换。"此以长兵而兼有射远效能者,在新式火枪之前,诚属一种有效之利器,且可以表示宋代人在欧人之前,即知利用其所发明之火药为手执射远器,不只南宋之霹雳炮及炮车为然也。毕氏称宋李全昔曾以此枪雄山东,是其器在北而不在南,不知诸史书所称南宋军用之突火枪,是否即此种梨花枪之变体,抑另为一器耳。

贰　明代短兵

明代短兵,大部分与宋元短兵无甚差别,唯外形略异耳(参看第六十三、六十四、六十五等图版)。其小部分则系明人创制之器。以刀而论,明代长刀、腰刀,均仿日本刀式,与宋元之刀已大异,即其短刀,亦完全日本刀式也(第八十图版第六号)。但著者所藏明马刀一具(第八十二图版第二十五号),其纯钢有屈伸性之良刃,柄鞘之装饰华美,全无日本刀影响,亦迥异宋元腰刀。大约明廷将帅,除采用日本刀制外,或兼用欧洲名刃装制中国式华丽腰刀,而明军所用之腰刀、马刀及短刀,亦未必尽如茅元仪氏所图之三刀形式也。

以剑而论,大概战国以降,从征军士,多用刀及其他短兵,而鲜用剑,帝王将帅,则犹尚佩剑之风,明时仍然如此,视剑为军官之佩兵,但并不一致,军官之佩刀者,早已多于佩剑者矣。明代普通剑形,亦脱胎于唐剑,而于宋元之剑相似(参阅第六十三图版第七、八两号),但护手之形稍异。如著者所藏之明代七星剑(第八十二图版第二十四号),可示明剑之一般形制,其护手与《武经总要》所图示两剑有别,而剑首亦不若斯庞大也。其次为鱼骨剑。此类奇剑,系明帝御制之器,以两面有齿形刺之鲨鱼鳃前凸出之直骨为刃,而装以饰铜之木柄,清宫藏有数具,即第八十二图版第九、十、十一三号所示者。是否模仿宋代狼牙棒及杵棒之制(第六十五图版第五、八两号),改头换面而作此种剑,无可稽考,但其数恐必不多,其用途亦未必广耳(按此种鱼骨,系一种鲨鱼口前凸出于外之天然双刺骨,并非人工作成者。至今台湾土人尚用为短兵)。同时摄印之明帝御制铁铜二具,均铜柄铜护手,刃之中槽甚宽,刃尖一圆一锐(第八十二图版第七、八两号),柄首一平一作瓜塔形,柄之近首处穿孔贯索,想为悬腰兼防用时脱手者。

明人喜用铜,不仅帝室为然,各省均偶有出土者。十数年前,著者在北平天桥市上曾见及明代铜铜数对,均成双而作配偶式,当系双手所用者,但均甚沉重,不便挥击,大力者始能旋转如意也。

此外各地所藏明代杂形短兵而承惠赠影片者有数器。一为明代铜瓜(第八十二图版第十二号),即瓜形铜锤,铜首铁柄,通长十六英寸,形似后汉骨朵、宋代蒜头(第六十三图版第三号)及元代蒙古军之“夏西帕耳”瓜锤(第七十六图版第三十五号),而柄形有异,柄质亦不同也。二为明代铁标枪,通长仅六八〇公厘,枪头即刃,长二三五公厘,尖尾长七〇公厘,上下尖而中肥(第八十二图版第二十一号)。此标枪甚短,有如长箭,其形式利于掷远,两端均可刺人,利器也。三为明代短柄三叉,略如锐制而横叉平行,作波折形,式异而作用有别,通长仅一点一〇五公尺,系介于长兵短兵间之器也(第八十二图版第二十二号)。四为明代戟形短枪,名为双手带,其形略如宋代之戟刀(第六十二图版第五号),而刃形有异,下亦无尖镈,通长仅八〇五公厘,或者系三国时孙权等人所用双戟,亦名手戟之遗制乎?(第八十二图版第十四号)五为明代二节铁鞭,其形略如宋代铁链夹棒(第六十五图版第一号),但宋器铁链颇长而短棒作方体,明器则中链甚短而上下棒均系细圆体,故其名作鞭也(第八十二图版第十三号)。明代短兵之大致如此,其间颇多创制之器,便利有过于先代者。

叁　明代系兵

系兵者,以绳索或以铁链扣系一兵器,手执索链之一端,而用力将他端所系之器掷出击人或钩人;其作用介乎短兵与射远器之间,可以抛掷击远,亦可缩短以击近身之敌之兵器也。系兵未必始于明代,但明人用之颇多,不但步卒、骑士均曾用之,且出海远去之明代海军亦曾利用之,以作舟上战及登陆后抛击土人之特种兵器。此种明兵之形制必繁,明茅元仪氏之所图示者,只有三种:一为飞锤,即流星锤。一绳索之两端,各用铁环扣系一六角形之铁锤,其锤一名正锤或掷锤,用右手掷出击敌;一名救命锤,用左手紧握,名为救命者,因危急时,亦可用以击敌也(第八十一图版第四号）。二为双飞挝,系用不同式之绳索两件扣系。茅氏注曰:"用净铁打造,若鹰爪样,五指攒中,钉活,穿长绳系之。始击人马,用大力丢去,着身收合,回头不能脱走。"是则其器之五指活动具有机械能力,被抓住即不能脱走,亦可见明人制兵已参用活动机械学之知识矣。此类器在明代木舟航海作海上战时,必曾辅助火器及长短兵器之不足,而施展其特别效能也(第八十一图版第三号)。三为飞钩,亦名铁鸥脚。其形略如船锚,先用铁环索扣系,再加粗大绳索系之,以便抛远。此器体重力大,据茅氏注曰:"钩锋长利,四刃,曲贯铁索,以麻绳续其环;敌人披重甲,头有鍪笠,又畏矢石,不敢仰视,候其聚至,则掷钩于稠人中,急牵挽之,每钩可取二人。"是则此种钩非特为陆战防守之利器,抑亦明季海战中双方舟船逼近时胜敌之良兵也(第七十九图版第七号)。

肆　明代射远器
明季射远器,可分为弓箭与火器两种研究之。

子　明代弓箭

明代弓制,大略与宋元弓制相似,分为大弓、常弓及大弩数种,射术均甚精求。终明之世,直至满族崛起雄踞关外之时,明弓手之盛誉犹未衰焉。明箭之种类颇多,今就各处惠赠所藏明箭影片论之,已有下列诸种:一为明代马箭,通长三七〇公厘,镞如墨笔尖头形(第八十二图版第十六号)。二为明代令箭,通长三七七公厘(第八十二图版第十七号)。三为明代球箭,其镞如盂形之球,通长四一〇公厘(第八十二图版第十八号)。四为明代响箭(鸣镝),镞作小矗形,尾作双叉燕尾形,通长三六〇公厘(第八十二图版之第十九号)。五为明代长杆火箭,尖镞之上部、箭杆上,贯以火药圆筒,形如大爆竹花炮,尾装长羽,通长七〇〇公厘(第八十二图版第二十三号)。六为明代步箭,共六支,系明季名将周遇吉之遗物,镞长而锐,竿较马箭略长,羽已散失,通长三八二公厘(第八十二图版第十五号)。七为明代穿耳箭,全长仅二二三公厘,原注曰:"此种箭镞,其细如针,故名。"(第八十二图版第二十号)但穿耳之名不准确,当系以射穿网子甲胄为目的之箭。钢丝或铜铁丝制之连环网子甲胄,其孔甚小,唯此种针形箭可以贯穿透过,镞长射入血管,亦可发生致命伤。

五　明代火器

明代所用火器,如枪、如炮、如爆炸器(地雷、水雷等器)、如铜制及铁制大炮,大都均系明人自制之兵器,然亦不无仿制异国器之并用。因火药系华人发明物,南宋军中已有霹雳炮、炮车及突火枪、梨花枪等之使用,见于史书。明代复兴,承先启后,其能自制精良之火器原有所本。而此时海上交通又极便利,明神宗万历、光宗泰昌、熹宗天启、思宗崇祯时,均曾用红夷大炮(红夷即葡萄牙等国人之称谓),或佛郎机大炮(西文 Feringi 或

Ferangi，即葡萄牙者之意），防边防海，御敌有效，则仿制异国之器，亦有可能条件也。

斯时欧洲枪炮均系以火石即燧石（Flintlock）发火燃药发弹者；燧石小片系以钢片夹之，安于扳机之上，触及内装火药之枪管，或炮膛之小孔；手一扳动，燧石触击膛孔发火，燃及火药，向前爆炸，弹即随其力而脱膛远射矣。斯时期之欧洲枪制，分为长枪、短枪、短铳及手铳数种。手铳长仅如手，可置衣袋中（Pistols）。短铳长尺余，亦可置于怀中或插诸腰际（Long Pistols and Trombloms）。短枪长二尺余，体甚硕大，尤以德国制者为最大而最重，其弹亦巨，可兼为行猎之用（Muskuts and Rifles）。长枪则甚长，有长至五尺以上者，尤以伊斯兰文化如阿拉伯、阿富汗、库尔德（Kurds）等民族所用之枪为最长，常在六尺以上，枪管口径不甚大，其射远较为准确（Long Rifles and Guns）。此四种欧洲枪，在欧洲自十五世纪起即已盛行，均用燧石发火燃药；至十六世纪，制造已精，装潢颇美。时恰当明末，是否有输入中国者？以乏实物，记载阙如，殊难索证耳。斯时之欧洲炮制，可分为短射程之陆战炮及长射程之防城及海战大炮两种。明末输入中国而于防边有功者，当属于第二种炮，想其来源亦不止葡萄牙一国，如荷兰、西班牙、意大利、法兰西诸国所造之炮，斯时均有输入可能，惜吾国向无兵器博物馆或历代兵器收藏家（欧美兵器收藏家，常有一私人而收藏历代古炮大炮至数十尊之多者，著者前在瑞士国洛桑城近郊某老贵族邸中,曾见其地下室中藏有欧洲古炮至三十余尊之多),曾留其遗器以示后人耳。

就种类而论,明代自制之火器,可分为枪、炮及爆炸器三种。明代自制之火枪,大都以火药线引火,燃及膛内火药爆发而推弹外射,业已不用燧石发火。清宫藏有明季火枪数具,其中一具(第八十三图版第一号)系明帝御制御用者,长英尺十二尺一寸五分,近柄处装有一小撑杆,长约三尺左右,以便放枪时将小撑杆支撑于地面,以利瞄准,而便推动(西藏各少数民族之长枪,则用叉形较长之撑杆装于枪之前段,地面马上,均可撑住放枪,似较为便利。但叉形杆易受震动,非熟练者恐难瞄准耳)。除此种特长之枪外(清代呼为抬枪,直至清末时尚用以防城),明军中尚有较短之火枪,但乏实物为图耳。明代自制之大炮,以质论,有青铜制及铁制两种;以口径论,有短体大口及长体小口诸种;以外形论,有双耳柄炮(第八十三图版第二号)、凸腹炮(第八十三图版第五、九两号)、多箍厚尾炮(第八十三图版第三号)、宽箍厚膛炮(第八十三图版第四号)、米袋形神烟炮(第八十三图版第七号)、子弹形神威大炮(第八十三图版第八号)、雪茄形八面转百子连珠炮(第八十三图版第九号)等等平射炮,均短体炮也。铁制者多,青铜制者亦有;大都炮身短厚肥大,口径宽大,有时乃大至为炮长五分之一,酷似近代之迫击炮形(第八十三图版第二、七两号)。曲射炮之形,则宛如现代海军用之大炮,系明代所制新式长身大炮也。其炮体甚长,后膛大而前膛小,尾有球冠,体有四小箍,系用药线入小孔引燃火药发弹者(第八十三图版第六、十五两号)。此种长炮之制造较精,式样较新,射程较远,威力较大,想系明代海防、城防及关外抵抗异族侵略之大炮也。以炮之作用论,有平射球形大铁弹之炮、曲射远距离之炮、以尾杆旋转四面扫射之连珠炮(有如现代机关枪作用)、先放毒雾后射子弹之巨体炮(有如现代战争施放烟幕弹之作用)等炮。虽实物不齐,难为细阐,然即就此各炮而观,明代人之创造力实不亚于斯时欧洲之造炮术。惜乎明末甫见端倪之机械制造,至清而斩,更无进化可言;以后新式枪炮,乃只有舶来品可言矣。枪炮而外,明代所制各种爆炸器,亦颇可观。如水雷(混江龙)及地雷之爆炸力极大,水可沉舟,陆可炸覆敌军炮车及步骑,而制造亦颇具科学性质(第八十三图版第十、十一两号)。又如神烟飞火流星炮、毒火飞廉箭(第八十三图版第十二、十四两号)均系明人所制可以破敌之特种火器,简单易制,有时其效力亦不在枪炮之下。又如守城火器,明人之所制者,称为"万人敌",其形方而不圆,自城上抛下,其中弹药四向炸射,可使敌军马覆人翻,折臂丧首,伤骇败退,即现代大型手榴弹及炸弹之先型也(第八十三图版第十三号)。

明代人所用之火器,如枪炮及各种爆炸器,均系明人根据科学技术自行制造者,并未受有西洋之影响,且其初并不亚于西洋之器。直至明末，内乱频仍，始相形见绌，于是始有西洋大炮之输入。考明代利用火器甚广而甚早，开国时即用之，其后屡靖边患，正史颇有所载。

伍　明代防御武器

明代防城塞及防营垒之武器，大致与宋代之器大同小异（参看第七十四及第七十五两图版）。但时至明季，枪炮已为进攻及退守之利器，故明人城防及营防，均已筑垒设炮，以为之备；除旧式城垛外，已有新式炮垒（炮台）及散形碉堡之建筑，且有护城护营地下壕沟之设备（壕沟之制，起自中国，元代蒙古军曾袭用其法以攻印度，屡建殊勋。前次欧洲大战时，各国纯用壕沟战至四年之久，著者斯时居留欧洲，曾见某报社论谓壕沟战系中国人发明者，想亦指蒙古之战迹而言也）。是故筑垒设炮，掘地为壕，此即袁崇焕在关外之所以能力拒清军不得入关至数年之久也。但就实际战况言之，关外诸族，如满洲及蒙古，终明之世，均以骑射为克敌之利器，故明军亦仍恃弓箭射敌，枪炮仅防海防边极少数军队有之耳。是以明代卫体武器，尚颇有可观，较唐宋之器已多进化，但已鲜用皮革，而唯钢铁是赖矣。明人卫体武器与先朝同，可分为卫首及卫项铁盔（胄）、卫上身及两膀之铁网衣（锁子甲）、卫手及腕之带网腕甲、卫下体之铁网裙或铁网裤、卫足之铁网靴以及活动卫体之牌盾诸类武器。明代卫首卫项之铁盔似有三种:其一种为小盔长网制。盔形如便帽,均有上轴,或直杆,或塔形杆;无眉庇,盔或下端镶窄边而上端加盖覆顶,完全曲帽形,或仅下端镶一宽边而加钉四层多数小圆星,则盔之下沿近于直下形,略如清代及现代商民之青缎便帽。此两式帽形铁盔,均甚矮小,其下沿均装锁子钢丝网,较长于盔之通高,下垂及胸,网形有自眼以下大开前部者,有自上而下仅开细缝者。此两式帽形长网盔之制造甚精,铁钵坚韧而网环极为细密复叠,可与斯时伊斯兰名胄及欧洲铁盔相比较而无逊色,系明代御林军用之铁锁子盔,为清宫藏器(第八十四图版第四、五两号)。其第二种为钵形铁盔绵丝织物护项制。此类盔之钵体较高,上作盂形,以受插羽饰之中轴。计高二四五公厘,有眉庇,形式近于宋元之盔,或系明初之器。吾人所示之影片,系法国专家毕丹(Charles Butten)之藏器,其盔上雕刻双龙向日形,并以金银镶嵌,与日本所藏元胄相似(见上),但其丝绵织品护项罩,已腐化而归乌有矣(第八十四图版第八号)。第三种为高钵大眉庇简单铁盔制。此类高盔,下宽上窄,形如尖塔而有覆顶以受中轴,眉庇甚大而分两部,一横庇向外出,一直庇较宽向下垂而作上眼帘形,盔之中部有一直垠,上接顶盖,下连眉庇,盔之下部近眉庇处作宽箍直下形,其上则作宽口小底之盏形;盔甚简单,毫无雕刻镶嵌及饰品,其背面或间有用丝绵毛织品以为护项者亦未可知。系明代普通军官及兵士所戴之盔,其钵形之曲折亦有小异之处可见也

（第八十四图版第六、七两号）。明代保卫上身及两膀之锁子甲（铁环或网环连贯套制而成之锁子甲），其制造颇精，胜于宋人之器，而无逊元代蒙古军之物，尤以清宫所藏之两具为最佳（第八十四图版第二、三两号）。其式样则异于宋元两季之武装，而近于清季人所服之马褂，又如现代之卫生衣，盖胸背均不开襟，系由头上套穿者，且有小领如衣领，袖之长短，两甲衫不同，身部长短宽窄亦异，想系依服用者之身材体格而制作者。此两甲衣之钢铁环，细小精密，且有两层紧贯之处，制造颇为坚固。成都华西协合大学亦藏有明代铁制连环锁子甲一具（第八十四图版第一号），形式与上两甲相同，袖较长而领不周围，但铁网环之制造较粗，松大而不细密，外视可以透里耳。其他明代卫体服装武器，以及牌盾等活动卫体武器，大略与宋元之器大同小异，唯鲜实物可以摄影公开于世也。

陆　明代冶铁铸兵之法

明代冶铁之法，研究及之者，有唐顺之（荆川）及宋应星氏。唐氏之论铁，兼及刀剑及鸟铳，其言曰：

> 泽潞出铁，上等铁丝织，如黄豆大，长丈余，用工最多。次等铁条铁，中凿三眼。三等手指铁，凿五条纹。下等块子铁。出铁之处，条铁止用两个钱一斤而已。

达子炼铁用马粪火。

铁有生铁,有熟铁;钢有生钢,有熟钢。生铁出广东、福建,火熔则化,如金银铜锡之流走,今人鼓铸以为锅鼎之类是也。出自广者精,出自福者粗,故售广铁则加价,福铁则减价。熟铁出福建温州等处,至云南、山西、四川亦皆有之。闻出山西及四川泸州者甚精,然南人实罕用之。不能知其悉。熟铁多粪滓,入火则化,如豆渣,不流走。冶工以竹夹夹出,以木锤捶使成块,或以竹刀就炉中画而开之。今人用以造刀铳器皿之类是也。其名有三:一方铁、二把铁、三条铁。用有精粗,原出一种。铁工作用,以泥浆淬之,入火极熟粪出即以铁锤捶之,则渣滓泻而净铁合。初炼色白而声浊,久炼则色青而声清,然二地之铁百炼百折,虽千斤亦不能存分两也。生钢出处州,其性脆,拙工炼之为难。盖其出炉冶者多杂粪炭灰土,且其块粗大。唯巧工能看火候,不疾不徐,捶击中节。若火候过,则与粪滓俱流;火候少,则本体未熔,而不相合。此钢出处州,唯浙东用之,若其他远土,则皆货熟钢也。熟钢无出处,以生铁合熟铁炼成。或以熟铁片夹广铁,锅涂泥入火而团之;或以生铁与熟铁并铸,待其极熟,生铁欲流,则以生铁于熟铁上,擦而入之。此钢合二铁,两经铸炼之手,复合为一,少沙土粪滓,故凡工炼之为易也。人谓久炼则生铁去,而熟铁存,其性柔,颇似不然。盖生铁虽百铸,所折甚少;熟铁每一铸,所折甚多。其去其存,不知其孰多而孰少也。人有谓团钢久则钢脆,与性柔之说相反。此二钢久炼之,其形质细腻、其声清甚。若铁之久炼者,声虽清然不及钢也。一先将毛铁逐块下炉入火,候微红时钳出,用稻草灰拌铁身,却入炉,大火扇透红发,值时铁花飞冒之际钳出,捶成板子,就以钢錾凿纵横深纹于其上。其纹路俱隔分数,如此三遍。初次一炼一,二次二合一,三次四合一。其蘸灰凿纹,总同前法,但尽此法制,其色白胜如银,其声清而有韵,此其证验。

计用福建方毛铁,对客买每百斤算买脚,并搬运脚价共用银九钱。

福建条铁令人用造钉装家火,造大器械不用。广东条铁,今人用抽铁丝,造大器不用。

一、炼铁。每十斤权炼作三斤。计用匠五工、工食二钱五分。约用炭价银一钱六分。通算炼就铁,计用银一钱六分六厘六毫,得铁一斤。此锻炼之大数。至于成造刀铳,工又益加,铁又益折,此须逐样监试一件才能定价。

一、炼钢。每斤计银二钱,可作甲叶。计银三两,可作好刀。

一、弊端。估造器械,官价率有余,然内而监造人员与掌局工作,以渐侵克,是以高价而得低物也。铁与炼钢之已精未精,非若金银可以成色辨计。往昔只照常制造,尚自弊多;至于炼铁,则弊益易着手盗炭。指粗铁以为精铁,而易精铁,将无所不至矣。

一、炼铁之工。须得素用堪用之人,方彼此相解。若造鸟铳,须得惯造得法之人为之指拔。

刀花、羊角煅灰、粉心水提过酸、酸草烧灰硝酱。

刀方羊角铁石硇砂。①

明宋应星氏所著《天工开物》,实为清代以前吾国有数之科学实业宏作。不但得斯时冶铁之要诀,且对于兵器之铸造,有所阐发,均扼要之谈也。其言曰:

冶铁　凡冶铁成器,取已炒熟铁为之,先铸铁成砧,以为受锤之地。谚云:万器以钳为祖。非无稽之说也。凡出炉熟铁,名曰毛铁,受锻之时,十耗其三为铁华、铁落。若已成废器,未锈烂者,名曰劳铁,改造他器,与本器再经锤锻,十止耗去其一也。凡炉中炽铁用炭,煤炭居十七,木炭居十三。凡山林无煤之处,锻工先择坚硬条木,烧成火墨(俗名火矢,扬烧不闭穴火),其炎更烈于煤。即用煤炭,亦别有铁炭一种,取其火性内攻焰不虚腾者,与炊炭同形而分类也。

---

① 见明唐顺之:《武编》。又见明茅元仪:《武备志》卷一百〇五,铁钢附。

凡铁性逐节黏合，涂上黄泥于接口之上，入火挥锤，泥滓成枵而去。取其神气为媒合，胶结之后，非灼红斧斩，永不可断也。凡熟铁钢铁，已经炉锤，水火未济，其质未坚，乘其出火之时，入清水淬之，名曰健钢健铁。言乎未健之时，为钢为铁，弱性犹存也。凡焊铁之法，西洋诸国别有奇药，中华小焊用白铜末，大焊则竭力挥锤而强合之，历岁之久，终不可坚。故大炮西番有锻成者，中国唯恃冶铸也。

斤斧　凡铁兵，薄者为刀剑，背厚而面薄者为斧斤。刀剑绝美者，以百炼钢包裹其外，其中仍用无钢铁为骨。若非钢表钢里，则劲力所施，即成折断。其次寻常刀斧，止嵌钢于其面。即重价宝刀，可斩钉截凡铁者，经数千遭磨砺，则钢尽而铁现也。倭国刀背阔不及二分许，架于手指之上，不复欹倒，不知用何锤法，中国未得其传。凡健刀斧皆嵌钢包钢整齐，而后入水，淬之，其快利则又在砺石成功也。凡匠斧与锤，其中空管受柄处，皆先打冷铁为骨，名曰羊头，然后熟铁包裹，冷者不粘，自成空隙。凡攻石锤日久四面皆空，熔铸补满，平填再用，无弊。

干　凡干戈名最古，干与戈相连得名者。后世战卒，短兵驰骑者更用之。盖右手执短刀，则左手执干以蔽敌矢。古者车战之上，则有专司执干，并抵同人之受矢者。若双手执长戈与持戟槊，则无所用之也。凡干长不过三尺，杞柳织成，尺经圈置于项下，上出五寸，亦锐其端，下则轻竿可执。若盾名中干，则步卒所持以蔽矢，并拒槊者，俗所谓旁牌是也。①

明代冶铁、炼钢、铸兵及制兵之术，或尚另有专书可资参考，但未能于南北各省图书馆中觅获。今姑就唐宋二氏之所述者论之。明代铸炮之术，未能如西洋锻炼之精，是以自明末以来，欧洲新式枪炮陆续输入中国。自清季始，中国新式枪炮，几于只有舶来品可言矣。

第七节　清代兵器

《禹贡》营州地处辽东，土沃产丰，原为宋代辽金人居住之所，其后金人入主中夏，为元代所灭，金帝室遗族后裔，退居其地，日久繁衍，扩大领域，势力复盛，分满洲为五部落，长白山区为两部落，扈伦地方为四部落，东海地方为三部落；人皆剃发蓄辫，酋长则纬帽翎顶马蹄袖，是为清帝国之开始。清太祖姓爱新觉罗，名努尔哈赤，为宁古塔贝勒（贝勒者，王子也）时，出兵征古捋，为其父塔克世及其祖觉昌安复仇（约当明万历末年）。据清史云，斯时努尔哈赤贝勒检点将士，全国盔甲只有十三套，从征

① 见明宋应星：《天工开物》。

之骑步兵只有三百余人耳。兵士则长兵用叉亦用枪,短兵用刀,均皆背弓带箭,见敌则开弓远射,矢如雨至。此为清初兵器及武装制度之大概情况。清兵初无枪炮及他种火器,专恃骑射为致远之方。天命三年,清太祖内攻,斯时已能出步骑兵至二三万人之众,刀叉弓箭均备。后又规定八旗营制,以三百人为一牛录,设一牛录额真;五牛录设一甲喇额真;五甲喇设一固山额真;左右设两梅勒额真,计共七千五百三十三人为一旗。全国分为八旗,黄、白、红、蓝为正四旗,镶黄、镶白、镶红、镶蓝为副四旗,几于全国皆兵。终清之世,其制无改。但自清高宗以后,八旗兵制,渐成具文,旗兵仅知终身食饷赡家,有事时无兵力可言,亦无兵可用,反赖汉人军队为之效命矣。当时清太祖兵制虽立,国势虽盛,东征西讨,无所不克,但终为明军之大炮火铳鸟枪及他种守城火器所阻碍,屡次进攻失利,不得入关。嗣子四贝勒皇太极即位为清太宗,于明崇祯四年,大举攻明。出征军队,有满洲八旗、汉军八旗骑步共十数万人;且以蒙古兵为向导,马队在步队之前,继以钢叉队、大刀队、藤牌队、大旗队,声势极盛。但仍无火器营队,仍恃弓矢为射远器。是役清军虽大胜,然仍屈于明军火炮威力,仅穿界山,入雁门而止。及清世祖时,吴三桂率军出关降清,迎顺治入北京,于是明始亡而清乃获统治中原,于以见明末兵器大炮之威力矣。

就源流而论,清代兵器可分为五种:一为满洲人自制之兵器,即未入关以前,用以攻击满蒙他部族及明军者;既入关以后,用以南下攻明代诸王及明室遗臣将帅者。此种兵器,以弓、箭、长枪、大叉、大刀、短剑、藤牌、甲胄等器为最著,大叉尤多,前已略示其大致矣。二为明代兵器,经清军入关后逐渐采用,或加修改,或仍原样,而易名为清代兵器者。三为清帝统一以后,参酌历代兵器形式而创制之新式长短兵器。既异满洲之器,亦不同于明器,可称为满汉同化之兵器(如第八十五图版中之各种长兵,以及第八十六及八十七两图版中之各短兵均是)。四为清代武力最盛时,各边族贡进之兵器。此类兵器,虽由藩属贡献,但其大多数均系仿照汉式兵器而特别精制,或用黄金白玉及各种宝石镶嵌装潢,雕镂佳丽,而刃质尤为名贵,如第八十六及第八十七等图版中所示各种刀剑等器是也。五为舶来品,即东西各国制造之新式枪炮,以及军用指挥刀等等现代兵器是也。

就种类及名称而论,清代兵器仍可分为长兵、短兵、射远器及防御武器四种言之。

壹　清代长兵

研究明代兵器,有专作不少,可资考证。清代则不然。屡兴文字之狱,著述家经其陷害诛戮充徙者,不知凡几,无人敢言兵器。即前代之著作,亦复遭其贬没,如宋人之《武经总要》及明人之《武备志》,清帝敕纂《四库全书》时均列为禁书,不予收入;且下令焚毁,于是所谓《四库全书》中关于兵器一端,几至阙如;幸清代距今不远,记载虽少,而实物颇多,就器论器,亦尚易研究耳。

清代长兵大都脱胎于宋明之制,间亦有形式稍异者,于实用亦未见较佳。其最重要而为军中所必需者,有枪、刀、镋、钯(叉)、戟枪等器。依次论述之。(一)长枪。清军所用普通式长枪,在先原与明代长枪相似,嗣有所变更增损,形式略见歧异。如镰形枪、笔形枪、矛形枪、钩形枪(第八十五图版第一、二、三、四等号),形制稍改,而来源则仍未泯也。三眼枪则殊形特别,或系清军自行创制之长兵(第八十五图版第五号)。晚清长枪制,趋于简单,虽未统一,似已偏重一种,即扁镰形刃,圆底筒外加多数铜箍之枪头是也(第八十六图版第三十四号)。此枪制成为晚清最普及之枪,至今犹有用之者。(二)大刀及长刀。长刀与大刀有别,清人呼长柄大刃之刀为大刀,即长刀也;又呼短柄长刃之刀为长刀,实系双手握柄砍臂之大刀,而非长刀也,不可不辨。清代官式大刀有数种,其最普及而通用者有下述数种。其一为刃背作波折形之长柄大刃大刀,铁刃甚重,常有重至三四十斤以上者,则系大力将士所用之刀,或各地武生练习武科之具。此种刀刃,形如曲尖之长叶,其刃背凸起三峰,有如波浪起伏,刃以铁管柄连之;管柄与刃衔接处雕铁作茎斗形;下承以长木柄,柄须甚长,始能挥舞如斯沉重之大刃也(第八十六图版第二十八号)。

其二为刃背作小波折大钩形之长柄大刀,其刃较小较轻于上式刀;刃之上端,外曲作直角形,刃背上部,先作四五小波折形,至背之中段,则作一钩刃,向前伸出,略偏上,但钩刃甚短。柄管不长,其上有一形如护手之铁片或铜片,片上装两铁片或铜片,雕刻成花,以为夹刃使固着于柄之用。木柄亦甚长,始获与大刃相均衡而便于挥舞。此种大刀在清季尤为普遍,军营中必有其器,武生及民团练习亦均用之(第八十六图版第二十六号)。其三为平刃大刀,刀体不重大而近于直形,刃背无波折,亦无钩,仅上部向背略凸出耳。晚清军队用之,尤以山地为宜(第八十六图版第二十七号)。其四为短柄长刃长刀,此种长刀,形似明代长刀制(第八十图版第五号),而实有不同。明季长刀刃曲;清代长刀则长刃直上,俨然直形,仅刃尖向背后微曲耳。长短与重量及铜护手制,则完全与明刀同(第八十五图版第七号)。(三)锐钯。清代锐制脱胎于明代而小有不同,如惠麓酒民所图之锐钯(第八十五图版第六号),其中刃作塔顶形或明角灯形。虽似明代齿锐,但锐形亦不作月牙形,而近于开上口之圆形,盖系满洲军自制器也。骤视之似不甚便利,但酒民注曰:"此锐钯柄长八尺,粗寸半,利刃有两锋,中有一脊,长一尺,重四斤。此器可击可御,兼矛盾两用,马上最便。"是清军乃恃之为马上利器,诩为矛盾两用者矣。其二为三叉锐,中刃长锐,锐形圆如半月,而不似月牙。下管筒有长与中刃等齐者,木柄亦长至七八尺,均满洲惯用之大

叉,后来普及全国者也(第八十六图版第三十、三十一两号)。其
三为清军所用之排叉(第八十六图版第三十二号),形如明代之
三叉(第八十二图版第二十二号),而中刃较短。木柄则较长,长
兵也。其他清季长兵,用途较狭,或属于仪仗排列之器,形式亦
近于宋明之器,不赘述之。

贰　清代短兵

清代短兵有改制者,有自制者,有贡进者,其制较繁,而其器
物之精美,亦有胜于宋明诸代者。可分为刀、剑、钩、戟、锏、鞭、
斧、锤等类论之。其中至关重要而为行军所必备者,只有刀、剑
两种,其余各器近于武士练习及防身之兵器。军营中有时虽亦
见及,但并非主要兵器耳。

子　清代军用刀及宝刀

明代腰刀及短刀受有日本刀之影响,清代则不然。虽《洴澼
百金方》所图之清腰刀(第八十五图版第八号)其重量尺寸及形
式均同于明刀,类系模仿明器,但刃形已较直,且此种刀不过清
季士兵所用之物,非军官、将帅及皇室所用之刀也。清军官将士
及满洲军官卫士戈什哈等人所用之腰刀,其形式最普及、最盛
行,可称为纯粹清代官式腰刀,而异于先代之器者。其钢刃有双
槽,下部微曲,尖锐而锋利,刀之上部近于直形,刀不甚宽,亦不
甚厚,盖近于欧洲之刃制,而脱离日本刀之影响矣。其刀鞘内木

质或竹片,外包鲨鱼皮常染绿色,上下铜套挖花,中部近鞘口一段有两铜箍向外凸出,以受系腰之丝索;其刀柄作弓曲弧形,曲线颇特别,此为异于先代刀形之特点。柄之上端套铜帽,下端安铜套,中部缠丝索或丝索,护手作椭圆扁铜盘形(第八十六图版第十九、二十、二十一、二十二、二十三等号)。此种纯清代式腰刀,各省官佐一律服用之。至于皇室所用之刀,其形制亦大同小异,可以视为一类之器,或刃仅一槽而柄直,或刃无槽而均同一系统也(第八十六图版第十五、十六、十七、十八等号均清乾隆时御制御用之刀也)。间有刃曲如弓者,则系西域回族进贡之名刃也(第八十六图版第十四号)。但皇室之刀,刃上常镶嵌黄金,作云纹花纹,并雕志年代铭文及号数,柄鞘及护手之装潢亦较为富丽精美,非将帅官佐所得用耳(如第八十六图版第十四、十五两号及第一、二、三、四等号)。此种官用腰刀之外,清代尚有步卒所用之刀两种。其一种为双手砍劈之步兵大刀,柄长可容两手把握,柄首有环,如周秦长刀形,铜护手不大,刀刃特别宽大厚重,刃之上部尤形宽阔,刃体下直而上微曲,刃首不作尖形而作平线形,故不能刺人而专任砍劈。双手力砍,可以断敌首级或其臂手腿足。外人因清季刽子手行刑时一刀斩下罪人首级之大刀,与此种军刀同形,曾误认此种刀为刑刀,见诸著述,实则此系清代军用步卒大刀(第八十六图版第二十五号)。此种刀至民国而仍然发达,各省军队中之大刀队均用此刀,各地国术馆亦用以为练习之器焉。其另一种为单手砍刺之短刀,亦清代军队常用之刀,尤以藤牌队及虎兵用之最广。其刀短小轻便,以便一手持盾、一手执刀,刃体直形而锐尖,以利刺割,柄形特别,略如 ⟨刀形图⟩ 形(第八十八图版第三号 b 器)。此种刀柄前代未之见,印度刀剑则自中古以来,颇多具此种柄式者;尼泊尔国亦有之。或即清代步卒大刀及虎卒短刀之所从出,是以其形迥异于前代之器,常人不知其所自来,或以为系清室特创之兵也。步卒大刀已见第八十六图版第二十五号,第二十四号系其变体,刃形较为文雅,柄体较为精致,或系将校所用之刀。虎卒或藤牌队短刀,见第八十八图版第三号 b 器,系甘肃藏器。

腰刀、大刀、短刀之外,清代尚有小刀一种,亦异于先代之器,即云南产之银柄鞘刻花厚刃小刀是也。此种刀甚短,通长有小至二五五公厘者,怀中可置,其较长者亦不过四二五公厘(第八十八图版第九、十、十一等号)。刀刃系硬钢所制,无伸缩性,直体锐尖,刃锋犀利,刃背甚厚,刃体之中部常刻花纹如云纹索纹,且刻铸刃者之名字或牌号店名,刃背亦常有刻花纹者。此种刀质颇佳,系云南良工所制,据云清时不但销售内地各省,并及边外各族。此种刀刃所附柄鞘亦由云南人装潢,流行全国,其木底外面全包起花银皮之外套柄鞘,形式亦颇特别,即其全体柄鞘均作正圆体,自首至尾均圆,柄首作笠形,柄体有时并缠以银丝,银皮鞘外加银箍数道,兼绕银珠,亦属清代刀之一种也。上述四种刀制,均系清代人自制之刀,形式有异于前代者。

　　边族贡进之刀,刃上常刻刀铭、刀名、号码及乾隆年制等中文字样,均藏清宫。就吾人首次量度摄影公布之二百余器观之,此类亦可分为腰刀、大刀、短刀及小刀数种。腰刀及大刀以尼泊尔国廓尔喀王之所贡进者为最佳美精致,其刃均系印度名手所制。刀上镶嵌黄金,作各种细花纹及中文铭文、号码、乾隆年制等字样。护手亦镶镂黄金,柄为白玉质,或作马首形,均镶嵌金丝及印度红绿宝石,鞘仿中国式而以黄金镂为箍套,刃形有微曲与大曲之分,微曲者较多,因较似中国刃也。此种宝刀,至一九三六年时,北平故宫尚保存数具(第八十六图版第一、二、三、四等号,第三号系大刀也)。其次为边疆回族所制之马刀、腰刀及大刀。刃质极佳,其刃上均回文铭,鞘亦未仿汉式也。有由廓尔喀王贡进者(第八十六图版第五、十三两号);有由土尔扈特族贡进者(第八十六图版第六号);有由厄鲁特台吉达什达瓦贡进者,其刀刃长下阔,亦可称为大刀,身长力大者始能用之如意也(第八十六图版第八号)。次为短刀,有由缅甸贡进者,其刃无槽而平,微曲而与其长柄一体曲作弓形,柄刃同其曲度,此为缅甸刀及暹罗刀之特点。圆柄特长,几及刃长三分之二(暹罗刀亦然),亦系异于他族刀之处,柄内木外银,首作球形,圆护手甚小不可辨。鞘形亦特别,上口圆而下尾扁,木底全包银皮,或包多数钻花银皮制之箍及套(第八十六图版第七号)。有由廓尔喀王贡进者,其刀直形,纯钢名刃,镶嵌金花甚细,长英尺一尺十寸,海獭白牙骨柄长九寸,黑皮鞘长二尺三寸五分,柄鞘普通(第八十六图版第九号)。次为小刀,有由西域回族贡进者,刀体直形,其白玉柄长几等于其纯钢刃(和田等处所产之羊脂白玉,坚美为天下冠)。木底鞘外面加一金叶套鞘,可以抽脱,金皮反面钻成凸形花纹,甚为富丽,鞘尾大都作蛇首形(第八十六图版第十号)。有由廓尔喀王贡进者,其刃上阔大而下窄锐,极为犀利尖锐,刃质较他种刀厚重,刀柄特大,非小手所能把握;长亦及刃之半,柄形特异,可为识别。因其体大,故用牛角制者较多(第八十六图版第十一号)。亦有用海獭白牙首为柄,而镶嵌红绿青各种宝石者,木鞘亦加套金皮外鞘,满一嵌红绿青等名贵宝石,其柄有大至难握者。清季刀制,较以前各代繁杂而豪富多矣。

丑　清代宝剑

清代之剑,亦较先代之剑繁杂而精美,仍仿刀例分为清人自制之剑及藩属贡进之剑两种论之。就其源流及形制而言,中国剑制最盛时代当推战国;自唐以降,剑形统一,趋于简单化;宋元明均遵唐式而简单过之。清人所制之剑,远仿唐制,近效宋明剑式,无所变更,无所创造。其剑形,双锋锐尖直刃,蝶形护手,两面凸出之柄茎,笠形或塔顶形柄首,两铜套三铜箍,或两铜箍之鲛皮鞘、或漆鞘、或玳瑁外鞘,凡此,均清剑与唐宋元明之剑相同者也。但如就刃质而论，则逾于往代，颇多斩钉截铁之利器存焉。兹分述之。

（一）清人自制之剑。清剑之外形，无异于自唐以来之传统形制，前已言之。试观第八十七图版第三十二、三十三、三十四三剑，及第八十八图版第七、八两剑，其刃形及柄鞘各部分之形式，均完全一律，如出一手。虽年代有异、产地有别，并无任何影响。今人所用之剑，均无所异于先代之器也。此种剑刃，即周代各种铜剑中之一种，所谓尾形剑是也，柄鞘则唐剑之脱胎耳。但就剑体及其内质以及装饰等项论之，清剑亦各自有其不同。以剑体言，清剑有单剑、双剑、长剑、短剑之分别。单剑者，单手所用之剑也。自周秦以来，此种剑可称为中国普用之剑（第八十七图版中自第十八号至第三十二号等十五剑及第八十八图版第七号剑，均单手也）。双剑者，鞘插两剑，用时双手各执一剑以临敌也（第八十七图版第三十三、三十四两号及第八十八图版第八号）。此种剑俗呼为鸳鸯剑，欧洲兵器学家曾误认为中国人决斗时所用之剑，用时每人分取一剑决斗（见法国兵器专家沙勒·毕丹之著述），实则非也。此种剑因合体入鞘之关系，其刃之一面，平面无脊；柄之一面，亦平而不凸；他面则刃柄皆有脊外凸，故合之可以成为一体，入鞘后形同单剑，但用时颇不便利。其柄一面平而一面凸，令人感觉割手而空掌心之一面，刃亦两面，轻重不均匀，挥使不便，且用两剑临敌，分神而多劳，用力不专，反易资敌以隙可乘。是以善用剑及精于剑术者,均不用之。长剑者,刃体较长之剑也。周上士或上制剑,仅长周尺三尺,系战国最长之剑。秦剑稍长,汉剑愈长,三国两晋,剑制更长。唐剑有实物可凭,如第五十六图版第三号唐代铜剑,其剑刃柄共长英尺二十七寸,刃长二十二寸半。宋明之剑,依《武经总要》及《武备志》观之,其长大约与唐剑相近。考周秦汉之尺,大约相同,均长二三一公厘,即清尺六寸五分半左右。是以周秦三尺之剑,仅长清尺一尺九寸半左右。汉代通行三尺六寸之剑,仅清尺二尺三寸四分左右。梁尺较周汉尺稍长数分,以六朝三尺六寸之剑为常式,则亦不过清尺二尺四寸左右耳。唐铜剑通长清尺二尺三寸不足。宋明之剑,亦均在清尺二尺三四寸左右也。清人喜为三尺剑之传说,实则清剑甚少长至三尺者,盖因太长则反不便刺击也。如第八十七图版第三十二号剑,刃柄通长仅及清尺二尺五寸一分左右,第八十八图版第八号双剑,通常仅清尺二尺一寸左右,同图版第七号剑尤短,通长只清尺一尺六寸四分左右耳。然此第七号剑,确为清代将士所佩以临敌作战之剑,事实上亦较自周以来以迄宋明之剑为长也。清代短剑,形式与长剑同,仅刃短而柄亦稍缩耳。如上述第七号单剑,及第八十七图版第三十三、三十四号双剑(通长五六五公厘,合清尺一尺六寸一分左右),均短剑也。以刃质言,清剑有西洋刃及本国刃之分,如第八十七图版第三十二号剑剑刃,即德国制也。本国刃,即清人自制之刃,亦有硬钢刃、柔钢刃之分,但均无屈伸性。此因中国剑刃大都厚于刀刃之故。如第八十七图版第三十三、三十四号双剑,系硬钢刃也;第八十八图版第八号双剑,系柔钢刃也;同图版第七号剑,则刃质极柔滑,作油泽之光,系采业已用过多年之旧钢铸成者。再就装饰言之,清剑装潢,金银、珠玉、玳瑁、明蛤等质并用,雕镂镶嵌,手工亦尚精良。如第八十七图版第三十二号长剑,系法国毕丹氏藏器,其柄鞘及护手极为富丽精美;护手系以银块精工雕挖而成,花样极工整细腻,柄亦雕银质而镶嵌碧玉数块,黑漆鞘之银套及银箍上,亦嵌饰碧玉焉。又如第八十八图版第七号短剑,亦系法国人藏器,其护手与柄套柄帽,及鞘上两套两箍,均系镀金铜质深刻蝠寿花纹,雕镂精致。其木鞘之外面,有一外鞘,或外套,完全用黄黑相间之玳瑁为之,故可称为玳瑁鞘,颇为美观也。

(二)边民及藩属贡进之剑。此类剑均系清宫藏器,大都系乾隆时贡品。就其刃体论之,可分为刀形无脊直刃偏锋剑(第八十七图版第十八、十九、二十三、二十四、二十五等号)、宽刃有脊中锋剑(第八十七图版第二十一、二十二两号)、平刃无脊中锋剑(第八十七图版第二十、二十六、二十七、二十八、二十九、三十、三十一等号)等各种形式。就其尺度论之,亦可分为长剑(第八十七图版第十八、十九、二十、二十一、二十二、二十三、二十四、二十五等号)及短剑(第八十七图版第二十六至三十一等号)两种。就其柄鞘言之,可分为汉式、藏式及羌式数种。汉式者,系边民模仿传统剑之柄鞘而为之,以贡进者也(第八十七图版第十八、十九、二十三、二十四等号)。但在仿制中仍不免带有少许其本族风度耳。藏式者,西藏及西域回族等所贡进之剑,柄鞘俱显露其本族风格者也(第八十七图版第二十、二十一、二十二、二十四、二十五等号)。羌式者,羌民戎民及苗瑶彝等边民所贡进之短剑也。其柄形至为珍异,颇有考古学及人种学之价值焉(第八十七图版第二十六、二十七、二十八、二十九、三十等号)。就此式剑之装饰及美术言之,有柄嵌宝石至五六层之多,每层嵌宝石十数粒者,有柄鞘俱嵌大粒宝石而雕镂细花者(第八十七图版第二十、二十五两号),有仅雕鞘嵌宝石者(第八十七图版第十九号),有仅镂柄嵌宝石者(第八十七图版第十八号),有柄首作僧冠形者(第八十七图版第二十一、二十二两号),有柄首作方形而护手作立体圆形者(第八十七图版第二十号,此种剑柄甚罕见),有柄首作立体圆形如钟表形者(第八十七图版第二十四号),有护手作斗笠盘形者(第八十七图版第十九号),有护手作齿边铜盘形者(第八十七图版第二十一、二十二两号),装潢各别,艺术显殊,然大都受有汉族美术影响焉。

寅　清代杂形短兵

刀剑之外,清人尚用有杂形短兵数种。此种杂兵有源出宋代者,有源出满洲蒙古者,亦有来源较远者。如钩、戟、剑、斧、鞭、锤等器均是也。清人所用之单锋短钩，略如剑长，其刃向背曲转作圆弯形，柄形略如剑柄形，而护手特小，此种钩似含有勾兵、割兵、砍兵等作用（第八十六图版第二十九号）。月牙短戟，或名手戟，亦为清人短兵之一。除月牙外刃之外，上有尖锋、曲钩，亦具有勾兵、刺兵、割兵、锐兵等作用之器也（第八十六图版第三十三号，通长一公尺六五公厘）。清人喜用铜锏、铜斧，均双手用者，其铜甚沉重，斧则柄短仅长尺余，斧刃亦甚小，作云头形，刃锋曲作半圆体，双斧均可插腰。北方人及满洲人均喜练习此类兵器。满人及北方人尚喜练使一种特别铁鞭，名为九节鞭，每一节长仅三至四寸，联以铁环，不用时可以收小握于一手之中，或围绕腰际；用时握柄将鞭打出，成一软性短鞭。可击、可笞、可勾、可缚，善用者常可胜敌人之刀剑，一击而可拖拉敌头使倒。宋明军器中均有两节鞭，此或满洲人之改制乎？清光绪时著者曾在北京数旗人家中见及数具，均似曾经习用甚久之物也。清人亦用短锤，铜铁制者均有。除如唐铜瓜形之圆锤外，尚有所谓蒙古手锥者，原系蒙古喇嘛防身之兵器，满洲人亦善用之。此类器均铜制，间有镀黄金并镶嵌各种红绿宝石者，其长均不盈尺，大都在清尺六七寸左右，可以藏置于蒙古人所着大袍之怀中袖中或其大靴中也。器刃作三角锥形，如俗称灯笼辣椒形，上有茎，再上为巨柄，大都作多首多臂之佛体形。此类锥体短，但啄力甚大，出其不意而出以凿人，未有不碎脑破头或断脊洞胸者，亦清代短小兵器中之一种利器,而为先代之所未有者也(第八十六图版第三十五号)。

叁 清代射远器

清代射远器可分为暗器、弓弩及枪炮三种言之。

子 清代暗器

暗器大多数不始于清代,但至清代而集其成。清人极喜用之,自清室王子及官绅士卒,至工商各界,均有人练习而使用之。甚至武术专家,从而开设公司以保卫水陆行旅,名为镖局。镖局所使用武器之一为镖,镖即暗器之一种也。是则暗器虽非正式兵器,在清代武器中亦占重要位置,与弓弩有同样之价值焉。为是不惮烦而缕述之。

清代暗器,似可分为手掷、索系、机射、药喷等四种,其来源恐均在清季以前。

一、手掷暗器

手掷者,以手握器用力向目标抛掷使中的也。人力有强弱,器有大小,故器之射程,远近不等,大都不如弓弩之远。但力大技高者,有时亦能远掷至与箭之射程相埒或且过之焉。此类暗器种类极多,南北各省不同,习武术者大都能用其一二种以自卫。以吾人之所知者,清人所用之手掷暗器,大约有标枪、金钱镖、脱手镖、掷箭、飞叉、飞铙、飞刺、飞剑、飞刀、飞蝗石、鹅卵石、铁橄榄、如意珠、乾坤圈等类。

（1）标枪。本为正式兵器之一种，元代曾广用之，但其来源，可远溯于周人之投壶，至今边疆苗彝诸族，尚有精于使用者。清代所用标枪，多木或竹竿，铁镞；或完全铁制，无所异于先代之器。但武术家之标枪，大都较短于军用之器，以图便于携带。其用钢铁制者，长约二尺半，用木柄者，镞长六寸，杆长一尺八九寸，重不及二斤纯铁打成之标枪更短，不及二尺，杆细而锐其尖耳，重亦不及四斤。人仅能带四枪，技精者能于五十步外中敌。

（2）金钱镖。为清代暗器中之最便利而又能大量携带旅行者，盖其法极为简单，即用清代有孔大制钱锉磨其圆边成刃飞掷以伤人也。此器专伤人面部眼目及手腕，练习颇非易事。

（3）脱手镖。有三棱五棱及圆筒等形式，能于四十步以外中敌，即清代镖客所用之铁镖也。其最通行者镖长清尺三寸六分，重六两至七两。可分为三种：一为带衣镖，即于镖之末端扎红绿绸二寸许，用以鼓风乘势，如箭之有羽，红绿绸名为镖衣。二为光杆镖，不带镖衣。三为毒药镖，用各种毒药配合，与镖同煮，或熬成膏而涂于镖刃，一入人体，即毒发丧命。脱手镖以十二支或九支为一槽，每槽必有一绝手镖，较他镖为大，不得已时始用之。脱手镖亦有长过四寸、重逾七两者，乃大力优技者之器也。

（4）掷箭。始于周代投壶之制，至今边族中尚有精其术者，能于百步外杀敌。按掷箭之法,又名为竹箸代箭术,北方人亦称为甩手箭,盖不用弓弩及箭筒而凭空手发射也。其法分为甲、乙、丙三步。故其箭亦分为甲、乙、丙三种。甲种掷箭全体纯以铁打成,长九寸,粗如小指;镞如弓箭作三角形;杆则近镞处细,愈后愈粗,用以调匀分量,使发出后可依直线发射,与有羽同;箭重在十两左右,携带时以十二支为一插,初习者均用之。乙种掷箭以铁与竹合制,铁镞竹竿,末加羽;形如弓箭而较小,长约八九寸,重约二两以上、三两以下,此为第二步练习之器。丙种掷箭完全以竹制成,无镞羽,但削竹使成浑圆,前锐后丰,略如竹箸而锐其端。功成技精之士可远贯敌人之胸也。

(5)飞叉。飞叉之制,源出宋代。原与军中所用木柄长叉大致相同,但较小数倍耳。满洲兵喜用叉,故清代飞叉特盛,能于百步外叉人。其叉全体铁铸,长约九寸,叉头约占三分之一,在三寸以上,股数或三或五;三股者较多,中一股挺出如枪头,左右二股作半圆形,环抱于中股之两侧,上端近中股处亦各有锐利之首,半圆形之外侧,亦为薄刃,甚锋利。三股相合,略成一圆圈形,唯中股特长。柄近叉处较细,愈后愈粗,约长六寸,叉重在一斤以上、二斤以下,每九叉为一联,用软皮插袋盛之,斜缚于肩背之后,叉头向上。

(6)飞铙。源出于乐器。有大小二种:大者直径一尺余,四周边缘皆薄而锋利,寻常以铜铸,但亦有用纯钢铸成者。其法全恃旋转圆舞之力击人,故击不甚远,或空手旋转,乘势掷出,或以索贯铙之中心,持索舞铙,遥掷击人,且其出必平飞,周围约占一尺以外,趋避颇难焉。

(7)飞刺。能射远至一丈以外,但飞刺本为一种极短之兵器,水战最宜,以其不当水之故。陆战亦有用之者,有三棱刺及峨眉刺等分别。三棱刺形略如镖,中粗而两端尖锐,作橄榄形,居中有一环束之,环活络,可以移转,环之上又缀一圈,用为贯指之具。刺长约一尺二寸,中间握手处无锋刃,用者必以双,鲜用单刺者。一对重约三斤,纯钢打成。峨眉刺则浑圆无棱,余同三棱刺。握刺时以中指贯于活络环之圈中,似两面尖头杀敌,刺凿插钉兼施。专用为暗器之飞刺,形式略异,长仅七寸,细如笔管,中间隆起,以为握手之用。其头尖锐如箭镞,体则三棱浑圆均可,刺重约六七两,以十二支为一排;刺袋如箭插,带于肩背腰胁均可。其与短兵器之刺不同之处即其中间并无环之束缚,亦无圈之贯手耳。

(8)飞剑。即用小剑飞掷,以刺杀敌人之谓。其形制略同于军器中之长短剑,唯缩小若干倍耳。剑身长约七寸余,刃尖作三角形,两边锋利,有脊,刃末有护手盘,柄末有一环,剑尖长半寸,刃长四寸半,阔约半寸,盘周围一寸,厚二分余,柄长约二寸,粗约半寸,环极细,周围不及半寸,剑重约在五两左右,较常剑约小五倍以上。携带时以六剑为一排,一鞘每上下二排,共十二剑,鞘用革或鲨鱼皮制,两旁各系一带,紧缚肩背间,使剑柄向左肩斜上,左手掷剑者反之。

(9)飞刀。清代飞刀亦有数种,有单刃者,有双刃者,有形如偃月刀者,形不同而飞射之术亦异。柳叶飞刀者,双刃飞刀也,以形如柳叶而名。刀身长六寸,柄长一寸七分,刀盘称是,刀身上锐下丰,与柳叶同。两面锋利,刃薄如纸而有中脊,刀尖锐小如针,近脊处最厚,约二分左右,刀重只三两余,柄亦以铁为之,重四两余,盘较柄稍粗阔,重约二两,是以每刀约重十两左右。柄末缠以红绿绸,长二寸余,有如镖衣,以为鼓风取准之用。刀须用纯钢打制,每十二刀为一鞘,鞘以鲨鱼皮制为佳,参差列为上下二排,每排六刀,刀尖向下,刀露鞘外。但带刀之法,与带镖不同,镖囊悬于胁际,刀鞘则缚于背上,右手用刀者,则斜缚于左肩与脊骨之间;左手用刀者,则斜缚于右肩与脊骨之间。柳叶飞刀之制人,专在其尖锐之刀头,两面刃锋之用处极少,但亦能伤割不善躲避之敌人。至于刀之重量,则随练习使用之力量与技术而常有小变更焉。

(10)飞蝗石。此为暗器中之最便利而最节省者。以青石为上,麻石次之,黄石最下。石体宜细长,上锐下丰,边形无限定,锥形方形六角形皆可用。名为飞蝗者,言其外状如蝗虫也。长约三寸,周围广阔不拘,重约六七两,以囊贮之而佩于腰间。

(11)鹅卵石。此种石异于飞蝗石之处,在其石体完全为一光滑之石卵,大如鹅卵,以重量及实力伤人,非如飞蝗石以锐尖伤人也。石重在十二两左右,以质料坚实圆滑者为宜。

(12)铁橄榄。俗名核子钉,亦称枣核箭,像核形也。每枚长约七分,中部最大,周围亦约七八分,两端尖利如镖头;重约一两至一两二钱,全用纯钢打就,间亦有用熟铜炼成者,且有将此器入药水中煮熬若干日,再涂以毒烈之膏,于日中晒干之,则中人见血即死,与毒镖无异。

(13)如意珠。此物为暗器中之最小者,系用指拈发,专袭敌人脆弱部位。名为珠,实乃最小之铁丸,其体浑圆细小如珠耳。每颗重约三四分,较大于清代鸟枪之铁珠,发射时以二指扣其珠,用指甲向外剔出,使之远射,以其体小而轻,指力亦有限制,故须择的而投。

(14)乾坤圈。原名阴阳刺轮,系元代蒙古军之遗器遗制,能于数丈外袭人,割其面目颈项而毙之。此器之制人全赖其圈外之刺齿,有锯割作用,着人难于幸免,亦可称暗器中之险恶者。其形如手镯,直径约八寸,握手处浑圆,约一握又半,居全圈四分之一,其粗亦仅盈握,其余四分之三为扁平圆弯,与浑圆处两端衔接,恰成一圆圈。扁平处阔约一寸余,厚约四五分,靠内缘处较厚,外缘处较薄,并无锋刃,但于外缘上安锋利之三角形尖刺,每刺约长一寸五分,刺尖弯转、倾向一方,累累如锯齿,弯转处又如狼牙锤上之狼牙,锐尖薄刃,刃两面均有,异常犀利。圈之外缘除握手之浑圆处无刺外,余均有刺,其刺与刺之距离约五六分,共数十刺,如机器之刺轮,即致敌人之死命者。每圈重约二斤至三斤以上,不超过四斤。一革囊可盛三圈,囊如圈阔,三圈并排贮之,握手处露出囊外。此器练习不易,元代蒙古军最精其术。

二、索系暗器

索系暗器者,以绳索系住器之一端,而手握绳索之另一端,用力将器抛出伤人也。索系暗器可收回,收回再击,连续不断,一器可支久用,此其优点。但索长有限制,不如他器之能及远,且有时亦不便使用耳。索系暗器有绳镖、流星锤、狼牙锤、龙须钩、软鞭、锦套索、飞爪、铁莲花等类。

(1)绳镖。绳镖之形式不止一种,有三棱形者、有圆筒形者、有五棱七棱形者,功用皆相同也。其最普通者为三棱镖,纯钢铸成;长五寸至七寸,重约九两,镖体作三棱形,头尖尾广,尾端正圆,有一铁环扣其端,以绵软之坚索系其环;绳长约二丈至三丈,另备一竹管,穿于绳上,竹管粗约盈握,长约四寸。左手握住绳之末端,右手握住竹管,镖即可应手而出矣。

(2)流星锤。全体分为三部,即锤身、软索、把手是也。锤头有浑圆者、有瓜形者、有棱角甚多者,其功用相同。锤身大如普通饭碗,而无定尺寸,因其大小轻重均须视用者之体力为标准也。普通大约重四五斤，大者六七斤，或八九斤，最小者三斤。锤身末端留象鼻眼，以贯铁环，更以绳扣住其环。绳名软索，宜以蚕丝与人发夹杂编成，如再用鹿脊筋劈成细丝而三物同编，更加坚韧而不易摧折。软索粗如手指，长二丈五尺或三丈。把手仅在初学时用之，功成舍去。以坚竹为之，粗盈握，长三四寸。平时拗索为四折，用时一抽即解。

(3) 狼牙锤。锤形与卧瓜锤相似，头浑圆，周围约一尺，长如之。后有铁柄，锤之四周附有多数锐利铁齿如钉，长寸许，竖出如狼牙。柄长约二三尺，末端附有千斤套腕索，此兵器中之狼牙锤也。暗器中之狼牙锤形稍异，锤为正圆形，可分为前后两半：前半附有长寸许之铁钉，极锐利，钉头向前；后半无钉，与流星锤同。末端有一环，不活络，用以贯索并于发锤时握之者。锤随人力而定大小轻重，大约三斤至七八斤左右，系锤之软索，则全与流星锤同，末端亦有千斤套腕索。以竖革制囊盛锤，作缸形，口甚敞，两旁有皮带，以缠缚腰际，其深约及锤三分之二，广则过于锤，锤环露囊外，以便握取。

(4) 龙须钩。钩以钢制，长约一尺，后部作半圆形，中心有一铁环，贯软索于其中；半圆形之前端则两股并出，略曲折如矛头；两股中间相距约六寸，两股之外均有刺如锯，齿向后，股端各向外弯转成钩。钩式略与硬柄虎头钩相似，钩头长二寸许，其端锐利异常，且内外均有若干锯齿，通体皆扁平形；股之阔约六分，弯转处较阔,亦不及一寸;钩头则愈后愈狭,及端则成尖锐之剑尖;钩头与股之距离最阔处约二寸,最狭处不及一寸,以钩头由弯转处逐渐搋开,故弯转处相距较狭,而尖头处距离较阔也。其半圆形处虽亦扁平,但无刃无刺,以备握手之用。软索长三丈,前端穿结环内,后端亦有千斤套腕,以熟丝与人发夹杂者为合用,能劈鹿脊筋掺和之更佳。钩名象形而来,带法与带狼牙锤相仿。

(5)软鞭。系极猛烈之暗器,中人轻亦重伤,且不易抵御。鞭用钢铁或熟铜打成,分为若干节,每节长约四寸,其两端皆有铁环,环与环互相衔接扣住,节节相连;其末端一节为鞭头,形与镖似,亦尖锐锋利,所以刺人也。止端一节为鞭把,以握手,后面尚亦有一环,以贯千斤套腕。鞭以九节居多,亦有十三节者,则每节较短,其形式有作方柱形者名为四棱鞭,作圆柱形者名为竹节鞭,尚有三棱六角等式样,用法均同。用时抽开鞭头,套索于腕,猛力一抽,鞭即挺直,可以向的取人矣。

(6)锦套索。此器实为棉绳套索之变相,与鸡爪索龙须钩相似,唯无爪与钩耳。索长一丈二尺,平常用棉纱制成,不甚坚固,最好将鹿脊筋或牛脊筋劈成网丝,与人发、纯丝三物,羼合一处而编之,则坚韧异常,刀割不断矣。锦索之一端有一钩,钩头左右歧出,形如舟锚,锐端向后;近钩二尺处,亦制有短小锋利之芒刺,以防敌人之接握。索之后端亦有千斤套腕,用时手先穿入套腕,抽去活扣,取出钩头,猛抖数次,以免芒刺纽索。

（7）飞爪。脱胎于棉绳套索，此器仅一绳一爪，爪以铁制，与人掌同；唯掌面略短，每指除大指外，亦均为三节。第一节之端锐利有如鸡爪，每一节相连之处，皆活络，装有极小而灵活之机关，能使各节伸缩活动，掌面则空其中，上有五洞，即每指插入之处；中用一半圆形铁环横贯五指之末端，更于掌之后部，嵌入一铁环，环即套于半圆形之中间，是为总枢纽。其爪之屈伸，完全司于此环，盖每节之小机括，亦有弦索通于总索也。环之后亦如绳镖流星锤之有软索牵连之，其索亦以纯丝与人发及鹿脊筋所制者为佳。索之末端，挽结成一圈，预备套于腕上，即所谓千斤套腕是也。飞爪着人，将索一抽，小机括使爪深陷入人体，敌挣奔则入愈深，万难逃脱。

（8）铁莲花。系装置机关之暗器，因用绳系之，故列入此门。其莲花作并头形，二蒂并合一处，如未发之苞，唯居中有离开之缝。苞之两侧，皆作棱起之锐刃，头部极尖利，完全是一荷苞，长约三寸，上削下丰，最丰处约二寸有奇；末端有一环，则通于内部之机关，盖苞之内部实空，而装置一种弹簧机关，加一横栓于上；弹簧一缩短，苞亦两面并拢。其横栓通于外面环上，但将环一拧，栓即脱出，弹簧失其管钥，立即向两横暴伸，将荷苞猛力撑出，荷苞之背原有棱刃，即可借此以剖物矣。环之上系一绳，长约一丈二尺，荷苞重十二两，绳以人发杂熟丝制者为佳。绳之末端，亦有千斤套腕。此器赖其锐尖刺人，刺人后拉绳使荷苞开张,其锐刃立将创口割大,敌必重伤矣。

三、机射暗器

机射暗器者,赖机括或弹性力以发射暗器,致远杀敌也。计有单筒袖箭、梅花袖箭、弹弓、弩箭、花装弩、踏弩、雷公钻、铁鸳鸯、铁蟾蜍、袖炮等类。

(1)单筒袖箭。单筒者,即每次只能发一箭之箭筒也。筒之外廓为铜铁所铸,长八寸,圆周对径约八分,筒顶有盖连于筒身,不能启闭;盖之中央有一小孔,即装箭之处;筒盖旁一寸处有活络之蝴蝶翅一片,亦钢制,如弩上之牙,用以司启闭。插箭筒中,关住蝴蝶翅,即将箭轧住;但一启之,箭立射出。其内部则为纯钢系盘就之弹簧,长与筒相等,对径较筒略小,顶上连一圆铁板,与筒之内缘吻合。末端亦为一盖,较筒身略大,与筒之末端(内外各有螺旋)可以衔接,至其弹簧之每一回旋处,二钢丝相距约一分,故有伸缩之力,此箭筒之制法也。箭杆则用光竹制,长七寸,粗如最细之箸,上面装一锐利之铁箭头,长约一寸,成梭子形;箭杆上部宜有微陷,备蝴蝶翅关锁之用。另备一箭插,每插十二箭,用时先插箭于筒,将弹簧极力压下,用蝴蝶翅将箭关住,若将外面蝴蝶翅拨开,则内部之弹簧暴伸,箭即被推送而出矣。至于箭之射程远近,则随弹簧力之强弱而定。

(2)梅花袖箭。此器装箭一次,可以连发六箭,络绎而出。

其箭筒较单筒为粗，对径约一寸二分至一寸五分，长八寸，顶端半寸处置一大蝴蝶翅，司正中之一箭；稍下半寸处，则四周共有五个蝴蝶翅，管理周围五箭之用。筒之内部为六小管，排作梅花形，中一外圆五，每一小管之顶端一部皆有一孔，通于外面之蝴蝶翅，为锁箭发箭之最重要机关。每一小管中各有一支弹簧，其装配之法与单筒无异。六小管之末端装在箭筒之盖内，用螺旋合于筒身，筒之前端亦有六小孔，为装箭之处；匣盖之后缀以小铁圈。一梅花袖箭射放时，须将筒身随之旋转，故不能如单筒袖箭之用三段带缚于衣上，而贯一绳于小铁圈中，以系于大臂之上，其筒顶一端，则用带围约之，不必紧缚，但使其不致狂宕耳。至于箭之制式，完全与单筒者相同。

（3）弹弓。弹弓与寻常发矢之硬弓完全相同，弓胎皆竹制，以南竹胎为佳。外为牛筋，内衬牛角，首尾长十八拳，譬如掌阔二寸，弓长三尺六寸是也。此为普通之弓。其功深而力大者，弓胎亦为竹制，但其外牛筋，其内牛角，皆易为钢片，而其两端耳索则以人发铜丝及麻等物合制之；此弓之力较强，发射亦远。弓弦皆以丝制，间有劈鹿脊筋成丝，和人发杂丝制之，较为牢固。弓之全体可分数部，其把手之处曰弣，其梢曰弰，两端架弦之处曰峻，两旁曲处曰弓渊。至于弹丸，平常皆以富有黏性之土，和胶捣匀，搓之成丸，晒至极干，即坚硬可用，然亦有以铜铁铸成弹丸者。平常之人能以二力半之弓发弹，亦可伤人，若在四力以上，则力猛丸速,着人必死矣。每力为九斤十二两,此分量乃在弓制成后,缚弓于秤钩之上,一人在其下钩住弓弦,拉足至满月状,秤杆上所得之斤两,即为弓之力数。凡在平时,弦宜卸下,用时加上,否则弦不卸,弓易受伤。卸弦、上弦之法,系挂弓于地,而以左脚找住下面弓渊之内侧,左手折弓使前屈,右手则司上卸其弦之责。弓不用时,宜加弓韬而悬之,切忌潮湿燥烈,否则佳弓必损。临事时负韬自随,加弦于弓,抽之即出,扣弦即发。韬以革制,形略如弓,长没其三分之二,三分之一露于外。丸盛于囊,亦革制,与盛铁蟾蜍者式样相同,每囊盛弹丸数十枚至百余枚。如能发连珠弹,则大敌围攻,亦无所虑。

(4)弩箭,亦名窝弓。北方及关外猎户弋取野兽时常用之。弩箭长大无比,五人合用一弩,发时不止一箭;平时扣弦装矢,置于丛莽间,野兽触其机,众矢立发,必为所毙。至于一人单用之弩箭,则系就其式样而改小者,长仅尺许。直至清末,北方及关外健儿以此自雄者,尚大有其人。暗器弩之制法,以木为主,以弦角等物补之,近于弓形,但多一臂置弓弣之中央,即两弓渊之间,一端横架弦上,此臂名为神臂,以其强而有力也。臂之中置一机关,一端作钩状;用以扣弦者曰弩牙,一端作鸡嘴形者为弩鼻,用手掀之脱弦发矢之机也。中部之两旁有小孔,中设竹箇钉,以横贯于弩臂,使弩牙可以随时上下,便于钩弦激矢。弩臂中空,用以容矢,矢之末端紧接弦上,机拨弦动,矢即发射。其力强者,可射二百步,平常之弩,亦可射百步以外,功效实较弓箭为大。箭之制法,亦以坚竹为干,钢铁为镞,与袖箭相似而略长。宋明清诸代人所用之弩箭,有飞蝗弓、克敌弓、神臂弓、花装弩等名称。

（5）花装弩。花装弩实为宋代军中弩团所用之器,又名紧背低头花装弩,亦称背弩。其构造完全与手用弩箭相同,但形式较小,且多绳索三条,二索分左右,系于两弓渊之上,结成圆形,另一索则系于弩机上。其用法,系缚弩使平贴背上,左右二绳圈套于两肩,其系于弩机之绳,一端系于腰带之上,弩背之出口处向上,靠于对口穴。用时贯矢于臂,扣弦于弩机之上,人但将上身向前一躬,则系于腰间之一绳必因腰背两部之震动而向下拉引,触拨弩机,弩弦脱机,激箭发射。是以发箭必须弯腰低头,如鞠躬状,使箭从后颈上射出。弓长约八寸,弩臂之长如之,箭长六寸有奇,以无节之坚竹为干,钢铁为镞,镞形扁平,阔度则较弓上之箭为狭。花装二字,象其形式,犹弓之有胎,袖箭之有梅花而已,与技术本身无关也。

（6）踏弩。其制法完全与手弩相同,唯形式较花装弩为尤小,盖系藏置于马鞍旁踏镫下之器,用足践发者也。弩背上亦有一绳,紧缚臂于马踏镫之下,更以二绳系左右弓渊之上,一端则缚于踏镫之耳环,臂口向前,弩机在后,弩机之上亦有一绳缚之,其另一端则缚于人之脚胫,用时但须将脚向后一踏,则绳震弩机,弓弦立脱,箭即射出。此器为马战者之暗器,关外健儿及曾营镖业之骑士,尚有能用其法者。

(7)雷公钻。其法颇为笨稚,系用一钻一锤,类于锻工治石之具。锤为花鼓形,柄贯其中央,身长约五寸,周围亦四五寸,柄以木制,粗盈一握,长六寸有奇,锤重在三四斤左右。钻为方锥形,前锐后丰,边有四角,长约七八寸左右;其后端最丰处,每边约一寸,愈前愈小。其极端则如镖头,锐利无比。锥重大约一斤半,小者一斤有奇。发射时以左手执钻拟的,以右手握锤猛击其丰大之一端,左手一松,钻即击出。握钻之手须戴一软薄坚韧皮制手套,以鹿皮、虎皮为佳,套为方袋形,略较手掌长大,后端收口处穿带,以缚于手腕之上。此器笨重,发射时又易为敌见,但射力极大,即坚壁亦可穿凿而过,中敌必致死或重伤,此其优点也。

(8)铁鸳鸯。此器全体用铁铸成,长仅三寸,阔仅一寸半,颈部弯曲,颈部上昂,嘴向前而两翼活动,可以张闭,完全制成鸳鸯之形状。口略张开,上下二片均锐利有刃,略如龙舌枪头,唯较小耳。每枚约重六两余,胸部完全扁平,似鸳鸯浮水面时,仅见其上半身,而不见其足。其舌亦活络,舌之后部紧按在一个弹簧机关之上,而此弹簧机关之后部又有一钩如弩牙通出颈外,以一丝弦扣之。弦之两端系于两翼,翼底有软钢片撑持之。发射之前,先将两翼用钢片撑起,然后用弦扣住颈外之机括,则舌后之弹簧即缩颈中,舌亦随之缩入。及至中的,则嘴部着物,全体受震,软钢片即滑去,两翼因之下载,弦脱其钩,颈之阻碍物离去。弹簧立即暴伸,其舌亦即因之而脱离其颈而向外射发矣。是以铁鸳鸯除用尖嘴刺人外,实以其弹簧发射之舌箭为可畏也。以二枚为一联,预先上好机关置一鞘中,袋中可带三四联,甚为轻便。此器之打出法与脱手镖无异,完全用一甩劲掷击,器腹贴掌面,头颈居中指第一节处,嘴与中指同其方向,以大拇指紧按铁鸳鸯之背,取准平手直线发出,用力不大也。

(9)铁蟾蜍。形状与蛙无异,头削而后丰,头三角形,嘴尖而利。前面两足,环贴两颔之旁,爪与头平,爪端亦锐利,其尾部极阔,后面一足,则蜷贴股际,腹部平滑。通长仅三寸,尾阔一寸有奇,口阔约四分,前两爪相距约二寸,每一枚重约六两有奇。

(10)袖炮。其形式与弩相似,弓上亦加一臂,装有机关以发石击人。其臂为方筒形,一端架于弓弦之上,两侧皆有一细小之槽,长与臂相差少许,弓弦即横贯其中,赖槽而上下移动。臂之中部为炮膛,盛炮子,臂之后部为弩机,半装于臂之外,即用手钩拨之处;其另一半则嵌在炮之末端,为扣弦之具。炮膛圆槽形,仅容一子,子安弦上不限一枚。弩之横侧约六寸,臂长约七寸,藏于古人大袖中,用时一拨弩机石子即陆续打出。石大约如指尖头,天然石卵,较为坚实。

四、药喷暗器

药喷暗器者,内贮各种药物,用时借药力将毒品或利器喷射而出以伤害敌人也,其法已含有近代火器及毒瓦斯之意义矣。计有喷筒、鸟嘴铳等类。

(1)喷筒。此器有毒焰与毒液二种,均甚猛烈。其法系将毒焰毒液置之筒中,紧扣其盖,用时将盖开启,借机关之力,将筒中毒物压迫喷射而出。如为毒焰,敌人嗅其气味立即晕倒;如为毒液,一着人身,顷刻溃烂,无药可救。筒之形式略与近代用以灭火之水枪相似,长一尺二寸,对径约一寸半,以铜铁铸成;外廓为一管,仅其顶端露八九小孔,四围螺旋,另有一盖与之吻合,旋紧之后药水不至流出。另安一铜杆,杆端安一轴头,长一寸许,较外廓略小。轴头之上则以胶皮紧裹之,务使轴恰能入外廓,而无丝毫空隙。杆长与筒相等,后端亦有螺旋之盖,紧旋于筒之后部,套于杆上,杆之末端则为握手之柄,按柄前挺,则筒中之药物,自能从前端之小孔射出矣。其用毒焰者则筒中更须竖置一推轮,安一小玛瑙石,药粉中固有硫黄等易燃之物,一经轴头之抵触,推轮转动,擦石发火,药粉即化为毒焰由小孔中喷出矣。至于所用药物,除白信、水银外,尚有极猛烈之毒药数种,前人未肯明言焉。

(2)鸟嘴铳。始于明中叶,为明军中利器,开鸟枪之先河。《筹海图编》记载:"鸟嘴铳……以铜铁为管,以木橐承之,中贮铅弹,所击人马洞穿。"发射可及二百步。此器完全借火药之力发弹,射程之远、力量之大,迥非他种暗器之所能及;且能射出铁珠至二十粒之多,中的较广较易,实不亚于后世鸟枪也。铳管以铁铸,长六寸,周围约如拇指粗细,管之内部有法郎旋,管厚约三分。顶端一口,名为铳门;末端则为桶状物。加木柄于其内,为握手之处。向上之一边,距柄约一寸处,则有一线香眼,直通入管之内部,名为药门。子弹用细铁珠,与今鸟枪中所用者相同;将铁珠杂于火药之中,用竹管超之,由铳门灌入膛内;每膛药约一两,铁珠约二十粒,再多则易炸裂其管,须砧之使结实;更以纸少许塞结于膛内,用长约寸许之药线,于装弹之前由药门中插入。用时将火燎着药线,使火种传入膛内,药着火即炸,子弹即由铳门射出,可及二百步以外。火药以一水牛角装底盛带,铁珠药线以一袋盛带,火绳用二竹管贮带,须预先将火绳燃着,冒于竹管内,平时不燎,用时拔出,临风一晃即燃着。因绳中含有特别药物也。发铳时以右手固握其柄,切防弹出口时外拔后退之反动力,以免自伤而不克瞄准;左手出火绳晃燎燃药线,火由药门传入膛内,药炸而众子弹即向的轰射矣。

丑　清代弓弩

明代已自制枪炮及他种火器,明末更采用西洋大炮以靖边患。清代继之,火器自应更有可观。乃入关称帝以后,并无远虑,国防军械,无求进步之意。观其全国考试武生,分秀才、举人、进士三级，自清初至清末，仍只唯刀、弓、石三项是凭。刀即汉唐宋明以来之青龙刀，长大笨重不堪，唯力是视；弓亦宋明以来沿用之大弓，先视开弓之力，再讲骑射步射；石为石锁、石臼，亦练蛮力而已。清代军事之腐败，于此可见一斑。是以清室军备器械，故步自封，直明末之不若，安有进化可言乎？即以弓弩论之，在清初本应为枪炮所排挤而早行废止，乃终清之世，仍以此取士，遂令吾人今日叙清兵犹不能舍弓箭而不述，是亦可慨也已。

一、清代弓箭

清代弓制，不如唐宋之盛，亦逊于明季，其弓可分为习武与军用两种：习武之弓重力，力大者可拉开数十斤，甚至有百斤之弓，以应考试；军用之弓则重射的，不计力大，但求射准也。北平古物陈列所藏有清帝武库中所遗御用大弓及各种羽箭多具，其铁镞之形式互异，爰择其名称形式各不相同者，摄量以公布之（第八十七图版）。计弓四具，均长英尺五尺五寸左右，其曲度各有不同，两端扣弦之处亦均有出入。弓之两角屈伸之形亦异，其总名称则均为桦皮弓。有系康熙御制者（第八十七图版第一号），有系雍正御制者（第八十七图版第二号），有系乾隆御制者（第八十七图版第三、四两号），其一称为卍福锦地桦皮弓（第八十七图版第三号），其一简称御制桦皮弓（第八十七图版第四号），可见清室弓制，御弓只此一种，且自乾隆以后，御制弓更阙如矣。是骑射风衰之征也。清代军民所用之弓亦只有一二种；军用箭则有渔叉箭及兔儿叉箭等类。长杆锐镞，与明季之器大同小异。清帝御用箭则有十二种之多，若渔叉箭，若兔儿叉箭，若射虎包头、射虎披箭、枚针箭、啸箭、包头等名称。镞形互异，即同一名称者，其镞形之大小、锐钝、方圆、尖扁，亦各自不同，杆长则大都在三尺三寸以上，大抵为弋猎之用，阅摄影可获其大概（第八十七图版自第六号至第十七号）。清代箭囊不大，以革套革带缠身，御制者刻绣花纹颇富，带有满族色彩及外国影响，迥异于宋明各代箭袋上之花纹也（第八十七图版第五号）。

二、清代之弩

清代满洲人最喜弓弩，几于家藏户有，北方汉人亦然。娴于弩术者极多，直至清末，习弩之风未衰，北京等地，直到民国尚多制弩专家及售弩专店，但均系弋射小弩，手执身带之器。所常见有臂有机之弋射弩，其制有二：一为发弹用之弩，俗名弩弓（第四十七图）；一为连续发十弹或十矢之弩，俗名弹弩或连珠弩（第四十八图）。弩弓用一弓形曲体之木为臂，臂上置弓与机，其前端再置粗铁丝制长方形架，架上横系一线，线上系一小珠，架俗名星架，珠名准星。机之后端立一竹牌，牌中凿一小孔；牌俗名斗牌，又名星牌。准星之地位先可上下左右移动，待至由斗牌小孔

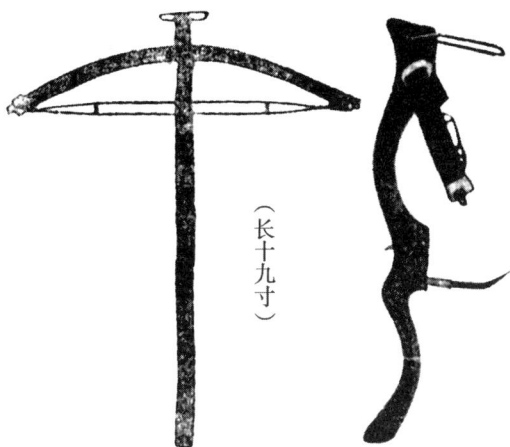

（长十九寸）

第四十七图　清代弩弓

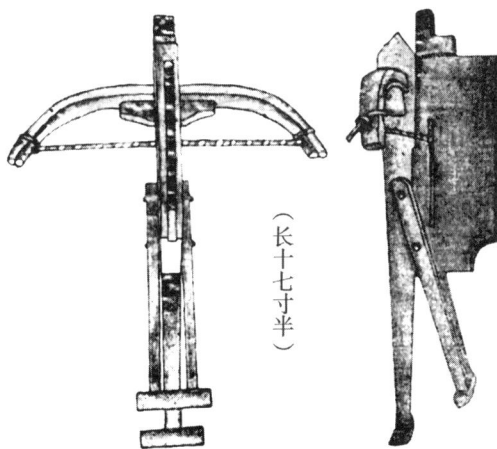

（长十七寸半）

第四十八图　清代弹弩

第四十九图

弩弓之机

中以窥准星,与所射成一直线时即固定之,以为射击标准,如是则发即命中。机用铜制,分上下两段,上与古弩机之牙相似,用以钩弦,下与古弩机之悬刀相似,用以发机。弦用牛筋制,中有斗,斗前端用以衔弹,后端用以钩于机牙上,此为清弩弓之构造式也。至于弹弩,或连珠弩,则系直臂,臂上置一匣以盛弹或矢(匣大则弹或矢之数目即可增多),匣之近臂处留一弦道,弦道之后端向下微凹,以为衔弦之用,机牙系一长方形之小骨片,即置于此凹处,可自向上下移动。匣与臂相连之关键,一端借弦通过弦道之力;一端别有一柄,俗名拐子(古当称曰枢),夹于匣与臂之两旁,两键贯之,一键在匣,一键在臂。用此弩时,先置弹或矢于匣中,然后将拐子向前转动,待弦落于弦道后端凹处,则将拐子向后转动;当转动时,匣之后端与臂并不紧接,待匣与臂紧接时,则牙为臂所阻而上升,因而将弦挤出凹处以发弹或矢。如此往复转动,则弹或矢即连续发射不断。此为清弹弩之构造式也。此弹弩或小矢弩,虽在清代极为盛行,但并非清人创制之器,明茅元仪所著之《武备志》中曾图有诸葛弩形,几于完全与清弹弩相同(第五十图)。是则此器之来源盖甚远也。

寅 清代枪炮

满洲军在入关以前,并无火器,专恃骑射及刀枪叉斧制胜;

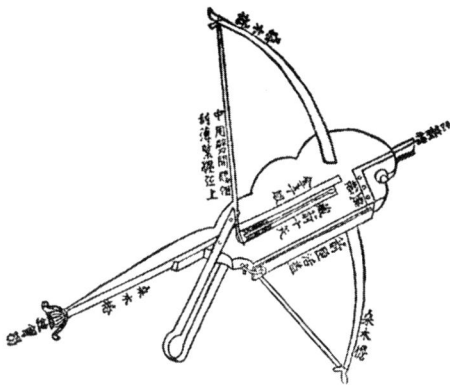

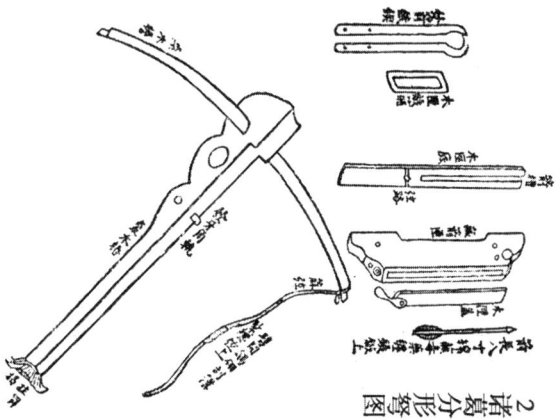

第五十图　蜀汉诸葛武侯弩

（见明防风茅元仪著《武备志》）

迨至清世祖入北京以后,始稍稍加用火器,明将之降清者,亦准用原有火器。即以明代原有之火器征服南中国以及西南诸省,是以清初之火器,如枪炮等器,均明代火器,毫无变更也(参阅第八十三图版)。清室统一中国以后,并未讲求新式军备军器,亦未采用新式枪炮,犹以鸟枪为唯一火器,且鸟枪兵极少。至道光三十年间尚未有大规模之鸟枪队也。至于清代鸟枪形制,异于明代御制火枪(第八十三图版第一号),其体较短,长均英尺五尺有奇,钢管之制造尚佳,管与柄之曲度似均一律,各柄之形式及大小则大同而小有异。第五十一图所示三鸟枪,均清高宗御制御用之器,系清室鸟枪中最精美之器也。

关于新式大炮,明末固已多量购入西洋大炮,清室则一仍其旧,并未求新,直至光绪年间,始有使用新式枪炮之正式军队及正式舰队出现。其枪大都为毛瑟枪(Mauser)及曼利夏枪(Mannlicher);炮则克虏伯炮(Krupp)居多,均德国制之舶来品,沪厂亦曾仿制,但为数不多耳。因清室始终不肯诚意维新,仍大量使用旧式鸟枪及

第五十一图 清乾隆时所用御制鸟枪

(清宫藏器,现归北平古物陈列所保管)

旧式大炮作国防之主力，其何能支。迟至光绪二十六年庚子之役，仅在北京一隅遗弃于日本军之旧炮即至一百尊之多，可见距今五十余年前，清军尚大规模使用旧式枪炮也。此种清代旧炮，各省区不断有发现，甚易见及，大都为铁制、铜制而有美术雕刻者，明代多而清代甚少。迩来南北各地，每于房屋建筑时掘出明清大炮，北平尤常有发现。一九三九年一月，北京大学农学院微生物研究所修理该所房屋，又在地下发现旧炮十六尊，每尊约重四千余斤，铁铸者，已由北平历史博物馆运往保存。虽然，清室固亦曾创立兵工厂，仿造西洋枪炮、机关枪及新式弹药矣。但经费不充，人才缺乏，敷衍塞责，并未认真将事，以致出品无多，进步甚微；虽云自造，功效未著。就自造新式枪弹药之历史的沿革言之，如康熙十三年，曾命南怀仁铸造红衣大炮。咸丰十一年，向外国订购炮船，其时各炮皆非钢制。同治四年，创设江南制造局（后改上海兵工厂），设于上海，制造新式兵器。光绪四年，该局造成中国最早之钢炮，仅用钢为内管，外装熟铁套筒及箍，故称钢膛熟铁箍炮，系仿英国阿尔木师特龙式（Armstrong）四点七英寸（十二公分）四十磅前装炮而制造者。光绪十年，金陵制造局（后改金陵兵工厂）初造具有车轮可移动之三七公厘二磅后膛炮，为架退式。光绪十三年，江南制造局造成要塞用之阿尔木师特龙新式八英寸一百八十磅线膛后装炮，亦系钢膛熟铁箍炮。至光绪十四年始完成全钢后装炮，用装框式炮架，其方向瞄准机位于架框炮座间,高低瞄准机位于上架炮身间,上架中装水压制退筒,架框上装活塞连杆,炮身则支于上架,并连同上架滑动于架框斜面上。发射后炮身后坐,借制退机中液体过漏口时之阻力以减震动,复借后退机体在架框上其重力之分力使后退完毕得以前进。斯炮既兴,钢膛熟铁箍炮遂被淘汰,至光绪二十六年乃止造。斯种新炮之炮弹用生铁制,分实心弹及开花弹(用弹头引信),引火药用六角七孔栗色药,发火药用六角单孔栗色药,依量袋装或包装而后装填之。光绪十八年,江南制造局制要塞用之具有较高发射速度之快炮,系仿制四点七英寸四十磅阿尔木师特龙新式快炮,为半固定装药,发射药用柯达无烟药,依定量装入袋,袋底缀连盛有细粒黑色药之引火药包,再入铜壳中,其发火以击火辅助电火。其弹用生铁铸成,分开花、子母、实心三种。弹内实以黑色炸药,开花弹用弹底引信。此炮设有防盾,高低瞄准机位于支架摇架间;方向瞄准机位于支架炮座间,颇为精确。炮架为一圆锥台;摇架用二支耳支于支架上,制退复进机连于摇架,炮身则滑动于摇架之中。光绪二十年秋,汉阳兵工厂始制三七公厘山炮,继造五三及五七公厘山炮,皆格鲁孙式。光绪二十二年,江南制造局造成六英寸一百磅要塞用之阿尔木师特龙式快炮,其构造用弹与装药,均与光绪十八年所造之阿式快炮相同。光绪二十三年曾造成九英寸二分三百八十磅显隐炮二门,存库未用。此二炮亦为阿式,炮架则为孟客里夫式

（Moncrieff）显隐炮架，射时炮身高出地面，射后借后坐之力得迅匿于地阱中。其方向瞄准机位于炮座架框间，高低瞄准机位于炮身架框间。制退筒以二机耳装于架框中，筒中具室以容制退液及制退杆，周另有十室，借活门与中央室相通，所以容压榨空气倳使炮上升者；炮身支于两回转臂，臂之中部连于制退杆，臂之枢轴在架框前。此二炮用药及种类，皆与光绪十四年造全钢后装炮同。光绪二十三年及二十四年，江南制造局添造七五公厘十二磅、四七公厘三磅及三七公厘三磅各种山炮，皆架退式。光绪二十四年，又添造二点二英寸六磅阿式快炮，其装药为固定弹药，发火用击火，开花弹用弹头引信。其用弹装药之种类及炮架构造，均与光绪十八年及二十二年所造快炮同。此炮曾用于海军，并前二种快炮，均已停造久矣。光绪三十一年，江南制造局（沪厂）造十四倍七五山炮为管退式，为仿制此式之最早者。一九一三年曾大改其炮闩，至一九二九年始停造。经此二十余年间，成炮颇多，且其各种机件除复进簧外，皆系该厂自行炼制之出品，未用舶来物，殊值一志。

关于清代自行设厂仿制西洋步枪、机关枪及手枪之沿革，似以同治六年江南制造局所仿制之步枪为最早，计有德国十一公厘老毛瑟前膛枪及美国雷明敦（Remington）边针后膛枪，皆系单响，用黑药铅弹；后者以火针在边而不在中故名。光绪九年，添造美国十一公厘单发（单响）黎逸枪（Lee Riffle）。光绪十年，改造十公厘雷明敦单发中针后膛枪（火针居中心），与九年所造之黎逸枪均用黑药铅弹。同年，金陵制造局（宁厂）始造机关枪，为十门连珠炮（即美国加提林［Richard Gordan Gatling］轮回炮）及四门神速炮（即美国罗顿飞［Nordenfelt Gun］排炮）二种。光绪十四年，又添造马克西姆（英人 Sir Hirum Maxim 所发明）机关枪。光绪十六年，沪厂将黎逸枪改为八点八公厘快利枪，此枪机筒似奥国之曼利夏（Mannlicher）枪，为前后直动式，系五响，为吾国制造连发枪之最先者。光绪十九年，汉阳兵工厂（汉厂）开工，仿造德国鲁威（Loewe）、安贝格（Amberg）各厂造之一八八八年式毛瑟枪，口径为七点九公厘，弹用圆头，枪管外装套筒，其间相隔约半公厘；其后废去套筒，外加护盖，将枪筒放大，改表尺为固定弧形式。光绪二十三年，广州兵工厂（粤厂）仿照德国毛瑟 A.G.厂（Waffenfabrick Mauser A.G.）所造一九〇四年式六点八公厘新毛瑟枪，以求一律，他种停造。沪厂造者为一八八八式，但去其套筒，未加护盖。光绪三十二年，粤厂造德国一八九八年式七点九公厘毛瑟，用尖头弹；翌年，沪厂亦同样制造。光绪三十四年，粤厂仿造丹麦马德生（Madsen）式轻机关枪，其口径为八公厘。

关于新式火药之制造，大约吾国于同治十三年始造黑色火药于沪厂，每百磅所需原料为净硝七十五磅、柳炭十五磅、净磺十磅；嗣后各厂大都照样制造。栗色火药，系由天津军械局及天津机器局最初制造。黑药用以造成各种药粒,以为枪炮之发射药、引信之延期药及炮弹、水雷、炸弹等器之炸药。同治十九年,江南制造局始造栗色药,其所用木炭,乃将柳材热于铁桶中,至摄氏百度表九〇至一二〇度左右,使不充分炭化而成者。是年出成品共三万八千四百八十磅,药为六角单孔饼形。光绪二十一年,沪厂于龙华设立无烟药厂,是年出成品共二万四千七百磅。其间有一可志之事,即该厂先曾聘用德国人沙尔温任工程师,经年无大效;沙去,厂中华员共加研究,卒获造成。光绪二十七年冬,汉阳钢铁厂之药厂开工,制造七九步枪圆头弹弹药。光绪三十二年,粤厂设立无烟药厂。未几,山东德州兵工厂亦设立无烟药厂,如法制造。

关于吾国仿照水雷一事,仅有沪厂些微成绩可志。同治十三年,沪厂所设之水雷厂,开始制造各式水雷,大约三种:其一名视发水雷,布于航道与潮流急湍处,由观测所以电线通于雷中之雷管,视敌舰入所布雷阵,即发电轰之,因其用法分为沉雷及半浮雷两种。浅水之处,布设水雷,爆炸破坏之效果较大。系雷于铁坠,沉诸水底,免被发现,称为沉雷。沪厂所制者,计有熟铁制圆筒形五百磅、六百磅及一千磅等水雷,熟铁制马鞍形五百磅沉雷、生铁制馒头式五百磅及一千磅沉雷等六种。深水之处,雷系于长链连于铁坠,半浮水中以代沉雷,称曰半浮雷。沪厂所造者有熟铁制圆筒形八百磅浮雷及二百五十磅水雷两种。其二名机关水雷,乃用于沿岸要隘,防敌登陆,或封锁敌港者。雷中具电机,以人力管理,经敌舰冲激而轰发;起放时不甚安全,唯敷布便,成本廉,可应急需。沪厂所造者为熟铁制圆锥形一百磅及一百五十磅两种。其三名触发水雷,乃用于缓流浊水之处者,装置与视发水雷相同,但雷内有接电机,作电路之钮钥;观测所中有自由启闭之电门,闭时一有舰船碰触遂即轰发。沪厂所制造者计有熟铁制圆锥形一百磅马的生及木壳马的生碰雷,三百磅锅顶及平顶浮雷,与枣核形二百五十磅浮雷等五种。嗣后沪厂改组,水雷厂改为江南造船局之锅炉厂,水雷遂迄未再造矣。

关于枪炮弹药之材料,炼铸供给,吾国尤瞠乎在后。光绪十六年始附设炼钢厂于沪厂,建十五吨酸性马丁式钢炉,以英国赫马台生铁为原料,炼制炮钢及他种钢料,均系碳钢。除供该厂制造枪炮之钢盂外,并曾供给川、汉、闽各厂。其制炮用者,含碳百分之〇点四,作钢盂及普通用者含碳约百分之〇点二六。炮钢规定拉力为每半方英寸三十八至四十四吨;伸长为百分之二〇至二二(但试杆中节长二英寸,径〇点五三三英寸)。所制之镀镍钢盂因含碳较多,不能作尖头弹壳用。光绪二十九年,汉阳钢铁厂聘德技师,试炼枪钢,品劣不堪用,停炉未再制。汉阳钢铁厂有马丁钢炉七座,和兴钢铁厂有同样炉二座,均曾炼普通工业用钢,但均早已停工矣。仅沪厂对于特种钢早曾炼镍钢,用作陆炮材料,直至民国时期未衰。汉阳铁厂所出生铁各厂均用,因生铁为炮弹、炸弹及其他各种机件之材料故也。嗣该厂停办,乃改用鞍山、本溪湖及印度生铁。

肆　清代防御武器

清代防御武器,亦可分为防地及防身两种言之。

子　清代防守武器

防地者,包括海防、江防、城防、营防,一切防守武器而言也。清代外患,非先代边患可比,自海来者多,自陆来者亦有,其来犯者亦多所谓强国。是以防守武器亦与先代不同。如海口防务须用战舰及在沿海、沿江险要处筑炮台;并于必要时沉船封锁海口及水道,并派敷设水雷船舰,沿海沿江设置水雷,以阻敌国海军前进。庚子事变时,天津大沽口各炮垒,曾猛烈抵抗来侵各国之联军舰队至数日之久,并击沉各国新式军舰数艘。因陆军失败,各国军队由他处登陆袭炮台之侧面后面始败;事后《庚子和约》①中有拆毁大沽炮台、不准重建之一条,即各大国尚有所恐而云然也。在陆地方面,如炮台及壕沟之旁,须用钢丝网或电网防守城塞营垒,并将机关枪及迫击炮预先择地埋伏,亦可于敌人迫近时襄助炮台防守。至于地雷、炸弹及手榴弹,均抵御敌人近攻之利器。凡此均属于现代军事军器范围。唯所用兵器大都舶来品,盖非本书中所应列述者,兹不赘。至于清代前期,侵略势

---

① 亦称《辛丑条约》。编者注。

力尚未来以前之防守武器,则较为简单;除弓弩、鸟枪及旧炮外,大都袭用宋明两代防城之器,已略见上方矣。

丑 清代卫体武器

清代卫体武器,情形特别,异于先代。因外侮之变迁,致用器之凌替随之,可分为上半及下半两期言之。清代上半期,即顺治元年至乾隆六十年,共计一百五十二年间。在此时期中,白种人侵略势力尚未至,对内用兵,仍恃白刃及弓箭,旧式火器有而不多用,是以将帅官佐以至骑兵士卒,尚多用盔铠护身者。此期之盔甲及军装军服,各地尚有实物可见,就吾人所示之影片言之,其较古者,似为第八十九图版第二号盔胄及第三号铠袍,盖清初之器也。第二号盔系用坚革为底,外面上罩铜钵,下安宽铜缘边,钵上复安一大铜顶,有如清代文武官礼帽之宝石顶子而特别加大;顶上复有一小尖锥,钵与缘边之间复安数铜星,是故革质之露出者甚少,俨然一铜盔也。盔下装联一红绒衬绵护颈,绒上满饰小铜星及玳瑁或明蛤片,以御兵器。盔高二二五公厘,连护颈高四八〇公厘。此盔恐系满洲王公贝勒之盔,因其盔上所装饰之铜片,均刻作龙凤蛇鸟等形体,极为精美,殆非寻常将士之物也。其第三号铠袍,系与此盔同属于一人所用之器,故其制造同式同质。此战袍之外面系一丝质绣花短袍,长仅及膝,想系骑士所用。袍面装饰多数半圆体凸形小铜星,排列有序,肩上加置铜条;袍之里面则为衷甲,系以多数长方大块明蛤片或玳瑁片制成，满护胸背，联以漆皮条片，衬于袍内。其质坚厚，可御矢镞及鸟枪丸弹，逊于铜铁片不远，而较铜铁片柔和温轻，较皮铠则薄小便于贴体，又藏而不露也。但因有铜星及甲片之缀连，袍之重量亦正可观：其重为九公斤又五分之一，近于今秤二十斤，盖非体小力弱之士所能服用而且能骑射交兵自如也。次古者为第八十九图版第四、五两号盔铠，系清帝遗物，或在乾隆之前。盔有覆项及覆耳绣龙。护身甲分为胸马甲（背心甲）、腰甲、腹甲及腿甲四项，均嵌铜铁片，能御白刃及箭镞。中日事变前尚存故宫博物院。至第六号盔及藏甲战袍，亦清帝遗器，曾经实用，或亦系乾隆以前之武装，保存完好。再次为此第八十九图版第一号清高宗御用之全套武装。此武装今已难于见及，其分件如下：（a）铜盔。内衬皮质，外包铜钵、铜箍、铜缘、铜星、铜顶，上有缀缨，大体形式略与二号盔相同，但多一中箍，且前有外沿向前凸出，似庇眉而非庇眉，想系清帝盔制，异于将帅军盔之处。（b）护项。丝及绵制，外面有上下四排铜星，以御兵器；内面尚可装玳瑁或明蛤片。（c）护膊或肩。皮底饰铜星，质坚厚可御刀矢。（d）战袍或衷甲战衣。丝及绵制，袖窄而长，此为异于第三号战袍之处；衣面满排小铜星，两袖亦满，此亦与第三号战袍相异之点；衣内则满衬长方甲片，其形体已透露于外。（e）护胸铜镜，俗称护心镜。正圆两昙形，边缘饰铜星，镜体厚数分，可御枪刀矢镞及鸟枪丸弹。（f）战裙或衷甲下服。丝及绵制，窄而长，已近于近代服装;外面仅有八排铜星,内面所装甲片之数亦少(亦有不装甲片者)。(g)战靴。满洲人喜着高白底靴鞋,男女皆然,文武官礼靴如此,战士亦不能免。大概青缎制者多,革制者鲜见。满洲虽不产丝,满洲人则极喜服绸缎绣花之袍褂,清室在入关称帝以前,朝廷上下,均已深具此习。(h)佩剑。系一西藏式之直刀,或一佩剑,外有绸套未除。(i)长兵。系以一印度式克鞑儿(Kutar)特形双锋宽刃架形柄之短刀,另装长柄加铜镈改制者,此套武装完全满洲色彩,异于先代之器,可为清代中期卫体武装之代表物。类于上述乾隆时之战服,而为高级武官或将帅之所用者,亦有摄影二件,即第八十八图版第四、五两号是也。两战袍均为上身坎肩式(俗称背心),下身战裙式、正中开叉之马蹄袖袍(清代文武官员,均须服马蹄袖袍)。坎肩上均绣官级,此为异于清帝武装之处。第四号战袍,上下揭去袍面,以示内衬长方铁甲片之布列形式。第五号战袍,则详示坎肩及战裙之外面,其绣花及铜星,均清晰可辨。此两战袍亦清代上半期或中期之物也。此外尚有藤牌一物,系清军常用之盾。满洲人未入关时已有藤牌队,用为冲锋陷阵之步队,其藤牌大都圆形,与宋明长方之盾牌有异。牌用坚藤制,外加油漆,体向外凸出,正中尤凸,略如突蛤或反荷叶形;中心有一小孔,牌之内面有索,以便着手把握,或以套腕(第八十九图版第八号及第八十八图版第三号之a)。藤质坚而有伸缩性,又圆滑不易砍射破入,故以抵御刀剑枪斧及矢镞弹丸,颇为有效;且其体轻易举,价廉易制,均为藤牌之优点;但不能经久不腐朽,且畏火攻,是则藤牌之弱点也。清代盾制极简单,藤牌之外,尚有长方形之虎头牌,木底涂漆,尽作虎头形,上方作燕尾叉式以窥敌,袭明制也。

清代下半期,即自嘉庆元年至宣统三年,为清室衰败以至崩溃时期。在此时期中,清军卫体武器业已搁置不用,仅于每年秋季循例阅兵时抬出盔铠,用夫役以小亭升之,招摇过市,以供民众观览,兼示清室武官尚有盔铠而已。此期满军及绿营饷兵之堕落,可谓史所未见。曾忆著者童年时(约在光绪十七年)在江北某重镇,往观秋季大阅(大约系霜降日),俟之既久,始见满兵及绿营老弱残兵弓背屈腰,几于俯伏而行。军衣旧坏,疑若乞丐,如此衰朽,何能作战!绿营之后,继以汉人就地训练之新兵数百名,为数虽少,步伐整齐,精神饱满,枪械新锐,阵法亦变化有序,操练颇为纯熟,服装已摒弃袍褂而改着新式武装。所用枪支,则仍系用小包火药入膛放射空枪者,操毕时满地皆所弃之包火药之小白纸,恐清廷尚不许各省任意购买新式枪械耳。此项新军各地均有,既用新式枪炮,摒弃弓箭,当然无复卫体武器可言。且在训练新军以前,即由嘉庆道光咸丰以至光绪时期,清军亦尚有卫体武器,但其构造及质料以及器之形式,业已大异于清代第一期中之卫体武器,显然已由实用之器堕变为仪仗之器。武官固不复用之,即欲使用,事实亦不可能,非但不能御敌,且恐己身反因难于动作,坐以待毙而已。说者谓自嘉庆以来,清室武官只知食禄,驰马尚非所能,安有服用卫体武器以临敌之人。卫体武器之亡也宜矣。此种仪仗式之卫体武器,骤视之或可与上半期之盔铠及战袍相混,细加研究,则全无御敌之价值,兹就实物数事为之摄影略论于下。如第八十八图版第一号全套武装,为晚清高级武官之军装,即所谓仪仗式军装,完全不能实用者也。其钢盔 a 之形状,业已堕为演剧武生之冠形,上部过于尖锐,安能贴头而不摇坠;两旁加长耳形铜片饰品,殊属笑谈,非但不能御敌,且易为敌人枪刀刺翻砍落,又增敌人弓箭枪弹瞄准之的,安能实用哉!护心铜镜 e 体甚小而缀连丝绸之边缘,敌刃一挑即落地矣。b 护项、c 战衣及护肩、d 战裙,虽亦丝制,而外面满布铜星,但其铜星之布置,毫无法则,系任意装满,有如满天星者,完全失去御敌之作用,而成为修饰装潢之状,想出于普通裁缝工之手,迥异于第一期中之战服。尤须注意者,即此军装之内部并未衬有铜铁片或明蛤片之衷甲,根本无抵御敌人刀枪剑戟及矢镞弹丸之能力,纯为仪仗陈列或送迎王公贵人之礼服而已。同图版第二号清代骑兵军官武装,尤为简单,满服绣花,即铜星亦归乌有!其尖形盔虽无边耳,但中轴高于盔体二倍,安能稳首出战乎?同图版第六号清代高级武官铜盔,形式较佳,但两旁易安双耳,不合实用,且其中轴连璎珞,乃高于盔之本身二倍又半,安能戴此出战,亦不过大阅时之仪式器而已。且不仅将帅如此,兵士之武装,在晚清亦失去卫体之效能,徒具外观,毫无实用。如第八十八图版第三号,清代虎兵军装,衣裤均画作虎皮形而着黄色,布包头画作虎首形而竖其双耳,根本无卫体作用,初恐欲借虎形以恐吓敌人者,结果恐反为敌所乘。晚清军事之乖谬、武器之退化,于兹可见一斑矣。

清代军符通称合符,作椭圆形,如第八十九图版第七号所示者,系同治元年之物,一面刻"外火器营合符",一面刻"调前锋护军营官兵"。以较秦代虎符,制虽同而形式迥异矣。

清代武功、军事与兵器有关者,前人记载寥寥,史家之叙述亦鲜,史鉴中偶有所见,辄涉笔志之。如顺治十二年,帝亲视武举人骑射。康熙二十六年,帝大阅于卢沟桥。三十一年,立火器营。三十七,帝幸塞外,以御弓矢射殪二虎。乾隆时,各藩属朝贡国逐年贡进精良美贵之各种兵器极多,史不绝书。光绪十七年,北洋海军提督丁汝昌率北洋舰队初游日本,铁甲舰形式上均较日本兵舰强大,日本朝野震动。三十二年,廓尔喀王复贡献兵器。宣统以来,贡兵之例中止,清室亦乏统治之力而逊位矣。

第八节　边疆各族兵器

所谓边疆各族者,系指远古时期中国主人翁之支裔,徙居于国境边区或山中年代久远,因地区不同,物产不同,气候及环境不同,遂致语言及服装亦因地而各有不同。于是边疆各族及山民之名称遂至纷歧,各地异致,各族异趣,如入山阴道上,几莫能辨其所自。至于今日,吾人对吾国边疆各族之认识仍不充分。但以边疆各族者实吾中华民族之组成部分,而其兵器又多别具风格者,吾人又安可因其困难而忽之。然边疆各族兵器研究之困难,并不在其种族名称之繁杂,而实基于下列各种原因:(1)以旧汉人对边疆各族之歧视,不收藏其兵器,故绝少实物可见。(2)边疆各族对于其祖先遗留之武器异常尊崇,竭力保持,秘不示人。即如铜鼓一物,为汉人收藏者固属不少,但其佳者常被本族深埋于山溪林莽之间,使人不能觅获。对其他各种古兵器亦然。(3)边疆各族兵器及其防御武器有来源较远者,汉人及唐人著述、记载其事者辄有。但此类记载仅称道其兵器武装之盛况,而不事研究,既鲜图样可稽,更无形式尺寸及质料之说明,可知其然而不能知其所以然,所裨益于研究者甚鲜。(4)明清人士研究边疆各族而著有图说者固不乏人,但均未图其兵器及武装,亦属缺憾。如《黔苗图说》《黑山苗人图说》《滇夷图说》《狆人图说》《怒人图说》《古滇土人图志》各种图说①,绘画着色,颇为精妍,但均未及各族之兵器;即有一二,亦不过附带烘衬之具而已,非研究所及者也(外国人之著述亦然)。有此各种理由,故实物阙如,图形亦鲜,欲事研究,非自辟途径不可。著者十余年以来,

---

① 中央研究院历史语言研究所图书室藏本。

遍向全国各地公私处所及收藏家,征集边疆各族兵器及武装影片,并负担其摄影与旅行费及邮资,结果仅获数十片,即下方三图版所示者是也。

壹　边疆各族长兵

边疆各族长兵大都为标枪式之长枪,或名梭镖。其杆甚长,普通长清尺一丈五尺,亦有长至一丈八尺者;枪头或作前锐后叉形,而杆上缀以三层璎珞;杆尾有尖镈,则系四川南部彝人之梭镖(第九十一图版第三十号)。枪头尖锐,与杆混为一体;杆无璎珞,尾无镈或作锐形,则系西康以至青海一带廓落克"番子"乘马者之长枪也(第九十图版第十七、二十两号)。至于西藏之长枪或矛,则形式有异,其杆柄较短,长不及丈,上端缠以铜丝或藤条,刃形则体宽上锐如小剑或匕首形,璎珞即缀于刃(枪头)之下端近处,盖与西南民族之长枪迥异也(第九十二图版第一号 i 器)。西南民族,除长体标枪外,不喜用他种长兵,盖犹是古代遗风,酋矛及彝矛之属也。现今西南民族有用刀锐者,则系掠获汉人兵器也。东北则不然,如松花江一带之赫哲民族,喜用小刃长柄刀,其刃如一秋叶(第九十一图版第十九、二十七两号);又喜用长刀铁矛,其刃如一小剑,有茎,有大护手,其下安长木杆为长兵(第九十一图版第二十一号)。至于所谓"祖师棍",系以樱木为之,两头尖锐可刺人(第九十一图版第二十八号)。尚有月牙齿铁镞,则与明清两代汉人所用者相似(第九十一图版第十八号),非其本族兵器也。

贰 边疆各族短兵

边疆各族短兵之种类及其形制,较其长兵为多。盖山林僻处,长兵往往不易挥使,短兵相接之机会较多,且有若干种边民至今仍人人插剑佩刀,日夕不离,出入相随,长兵则难如此也。试分目言之。

子 边疆各族之刀

边疆各族腰刀,种类甚繁,择要述之如下:

(一)云南彝族腰刀。此种腰刀,形式细致,制造良好,令人一望而知其工艺之进步,盖古代文化之遗制也。如云南崩龙户撒刀及云南山头刀,其钢刃均平而近于直形,白色牙或角质圆柄,木鞘,鞘之上端缀一丝织腰带,以为佩刀之用。其鞘系一面式,此为彝族刀最特别之处,世界其他民族均无用此种刀鞘者。鞘用坚木制,一面为平面之木片,他面则仅有此木片之凸边及中凹槽,并无木面。故此种鞘非以木篋或套制成,乃用一面平一面凹之木片一块制成。刃之一面贴入此木片凹槽内,他一面则露刃于外,另用小绳线横贯木片之凹面,横贯三五段不等,插刀时将刃纳入此数道横线内,以贴凹槽,上有柄以隔鞘口,下有线缝以容刃,故刃虽外露而不坠落。抽刀时须小心不触断横线,否则不能插刀而不成为鞘矣。此种奇特之鞘不知其用意何在,来源何自,询之中央研究院亲往云南实地调查二年带回此种腰刀之专员数人,亦均不知其原因何在也(第九十一图版第二十五、二十六两号)。但白彝①腰刀亦并非只此一种,尚有木柄包以钻花之银皮者,柄上安一牛角圆平首,复包以铜皮,其钢刃亦直形;鞘则为两面木片底里套,外面包以黑皮,下端镶铜片,以备触地不伤其鞘,则与普通刀鞘相同,唯柄形特异耳(第九十一图版第二十四号)。

(二)四川南部彝人腰刀。彝人出入佩刀,贵贱皆然,常年如此。其最普通之腰刀为曲形,较短于云南彝人之刀,亦不如其精美,但刃锋尖锐,刃体肥阔,可以屠宰牛羊,亦可冲锋陷阵。木柄有箍有圆首,鞘上有双环以系皮带,皮带与刀扣实,夜间睡时始卸带;而刀仍系于带上,有警时束带即得(第九十一图版第十七号)。

(三)云南土司贡进清廷之短体插刀。此为西南彝族平常插置于腰带中之曲刃短刀,有牙柄及钻花银鞘,想本系酋长之物。其刀形略似四川普通彝人之刀,而实不相同。盖前种刀刃锋一面向外凸出,此种刀则刃背向外曲凸,刃锋居于内面,而刃尖又复向外再度曲凸,且其柄与刃均同一曲度也。此类刀刃质精良,极为犀利尖锐,着人必死,亦可宰割牛羊诸牲,且能刺杀猛虎恶

---

① 今称为傣族。编者注。

蛇,上层彝人大都插佩,土司乃以贡献清高宗焉(第九十图版第十一、十二两号,此刀之原名为"苦克力"〔Kukri〕,尼泊尔国廓尔喀族人人佩用之)。

(四)广西瑶人腰刀。广西大瑶山一带瑶人所挂腰或插腰之小型刀,颇为特别,其钢刀平直而短,木柄直而长逾其刃,鞘为竹制,宽阔逾刃三倍有奇,柄首与鞘身以索联系,以防肥鞘坠地。此刀佩于腰间,几令人不疑为可以杀人之器,因其鞘形类于寻常竹筒用具也(第九十一图版第十号)。

(五)"番子"喇嘛及西藏人之插腰斜郎刀。此种西藏式之插腰长刀,西南以至西北各省各地边族用之者极多,清乾隆时廓尔喀王且以贡进焉(第八十七图版第二十五号)。其刀刃直形,下端如斧之侧面∪形,其语呼为"斜郎"。刀柄略如西伯利亚式之"砍马"(Kama)短剑柄形,而护手则迥不相同,盖"砍马"之护手扁平,且大都与柄为一体,同一质料造成(牙骨质居多);而斜郎之护手则为圆形,铜制者居多,与柄相异,且"砍马"柄上下均有一小圆星凸出,"斜郎"柄则仅上有一圆星也。刀鞘直形,下端微阔而尾作半圆形,木底包皮或包丝绒绣花;其特别之点乃在其鞘下部之四个凸体圆星(鞘之上端近护手处则亦偶有一圆星,不尽如此耳),较大于柄上之圆星,此实为西藏式插腰刀之特志,他族刀剑无之(第九十二图版第一号之g、l、k 三刀及第九十图版第十四、十九两号影片中土司与喇嘛及族人腰上所插之刀)。

（六）西南彝族小刀。此种曲形小刀，大都刃与柄同一曲度，与尼泊尔廓尔喀民族之短刀同。其柄大都乌木制，小不可以容全手，刃质犀利锋锐，可以洞敌之心胸，刀小藏怀，足以防身且作别用。乾隆时边陲各土司曾以数具贡进于清帝，藏之清宫至今（第九十图版第七、八、九、十等号）。

（七）西北各省诸民族之银鞘牙柄插腰小刀。此种插腰小刀，亦其日常必备之具，人人均有，出入不离，制造颇为华美精致。刃之钢质极佳，常为斩钉削铁之名器；刃均直形，厚背锐锋，近尖处稍狭，尖作锐叶形。柄用海獭牙骨制者较多，象牙制及金银制者居少数，间有镶嵌宝石者，则为大酋长之器，柄体扁圆平滑，不雕刻，首部较大，下无护手，接刃处用银套承之。底鞘为活动双木片合成，外加银套鞘，系反面钻花之美术品，手工极为精细，较汉人手工制者优美。鞘尾作五瓣带心之花形，其作蛇首形者，则属于土耳其式之刀也；其鞘用金制并镶嵌宝石者，则酋长之刀也。此种刀长仅数寸，极便插腰置怀，杀敌以洞胸划心为主，大都可致人死命，肉搏之兵器也。清乾隆时西域贡品中有此种刀多具；所示六具，均银鞘牙柄，其中亦有四具之柄端，尚各嵌有宝石一枚（第九十图版第一、二、三、四、五、六等号）。

丑　边疆各族之剑

汉族之剑，周秦而降，大都为双锋直形之刃，至今犹然，形式颇为简单。边族双锋刃，则有曲形者，且其剑形及柄鞘形制颇为

复杂,虽不如其刀之种类之多,亦颇具特异之点。兹就吾人所搜集之影片,分述其常见者如下:

(一)西南彝族波折曲形长剑。此种剑长在英尺三尺左右;刃体宽大,近尖处略狭;全体作火焰形或波折形,左右曲折;刃之下部尤为弓曲。柄与鞘之形式无定,随用剑者之族别而各有异同。吾人所示之实物,系清乾隆时棱磨宣慰司思丹怎贡进之品(第九十图版第十三、十三 a 号),其鞘已亡,其柄系印度式之柄,茎与护手略为十字形。护手之一边另安一直形护手,柄首作圆盘形,上有小塔形之尖顶,全柄钢制。刃上深刻三兽形,或蹲或驰;又刻三星形,是否边族古代象形文字未敢断定,特放大附刊之,以供读者之参考。

(二)西南彝族之宝石柄短剑。此类短剑均系直形,但刃平而无中脊,亦无两边锷,此为异于汉族剑之处。其剑之最短者,长不及英尺二尺,最长者则在英尺二尺以上,故并非甚短之剑,更非匕首可比,实与周剑同长短之剑也。此类剑之特点,在其世所罕见之奇异剑柄;柄长约为刃长三分之一,柄内为木质,外包鲨鱼皮,皮上装嵌大粒宝石,上下有至七层之多者,每层周围均有十数粒宝石,护手甚小作圆形,柄首特大,如冠如锤,中有小顶。此种宝石剑柄,非但亚洲其他民族兵器中甚罕见及,即世界任何民族之刀剑柄亦无如此装饰者。仅土耳其之"八辣"(Pala)腰刀,有时其柄鞘均满嵌红珊瑚制之泪形小石,但柄鞘均曲,形式迥异。西南彝族艺术之古、手工之精、原料之富,于兹可见一斑。吾人所示之实物五器,系西南土司贡进清乾隆帝之器,长短均不同,而柄形如一,但鞘均亡失,以理度之,其鞘必亦包鲨鱼皮而满嵌宝石,或因此而致散失乎(第八十七图版第二十六、二十七、二十八、二十九、三十等号)?

(三)"戎民"长剑。西康一带之"戎民",喜作武士歌舞,舞辄用剑,其剑铁刃,木或铜柄,长在三尺左右,直形平刃,或作叶形锐尖,或半圆尖,或三角尖,柄上系一双色大块绸布,木鞘包皮镶铜。此类剑近于秦剑制,而柄形有异(第九十图版第二十五号中之两剑)。

(四)"番子"小剑。西番①喜用插腰小剑,其刃形直而锐,木或皮鞘,铜护手,木柄之上下镶铜,有时包皮,柄首特大作塔形。此类剑甚短,大都在一尺二尺之间,族人日夕不离,跬步相随。吾人所示酣卧积雪中之二"番子",犹将其剑耸插于腰,远望可见,以示有备焉(第九十图版二十三号中二剑)。

(五)云南彝族之佩剑。彝族兵器,均较他族者文雅美观,而具有古代文化色彩,此种佩剑亦然。剑长在英尺三尺左右,钢刃直形平锐,上宽下窄。柄与护手木质,护手特大,两面作人字形,或大角形,其全体如一斜方形;柄如周代筒形茎之剑柄,茎直而圆细,首如菇形或半圆体。鞘为皮制,上有皮带系腰,鞘尾作半

---

① 今称为普米族。编者注。

球形,鞘身遍钻碎棉凹形花纹,鞘之特点与彝族腰刀鞘同,即一面鞘是也。剑刃紧贴皮鞘之一面,他面半无皮面,仅用小线索横拦数道以免刃之逸出,是以抽刃不易,插刃更不易。万一割断横线,则刃即不能贴鞘,诚不解其理由何在也(第九十一图版第二十三号)。

(六)东北赫哲族之铜柄短剑。西南夷之剑,少见有用铜柄者,东北松花江一带之民族则有之,如较大之赫哲族,即常用铜柄铁剑者也。其剑不长,可以插腰,大概在英尺一尺七寸左右,柄长约为剑长四分之一。柄与护手均铜制,护手甚小如周剑,茎圆直,首作平底圆顶形,均略如周剑之柄形。刃直而上下几于等宽,尖作直角形,亦周剑刃之形制。说者谓东北之剑,近于西伯利亚剑式,实则均系仿周剑而制之器也(第九十一图版第二十二号)。

寅　边疆各族之标枪

标枪之来源甚早,流行甚远,西南、东北边疆各族均用之。兹略述西南及东北边疆各族两种标枪不同之形制。

(一)西南边疆各族之标枪。西南各省少数民族所用之标枪,大都体质轻小而铁镞极为尖锐,其枪杆用竹者多,用木者亦有,用铁则无之。枪镞则反有用竹木削尖为之者,利其便利而俭省,亦可杀人也。苗瑶之标枪间有敷毒者,则着人必致死,然即不敷毒,其射程之远,射力之猛,投掷之准,亦可令受者洞胸穿首。简言之，南人标枪，即不用弓发而用手投射之箭，不用箭羽而射法极准之箭，其器固佳，其术尤精，深山丛莽之中，人及虎豹均非其敌，盖由其祖孙相传，自小实地练习而成，非一朝一夕之事也。吾人所示羌戎之标枪二具，形同无羽之箭，其镞细长，而杆首非但不加大，反较杆之近镞一头尤细窄，此非精于此道者不能用之有效也（第九十一图版第十二、十三两号标枪，第三、十一两号标枪筒）。

（二）东北边疆各族之标枪。东北边疆各族所用之标枪反是，其形式较为笨重，其镞刃较为宽大，既不类西南，亦不似西北蒙古族及回族之具。吾人所示之实物，为东北松花江一带赫哲族等部落所用之小标枪，通长英尺三尺三寸，铁刃长至一尺四寸半，杆为木制。刃形首如三角平体箭镞，腰细而尾复宽，如蜂腰形；腰有一小铜箍，尾亦有一较大之铜箍，另有三铁片，刃尾接杆处缀有红布。此种标枪近于矛形或长枪形，其刃镞颇长，想可兼作短兵刺兵之用；东北人体伟力大，且乘马者多，或系马上掷射敌人之器，平地用之，则须经过较长时间之练习也（第九十一图版第二十号）。

卯　边疆各族其他短兵

边疆各族最喜用标枪，标枪亦最可畏；其次为刀为剑，他种短兵则不多见。如斧、如铜、如鞭、如短戟、如锤、如挝等等，汉人所用之短兵，他族亦间有之，但均非自制也。然如竟谓诸族更无他短兵则误矣,譬如吾人所示之喇嘛大铁棒,虽奇特笨重,实即短兵之一种(第九十图版第二十四号),或者尚有其他短兵,吾人不易见及耳。

叁　边疆各族射远器

弓矢在中国之利用开始甚早,而边疆各族之射远器间或带有原始性质。试分述之。

子　边疆各族之弓弩箭矢及箭筒

边族之弓,用小圆木或竹屈之,两头绕缚绳索之两端,绷紧即成弓,异常简单,俨然石器时代之遗物。其箭用细竹为杆,三角形小铁镞,有时箭杆尾加安小羽甚短,有时乃不安羽,亦能发射中的。箭筒大都用天然小竹筒为之,箭镞一段入筒,能容七八箭至十余箭。各地苗族及瑶族之弓箭,大都如此(第九十一图版第五、七、八、九等号)。至于各地彝羌诸族之弓箭,亦均大同小异(第九十一图版第十四、十五、十六等号),其近镞处之小筒,想系鸣镝作用。但其箭筒,则较苗瑶诸族之器为细致美观,系用黑皮袋为长囊如筒,首部特大,如笠形,可以发音如小鼓,亦可作为鼓用,紧急时用以召唤同族人者;首尾及上箍均涂白漆作圆点形,首上作三圈,尾上及旁枝上作三平排,带有艺术意味。此种箭筒非但可以作鼓发声,且因体积高大,同时可以为插带小标枪之用,其较大者则用双皮带系于腰背,较小者用单皮带系之(第九十一图版第三、十一两号）。

边疆各族之木弩亦甚简单，其横体如弓带弦，直体为一上宽下狭之木轴，有上下两空槽；上槽贯入弓背，安定于弓之中部，下槽插竖扳机以拉弦扣弦而发箭。苗族之弩大与其弓等，故所发之箭亦并不小，但射程较远耳（第九十一图版第六号）。边疆各族喜用毒箭，其弓及弩之矢镞常浸涂毒汁，射入敌体，见血必死，故即不用铁镞而削坚竹使尖锐成天然镞，浸毒涂毒，亦可致敌于死也。

西藏之弓箭则较为进化。尤其是西藏武士之弓箭，在明清时已深受汉人影响，故箭皆长羽锐铁镞，盛以皮底镶铜花之箭囊，弓形亦近于明清之弓，亦盛以皮底镶铜花及铜星之大弓袋，迥非他族之比，而与满蒙回三族之弓箭相似也（第九十二图版第一号 h、m 两器）。

丑　边疆各族之火器

边疆各族至今尚用数百年前发明制造之火石枪及火绳叉子枪。此两种枪均甚长大，火石枪有如明代火枪之形，亦有用绳引火者，羌苗等族喜用之（第九十图版第二十二号）。火绳叉子枪，则系廓落克等地之边族，迄今仍然普用之火枪，西藏旧式武士亦均用之。其枪稍短于羌人之枪，较长于新式军队之枪。用火绳燃药发弹，其制造颇为精美，外观亦加修饰，颇类清初御制鸟枪，但有一特点为世界所罕见，此特点即在枪之上部离枪口仅尺余处，安一双支直形曲尾之木架，长及枪体之半稍弱，此架钉其首部于枪之木壳特宽处,可以自由转动。不放枪时,将架直套于枪口之上,远望之如一燕尾长叉形,放枪时将架横转与枪成直角形,如十字形,或架枪于地面,或架枪于马首,即可瞄准燃放,较之用双手举枪燃放,不但便利加倍,抑且较易瞄准,较易中的,而换药纳弹亦较为便利。马上用之,尤为便捷准确。是以乘马者均各背负此种火枪,有时结队而来,其枪上之长叉架数里外可望见之(第九十图版第十六、十八、二十一等号,第九十一图版第二十九号及第九十二图版第一号 j 器)。

肆　边疆各族防御武器

子　边疆各族防守武器

边疆各族防守武器,似不甚讲求,恐亦无甚可观,盖因人民深居高山丛莽之中,有峰峦河川为其天然屏障,胜于人为之防御多矣。且亦无名城大邑必须扼守;每值敌人兵来,少则御之,多则避入山中,守其天然要隘以拒之,敌人终不得入。如川滇间之大凉山、小凉山彝族,始终未经他族人征服,以地势险也。若就边疆各族所用活动防守武器之大致言之,大约不外弓弩标枪及石弹铁车等器;其固定防守,则有石塞、碉堡、水防、壕沟等设备;而散布毒物于水中以毙敌人,亦防守战法之一种。

丑　边疆各族卫体武器

边疆各族之甲胄铠盾,吾人所获者,仅此第九十二图版中所示诸器。其中彝族之长体厚皮盔胄及翼形厚皮胸甲形式极古，质料坚固，制造颇佳（第九十二图版第二、三两号）。川边羌族之皮甲则形式略异，系全用小皮条编成者，其坚固较逊（第九十二图版第四号）。至于苗族瑶族之军衣，则偏重色彩花纹，盖无甚防御之力（第九十一图版第四号），想其昔时或亦有盔铠甲盾，但惜无实物可见耳。

西藏武士之卫体武器，则实物可以备示，如铁盔、连环锁子铁甲衣、铁甲裤、铁或铜护心镜、长方小铁片编成之护腰甲，均明代以前之遗物，且唐时即有其制矣（第九十二图版第一号 a、b、c、d、e 等器）。

伍　边疆各族之鼓

边疆各族极重视其鼓，凡召集同族、防守山塞、进兵攻取，以及礼乐祭祀婚丧节庆等大典，均恃鼓为特要之器。其鼓有两种：一为较古之青铜鼓，其来源似出于南中国青铜器文化时期。此类鼓之地理范围极大，自西南各边省，出越南以至南洋群岛、苏门答腊，以达马来半岛，西北则至陕甘边外，均不时有铜鼓发现，埋藏者尚不知几许；其艺术极佳，制造有极精美者（详见上章汉代铜兵中）。

第二种为皮鼓，亦系一面之鼓，其类别较多，吾人之所摄示者有三类：一为三段凑成之高筒皮鼓，云南彝族等用之，名为大皮鼓,亦名大象脚鼓,高约英尺三尺一寸左右,面直径九寸半,鼓身外漆黑黄色;筒似用大竹或坚木制,分为三段,割切为不规则之尖角,互相叉套,亦看不出;蒙鼓之皮,并不钉牢于鼓边,有如汉族之鼓,乃用细绳网联拉于鼓腹之下面,欲松则略解之,欲紧则略拉牢之,想随天气之晴阴而求鼓皮之常绷紧也(第九十一图版第一、一 a 号)。二为一段一犬皮小鼓,亦名小象脚鼓,高一尺四寸有奇,面直径六寸有奇,形制均与上鼓相同(第九十一图版第二号)。三为羌彝等族所用之空筒鼓,用皮带系于背上,筒中可以插置标枪及箭矢,筒底加大如笠形,拍之作声如鼓,两用之便器也(第九十一图版第三、十一两号)。

图　版

第一图版

原始石器时代及旧石器时代之石兵、骨兵

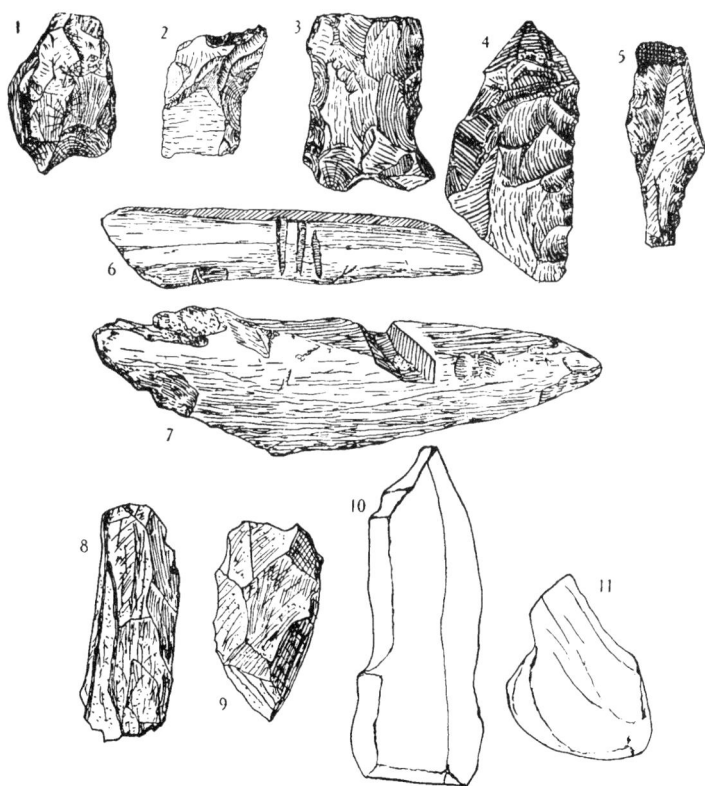

第一图版说明

1.河北周口店 C 层出土原始石器时代或最古旧石器时代石英制成之带尖带刃小石锤。

2.河北周口店 A 层出土原始石器时代或最古旧石器时代透明燧石尖嘴石凿。可以看出系用右手把握者。

3.河北周口店出土原始石器时代或最古旧石器时代石刮刀。

4.河北周口店 C 层出土原始石器时代长形刮刀。

5.河北周口店 A 层出土原始石器时代或最古旧石器时代有脉络石英石刮或石锤。可以看出系用右手把握者。

6.河北周口店 C 层出土之原始骨器或最古旧石器时代骨器。作刃形,上有人工砍切痕。

7.河北周口店 C 层出土之原始骨器或最古旧石器时代骨器。作刃形,上有深而平之人工砍切之槽痕。

8.宁夏水洞沟出土旧石器时代石髓兵器。为变硅石灰石。颇类欧洲出土上期旧石器时代之石兵。

9.宁夏水洞沟出土旧石器时代石刮。变硅石灰石。

10、11.西康出土旧石器时代石兵(四川成都华西协合大学古物博物馆藏)。

第二图版

中石器时代之石兵

（均广西武鸣县出土者）

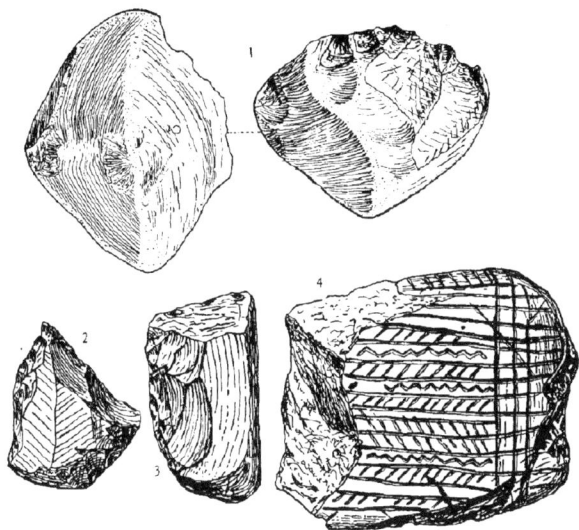

1.中心石刮,石英石制,曾经过两时期不同之人工加工。

2.石英石制之边刮兼下刮之石刮。曾经过两时期之人工加工,第一次人工在长边上已略磨腐;第二次人工在短边上略破碎,较为鲜明。

3.两边打制之石英石凿。其中间凸边作斜纹形(马来石器颇有类似者)。其底经过合式之捶打。

4.一面磨平一面凿花纹之磨颜料之青石磨盘。在越南东京地方,亦曾掘出花纹颇似之石器。想均系中石器时代物。

第三图版

新石器时代之石斧

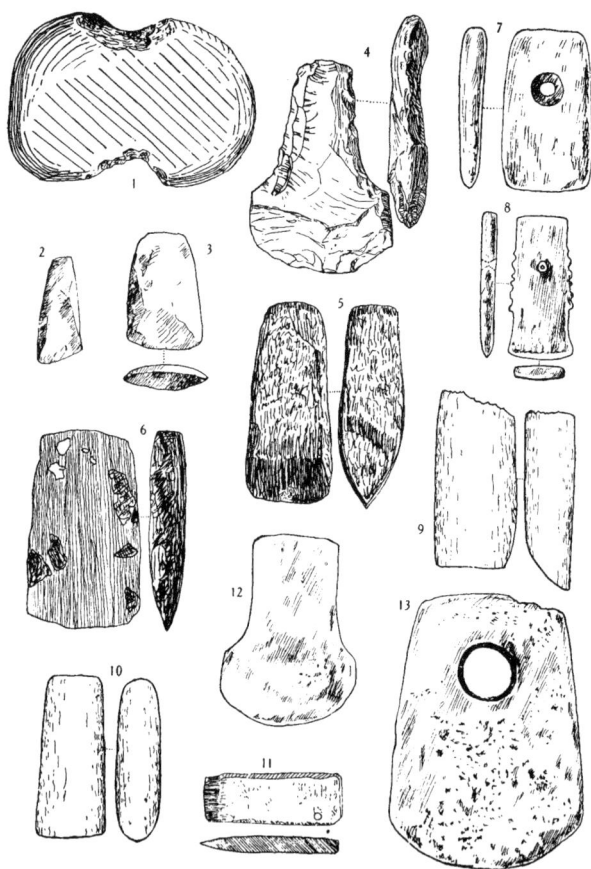

第三图版说明

1.新疆温宿出土新石器时代琢腰平面石子。颇似近年马来半岛出土之腰形石斧（腰形石斧之区域甚广,南自马来半岛,北至蒙古、张家口,均曾发现;西至温宿,亦有此类似之石器,西藏及四川、西康一带,近年亦曾发现同形石器）。

2、3.一九三○年俄人路卡徐金(Lukashkin)在昂昂溪沙冈掘得石斧锛。2长三五公厘,宽一五公厘;3长三六公厘,宽二八公厘。

4.琢制石斧。长圆形扁石子制,一段将石子之两边敲去,形成长柄脚;另一段将石子之圆头沿边敲剥成弧形凸刃口。器身上仍有不少之原皮。全长二二○公厘;柄脚宽三三点五公厘,长约七五公厘;腰宽约四九公厘,厚约二○公厘。徒手抑按柄运用,不能确定。

5.河南渑池县仰韶村出土新石器时代末期磨制绿色石斧。长一一○公厘,宽五七公厘。

6.奉天锦西县沙锅屯洞穴层出土磨光石斧。（石刃或石锛,或石凿。磨制。）长六三公厘,宽三八公厘。

7.殷墟出土带穿石斧。平面带穿,等厚,下端曲向刃。有穿为系绳之用。对称。约长一二七公厘,宽约七五公厘。

8.殷墟出土石戚。平面有穿,两边有齿,刃凸出于斧身。对称。

9.殷墟出土锛形石斧。平面,刃面不对称。刃边作正三角形。此类斧殷墟出土者极少,只有一个。

10.殷墟出土圆腰石斧。斧身中部最厚,渐曲向外,下面曲向刃,仄面对称。此类斧出土最多。长约一二八公厘,宽约五七公厘。

11.安阳出土石斧。长一八四公厘,宽六○公厘。

12.浙江杭州古荡出土新石器时代石斧。柄宽四点二公寸,柄长五点五公寸,身长六点四公寸,中长八点九公寸,柄厚〇点八公寸,身厚〇点三公寸。千枚岩。

13.浙江杭州古荡出土新石器时代石斧。上宽八点七公寸,下宽九点八公寸,长一六点八公寸,上厚一公寸,上边厚〇点五公寸,孔厚一点九公寸,孔直径二点一公寸。变质凝灰岩。

第四图版

新石器时代之石刀

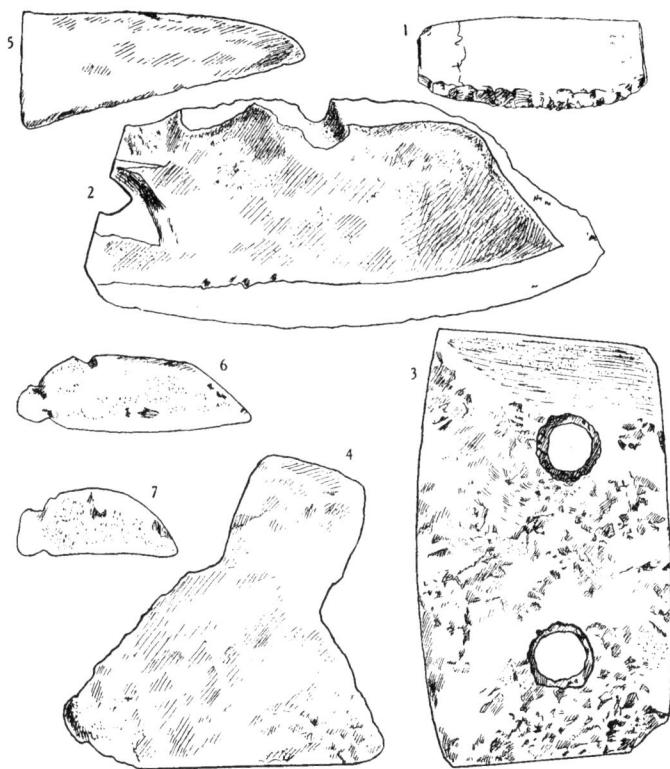

第四图版说明

1.齐齐哈尔昂昂溪出土新石器时代之石刀。长六四公厘,宽二五公厘。

2.浙江杭州古荡出土石镰刀。(残)宽一七点三英寸,长七点四英寸,厚〇点八英寸。千枚岩。

3.浙江杭州古荡出土石镰刀。右宽二点六英寸,左宽一二点六英寸,中长七点五英寸,孔距四点二英寸,上孔直径一点八英寸,下孔直径一点九英寸,孔厚一英寸,右厚边厚均〇点四英寸。硅质石灰岩。

4.浙江杭州古荡出土石刀。刃长一七点一英寸,背长一一点九英寸,柄长六点三英寸,柄宽五点九英寸,柄厚二点六英寸。片状千枚岩。

5.杭县良渚镇出土石刀,长九英寸八分,刃长九英寸七分,中宽二英寸五分,中厚三分,磨制。

6.杭县良渚镇出土石刀,长五英寸二分,直宽一英寸六分,厚三分,磨制。

7.杭县良渚镇出土石刀,长三英寸三分,直宽一英寸四分,厚三分,磨制。

第五图版

河南殷墟出土石刀

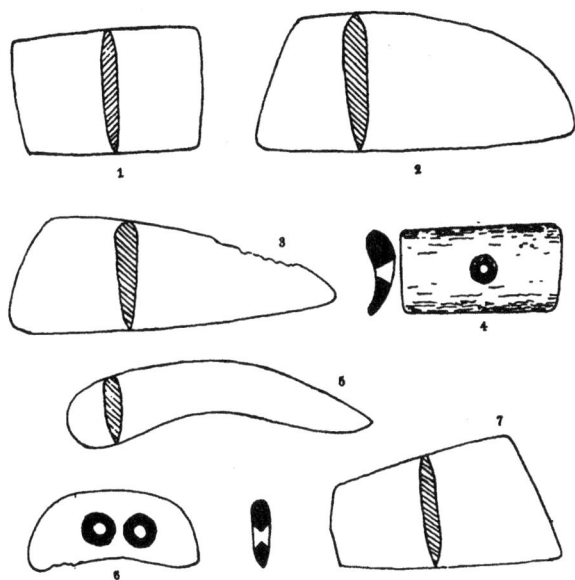

注:河南安阳殷墟出土石刀极多,数年来先后掘出者不下数千具,尤以 6 号为多。在北方各省及热河、凌源等地,亦早有此种双孔豆荚形石刀发现,前人或呼为石粟鋻。(疑有石铜器时代之遗物,或形式与之相同。)

第六图版

新石器时代之石矛头及石镞

（3 至 8 石矛头，1、2、9 至 33 石镞）

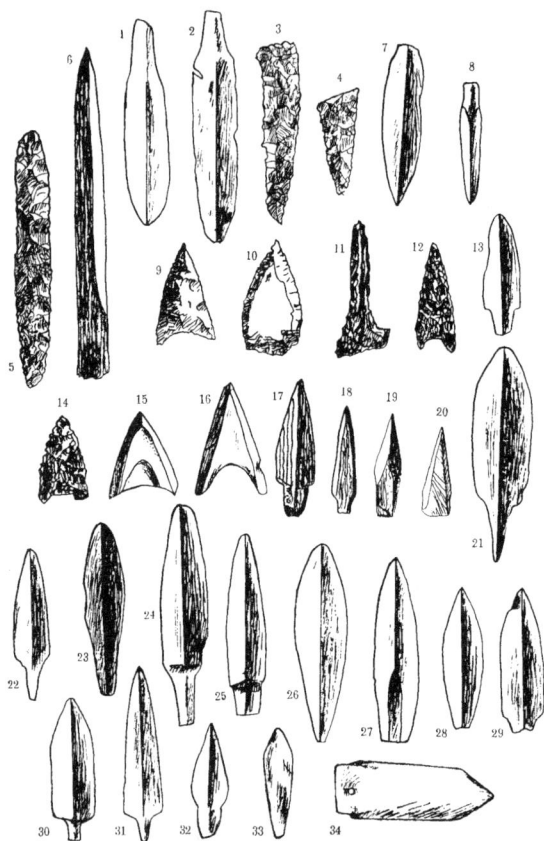

第六图版说明

1.杭县良渚镇出土石镞。直长二英寸五分,中宽八分,厚四分。

2.杭县良渚镇出土石镞。直长二英寸九分,中宽一英寸,厚五分。

3、4昂昂溪出土新石器时代之精琢石矛头。3 长四八点五公厘,宽一二公厘;4 长二七公厘,宽一二公厘。

5.昂昂溪出土石矛头,两面刻满深介壳形之琢痕,两边作粗锯齿状。绿燧石制。长一八公分,宽一○公分。

6.河南安阳小屯出土石矛头。身细长作三角形,茎部断面圆形,长八八公厘,宽九公厘(日本东京帝国大学文学部藏)。

7、8.山东历城县龙山镇城子崖出土石矛头。7 长八五公厘,宽二二公厘;8 长六五公厘,宽一二公厘。

9、10.昂昂溪出土新石器时代精琢石镞。9 长二六公厘,宽一六点五公厘;10 长二九公厘,宽一七公厘。

11、12.奉天锦西县沙锅屯洞穴层出土石镞。11 长三六公厘,宽一五公厘;12 长三○公厘,宽一一公厘。

13.杭县良渚镇出土石镞。直长二英寸二分,中宽六分,厚四分。

14.奉天锦西县沙锅屯出土石镞。长二二点五公厘,宽一三公厘。

15、16.东北南部牧羊城出土石镞。均作尖头锐边内陷凹腹形。15 长二三公厘,宽二○公厘;16 长三○公厘,宽一二公厘(日本东京帝国大学文学部藏)。

17、18、19、20.河南渑池县仰韶村出土石镞。17 长七三公厘,宽二二公厘。18 长五八公厘,宽一四公厘;19 长五六公厘,宽一六公厘;20 长四八公厘,宽一六公厘。

21、22.山东历城县龙山镇城子崖出土石镞。21 长一一四公厘,宽三三公厘;22 长八二公厘,宽二一公厘。

23.浙江杭州古荡出土石镞。柄长二英寸六分,柄椭圆直径六分,中宽一英寸七分,侧宽九分,中厚一英寸,总长七英寸八分。硅质石灰岩。

24.杭州古荡出土石镞。柄长二英寸一分,柄圆直径八分,中宽二英寸一分,侧宽一英寸三分,中厚一英寸三分,总长一〇英寸一分。千枚岩。

25.杭州古荡出土石镞。柄长一英寸四分,圆直径七分,中宽一英寸七分,侧宽一英寸二分,总长八英寸五分。千枚岩。

26.杭州古荡出土石镞。无柄形,下宽三分,中宽三英寸四分,中厚七分,长九英寸。千枚岩。

27.杭州古荡出土石镞。柄长二英寸九分,柄厚六分,头厚九分,下宽一英寸二分,中宽一英寸九分,总长八英寸五分。千枚岩。

28.杭州古荡出土石镞。无柄形,下宽八分,中宽一英寸七分,中厚六分,长六英寸四分。千枚岩。

29.杭州古荡出土石镞。柄残,下宽一英寸八分,中宽一英寸九分,中厚八分,长五英寸七分。千枚岩。

30.杭县良渚镇出土石镞。直长四英寸七分,中宽一英寸,厚六分。

31.杭县良渚镇出土石镞。直长二英寸五分,中宽七分,厚五分。

32.杭县良渚镇出土石镞。直长二英寸二分,中宽六分,厚五分。

33.杭县良渚镇出土石镞。直长二英寸五分,中宽七分,厚四分。

34.浚县辛村殷墓或卫墓出土玉镞或玉戈(见《田野考古报告》)。

第七图版

新石器时代之骨兵及贝兵

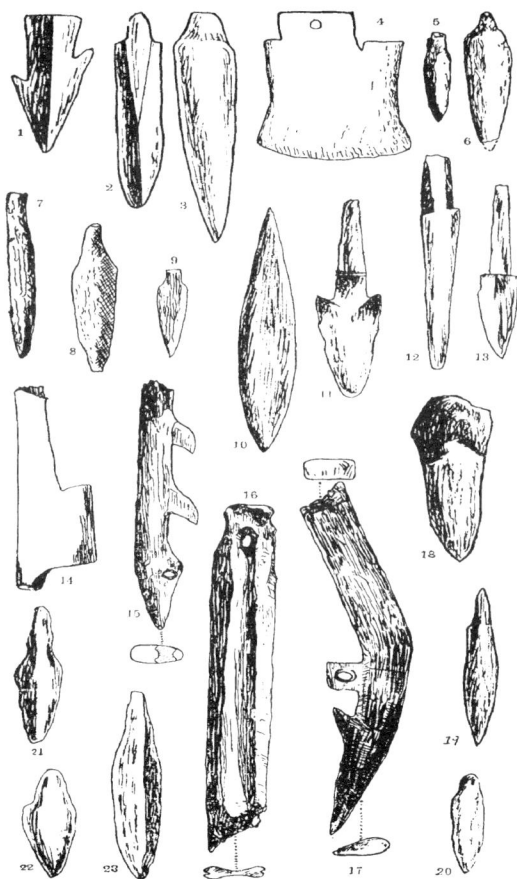

第七图版说明

1、2、3.山东历城县龙山镇城子崖出土新石器时代骨镞。1号长四五公厘。2号长六五公厘。3号长约七六公厘。

4.殷墟出土骨斧锛。长四九公厘,宽三三公厘。

5、6.山东城子崖出土骨镞。系黄河流域石铜器时代之物。

7、8.山西西阴村史前遗存骨镞,系石器时代之物。

9.河南仰韶期史前遗存骨镞,系石器时代之物。

10.河南安阳小屯出土物,此系骨制镞身,部分断面作三角形(日本京都帝国大学文学部藏)。

11.河南安阳小屯出土物,镞身左右翼张出,与山西西阴村发现之骨镞形状略同(日本京都帝国大学文学部藏)。

12.河南安阳小屯出土物,长八八公厘(日本京都帝国大学文学部藏)。

13.东北南部牧羊城出土物,镞身三角锥状,三方翼状张出,长五七公厘,宽九公厘(日本东京帝国大学文学部藏)。

14.昂昂溪出土骨刀。

15.昂昂溪出土渔叉。长一四公分,两钩间宽二〇公分,厚九公分,柄脚最厚处一五公分。

16.昂昂溪出土骨刀梗。

17.昂昂溪出土渔叉。全长(直线计)一六四公分,柄脚部分长七九公分,尖部带倒钩之一边长八七公分,背之一边长九六公分。

18.山东城子崖出土贝镞。长八一公厘,宽二六公厘。

19.同上。长七八公厘,宽一〇点五公厘。

20.同上。长四九公厘,宽一〇点五公厘。

21.同上。长六九公厘,宽一五点五公厘。

22.同上。长五四公厘,宽一八公厘。

23.河南安阳小屯出土贝镞(日本京都帝国大学文学部藏)。

第八图版

石铜器时代之骨、角、蚌贝兵器

第八图版说明

1.骨斧或骨匕。

2.贝刮刀。

3、4.骨刀或匕首。

5.骨镞。长九五公厘。

6.骨镞。长九〇公厘。

7.骨镞。长七九点四公厘。

8.骨镞。长一〇〇点五公厘。

9.骨镞。柄残。长七七点五公厘。

10.角兵。长九五点五公厘。

11.蚌刀。长五六公厘,宽四一点五公厘。

12.蚌刀。长六四公厘,宽三五公厘。

13.骨刺兵。长一九〇公厘。

（1-4 为河南安阳殷墟出土器,见一九三五年《邺中片羽初集》。1 器与第九图版
12 号之玉斧形制及花纹完全相同。5-13 为山东历城县龙山镇城子崖黑陶遗址出土
器,见一九三四年中央研究院历史语言研究所《中国考古报告集之一》。）

第九图版

三代玉兵

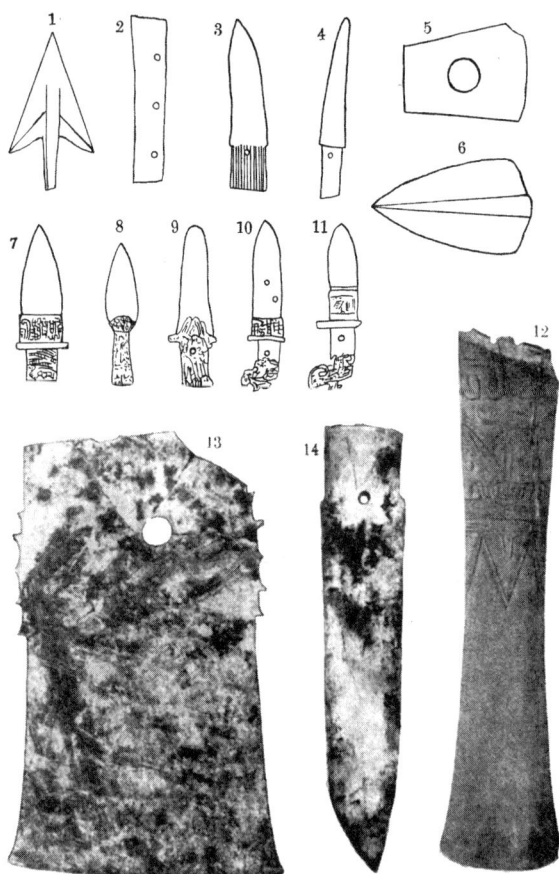

第九图版说明

1-11 为一九三六年伦敦中国美术展览会中各国送往陈列之中国古代玉兵。

1.上海张乃骥之汉代玉镞(可能为春秋时代物)。白绿色,长八三公厘。

2.英那法叶之汉前黑玉刀。长四三〇公厘,宽一〇二公厘。

3.英维多利亚博物馆之灰青玉或碧玉勾兵。长三五〇公厘。

4.英那法叶之玉矛头或勾兵。长五〇八公厘。

5.英国博物馆之周初玉戚。高二四〇公厘,宽一七六公厘。

6.上海张乃骥氏之春秋时代玉矛头(柄或为唐代后装者)。淡黄色,长一〇五公厘。

7.英那法叶之铜柄(似红铜)镶绿松石玉匕首或玉戈。长二二六公厘。

8.英那法叶之铜柄(似红铜)镶绿松石商殷玉匕首,或矛头。高一九八公厘。

9.伦敦福尔摩斯夫人之周初刻龟形青铜柄玉勾兵。长二四〇公厘。

10.美费斯白理之周初嵌绿松石青铜柄之三孔玉勾兵。长二七三公厘。

11.瑞典赫尔斯托木之周初青铜柄铜箍黄色玉勾兵。一孔,长二八〇公厘。

12.河南浚县辛村殷墓或卫墓出土之玉斧或玉匕首。见一九三六年《田野考古报告》,此器与第八图版 1 号之殷墟骨斧之形制及花纹完全相同。

13.河南安阳殷墟出土之商代碧玉圭或斧戚。见《邺中片羽初集》。

14.河南安阳殷墟出土之商代碧玉刀或匕首。见《邺中片羽初集》。

第十图版

三代玉兵

1.碧玉刀或系玉枪头。

2.铜柄玉戈。

3.铜柄镶嵌绿松石之碧玉矛头。（此三器为河南安阳殷墟出土之王戈,系北平尊古斋江夏黄濬氏藏器,见《邺中片羽初集》。）

第十一图版

殷墟出土商代青铜啄兵及戚

（见一九三五年黄濬氏著《邺中片羽初集》）

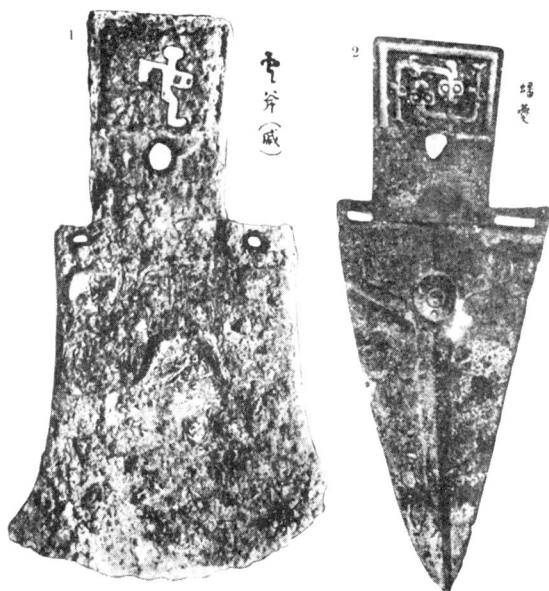

1.以"内"安柲（非空头）之商殷大铜戚。

2.以"内"安柲（非空头）之商殷啄兵。（此器形如矛头，不类勾兵，但又如戈之有穿，或系啄兵欤？）

第十二图版

商代体上满刻文字之青铜勾兵及矛头

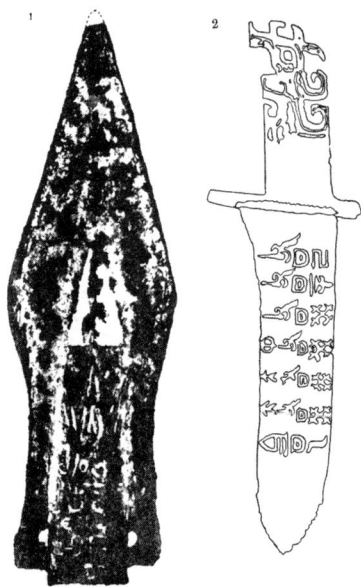

1.河南安阳殷墟出土商代青铜矛头,实大,下段满刻文字(一九三五年北平陆懋德氏拓赠)。长二四五公厘,宽七七公厘。

2.商勾兵。清末出土于保定(见罗振玉氏著《梦郼草堂吉金图》)。按此器颇类河南安阳殷墟出土之商殷明器,唯河南出土者,刃上无如许之文字,而内之形亦略异耳。刃长一七三公厘,刃宽五三公厘,柄长九六公厘,柄宽四〇公厘,全长二六九公厘。

第十三图版

殷墟出土商殷青铜刀、勾兵及空头斧

（见黄濬氏著《邺中片羽初集》）

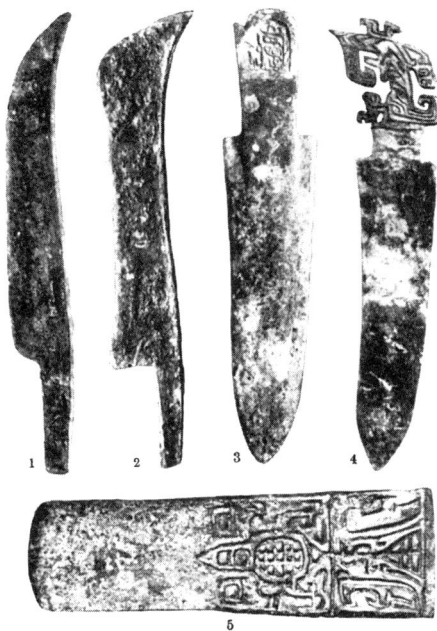

1、2.商代有铭铜刀。

3.商代饕餮文铜勾兵。

4.商代大于铜勾兵（恐系明器）。

5.商代有铭空头铜斧（空头作长方形）。

第十四图版

商代青铜勾兵

（商戈）

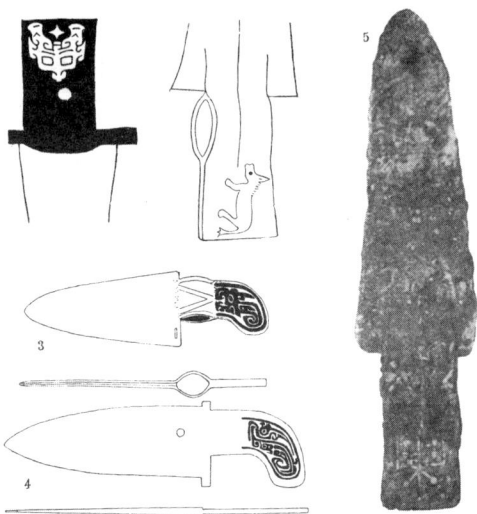

1.清程瑶田氏所图商代勾兵戟属以内安柲者。内上四字,程氏释为"忠信为周"。然则此器或系周初之戈欤?（见《通艺录》）

2.清程瑶田氏所图商代勾兵戟属以銎受柲者(见《通艺录》)。

3.殷墟出土瞿类青铜勾兵,以銎安柲者。原形二分之一大(见李济氏著《殷墟铜器五种及其相关之问题》)。

4.殷墟出土戈类青铜勾兵,以内安柲者。原形二分之一大(见李济氏著《殷墟铜器五种及其相关之问题》)。

5.河南安阳出土商代镶嵌绿松石以銎受柲之青铜勾兵(见《邺中片羽初集》)。

第十五图版
殷墟出土铜兵五种

（见李济氏著《殷墟铜器五种及其相关之问题》，

载《庆祝蔡元培先生六十五岁寿辰论文集》，一九三二年）

1、2.青铜矛头。

3、4.青铜勾兵。

5.青铜镞（殷墟出土者只有此一种）。

6、7.青铜刀。

8、9、10.空头青铜斧（殷墟出土之铜斧，仄面看都是不对称者，都是空头者，刃作凸形，略外出）。

第十六图版

殷墟出土石制、骨制、蚌制、铜制各种箭镞之形式

（见一九三〇年《安阳发掘报告》第二期）

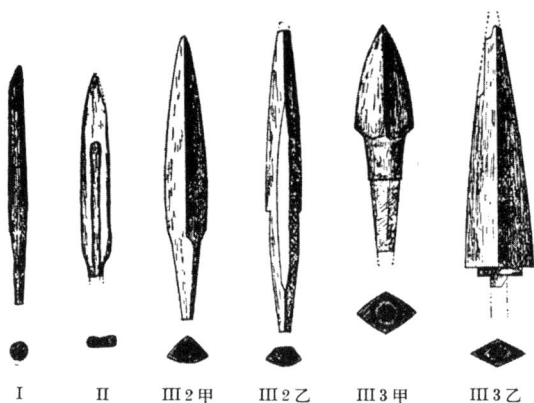

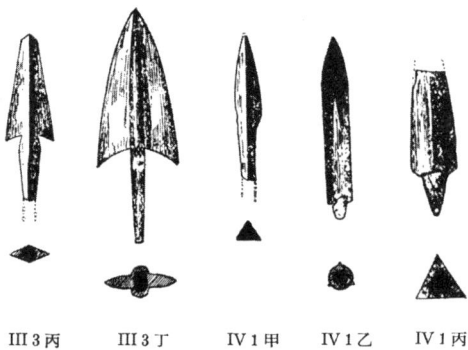

| Ⅰ | Ⅱ | Ⅲ2甲 | Ⅲ2乙 | Ⅲ3甲 | Ⅲ3乙 |

| Ⅲ3丙 | Ⅲ3丁 | Ⅳ1甲 | Ⅳ1乙 | Ⅳ1丙 |

第十六图版说明

Ⅰ.圆锥式:顶锐身圆有柄,只有骨制一种。

Ⅱ.扁平式:横截面作腰圆形,锐顶有柄,只有骨制一种。

Ⅲ.双棱式:镞身横截面趋于扁式,两边锐角成棱。

1.无脊类:无。

2.单脊类:横截面似三角形;然一角为无脊之凸出,不成棱,或上凸下凹,俗呼为荞麦棱或桃叶状。

甲种:无底,镞身斜接镞柄,界不分明,此种骨制最多。

乙种:方角平底,射入后较甲种难出。

3.双脊类:两面都凸出,相对作双脊。

甲种:锐脊,钝角斜底,镞身横截面作四角形,身下有圆托似颈,托下为柄。

乙种:锐脊,锐角平底,镞身横截面亦作四边形,身底下有托,托下为柄。

丙种:锐脊,锐角凹底,镞身横截面略作不等边四角形,身底内凹,身与柄间无托。

丁种:圆脊,锐角凹底,镞身横截面似十字形,底角极锐,俗呼为翼状,或倒须式,殷墟出土铜镞几全作此形,间有骨制与蚌制者。

Ⅳ.三棱式:

1.平边类:镞身横截面作等边三角形。

甲种:无底,镞身斜接镞柄,仅有骨制一种。

乙种:圆形平底,镞身顶部三棱形,底部圆形,有石制骨制各一。

丙种:全身等边三角,三角斜底,下为圆柄,只有石制一种。

第十七图版

殷墟铜兵显微镜透视形

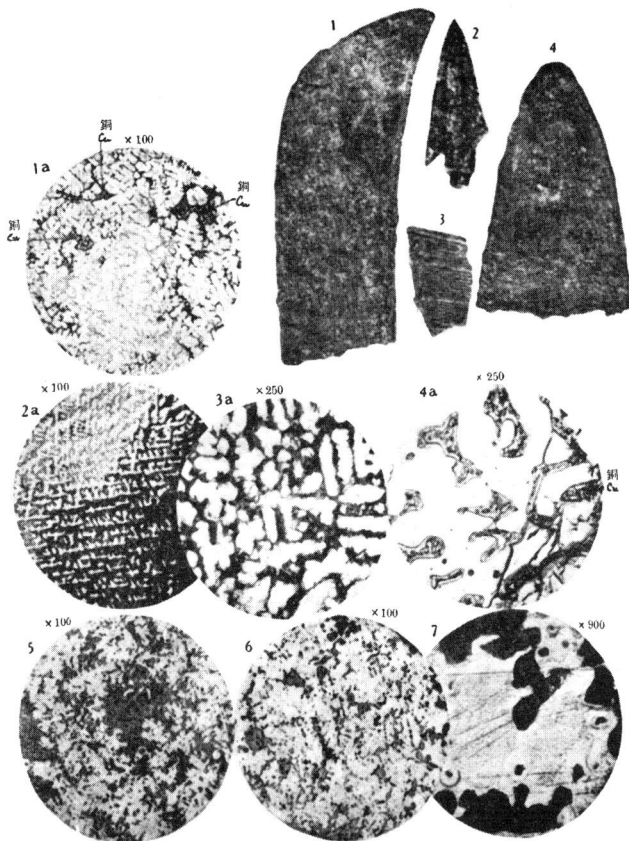

第十七图版说明

1、1a.青铜刀。放大百倍透视。

2、2a.青铜箭头。放大百倍透视。

3、3a.青铜兵柄。放大二百五十倍透视。

4、4a.青铜戈头。放大二百五十倍透视。

5、6、7.殷墟青铜镞某具之透视,5、6放大百倍,7放大九百倍。(均一九三一年甲
彭特氏在伦敦所作试验之结果。)

第十八图版

周代铜戈制造得法及不得法之形式

（见清陈澧氏著《东塾集》之《戈戟图说》）

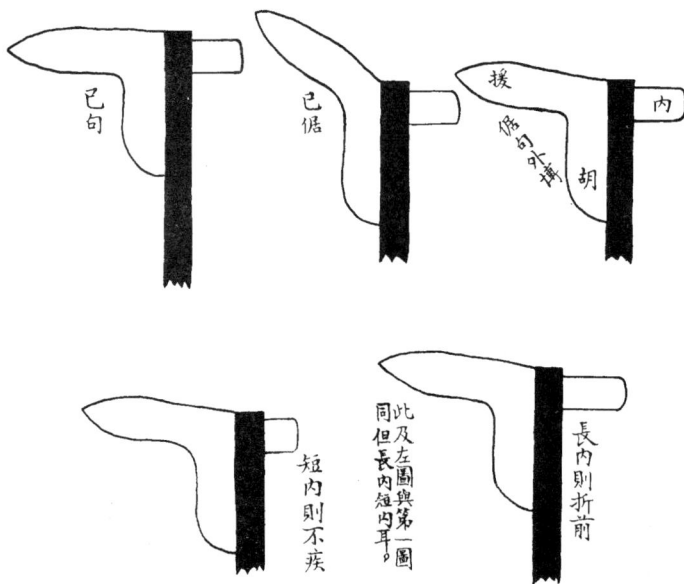

《考工记》曰："戈广二寸，内倍之，胡三之，援四之。已倨则不入，已句则不决，长内则折前，短内则不疾，是故倨句外博，重三锊。"

第十九图版

周代雕戈

（程瑶田氏所图，见《通艺录》）

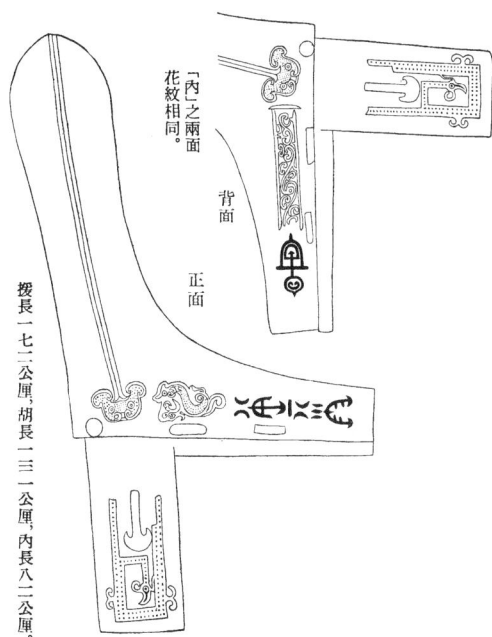

（图中文字）

「內」之兩面花紋相同。

背面

正面

援長一七二公厘，胡長一三一公厘，內長八二公厘。

面背琢若兽首戴剑，若龙若螭若蟠夔，空处画斧为固柲之孔。背面一字，程氏释为"琱"字。正面四字，程氏释为"八宝平门"。未省第二及第四字是否。

（此青铜戈为清嘉庆时北京司马舍人达甫亶氏之藏器，现已不知谁属矣。）

第二十图版

周代鸟书戈

（春秋战国时代吴越青铜犀利华美名戈之一种，
见《鸟书考补正》，容庚著，《燕京学报》第十七期）

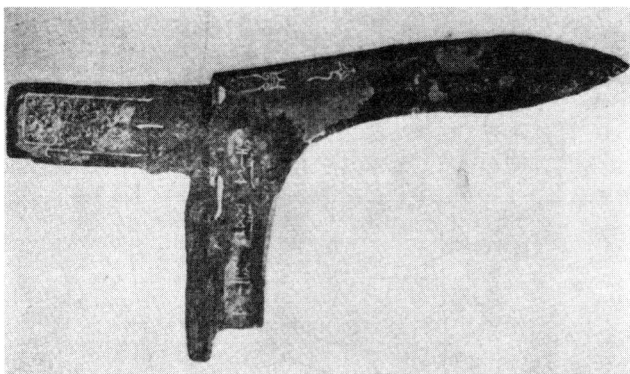

攻敔工光戈　正面

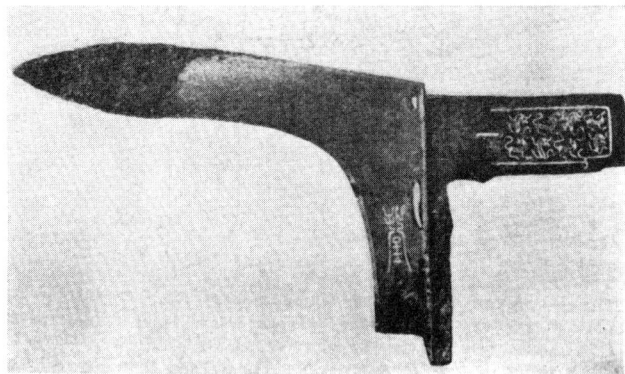

攻敔工光戈　背面

第二十一图版

周代鄦王戈

（见邹安氏著《周金文存》卷六）

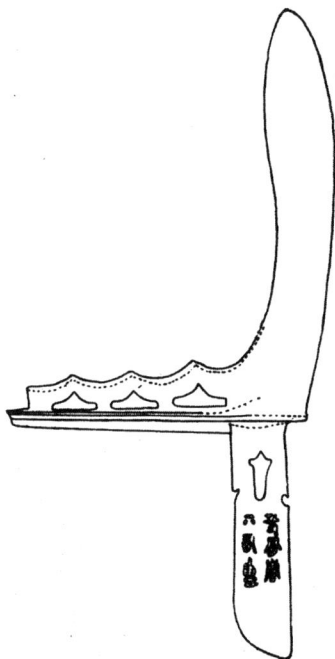

此戈之援如镰刀,胡上之穿孔作山形,胡之上边亦作波折形,有刃之内之穿孔,其向胡一面,亦作山形,不多见。援长一八九公厘,胡长一四五公厘,内长一一〇公厘。

第二十二图版
清陈澧氏所绘《考工记》周戟图

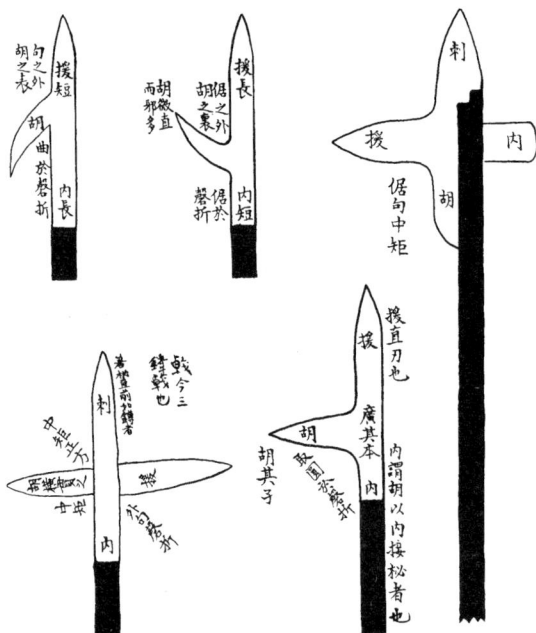

  《考工记》曰："戟广寸有半寸,内三之,胡四之,援五之。倨句中矩,与刺重三锊。"郑注曰,援直刃也,胡其子。已倨谓胡微直而邪多也,以啄人则不入,已句谓胡曲多也,以啄人则创不决。胡之曲直锋本必横,而取圆于磬折。前谓援也,内长则援短,援短则曲于磬折,曲于磬折则引之与胡并钩。内短则援长,援长则倨于磬折,倨于磬折则引之不疾。博广也,倨之外胡之里也,句之外援之表也,广其本以除四病而便用也,俗谓之曼胡似此。郑司农云,刺谓援也,玄谓刺者着柲直前,如鐏者也。戟胡横贯之,胡中矩,则援之外句磬折欤?

第二十三图版

锛之变迁图

（见安特生著《中华远古之文化》）

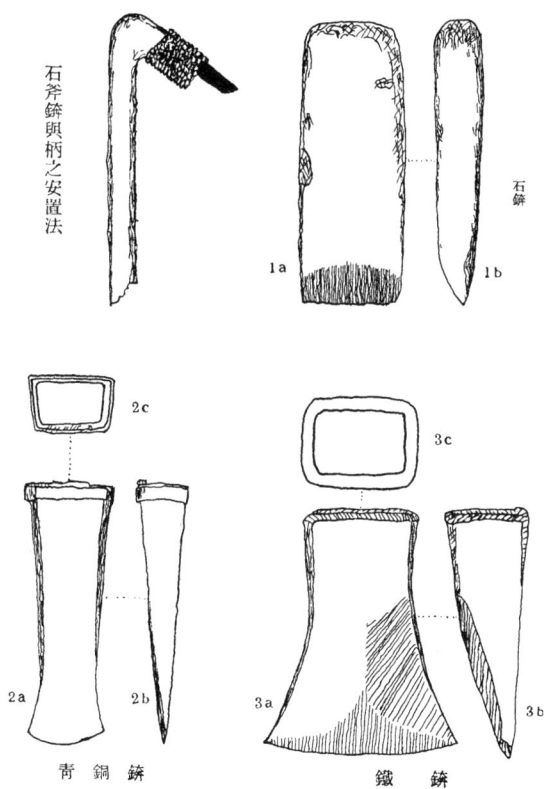

石斧锛與柄之安置法

石锛

1a
1b

2c

2a
2b

青銅锛

3c

3a
3b

鐵锛

第二十四图版

斧之变迁图

（见李济氏著《殷墟铜器五种及其相关之问题》）

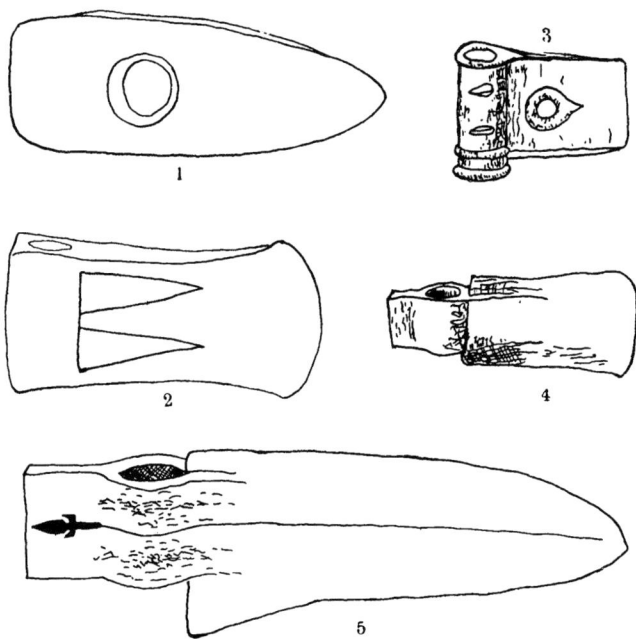

1.热河之石斧（《考古学论丛》）。

2.铜戚（《金石索》）。

3、4.中国铜斧（原图见 J.de Morgan：La Préhistoire Orientale，P.227）。

5.铜瞿（殷墟出土，长二三二公厘）。

第二十五图版

周代铜斧

1.伦敦ラザレストン氏藏铜斧,长九寸,管形銎首作人头形,刃上刻兽纹(饕餮纹),恐系仪仗饰兵,殷商之器(《支那古器图考·兵器篇》作周代战国之器,误)。

2.丁卯斧(见《周金文存》),邹安氏藏。

3.巴黎ウィルス氏藏铜斧(戚),即 M.David-Weill 氏。容秘銎管侧,饰一蹲兽,恐系北方作品,周代仪仗兵器(见《支那古器图考·兵器篇》)。

4.周铜斧(戚),玉虹楼孔琹南氏藏(见清冯云鹏氏著《金石索》)。

第二十六图版

周钺与周斧之形制图

（见陆懋德氏著《中国上古铜兵考》，

载一九二九年《国学季刊》第二卷第二号）

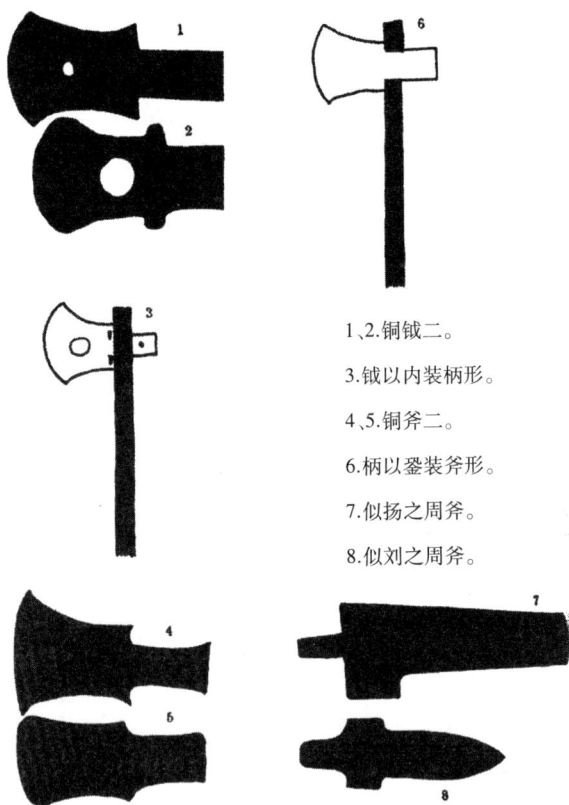

1、2.铜钺二。

3.钺以内装柄形。

4、5.铜斧二。

6.柄以銎装斧形。

7.似扬之周斧。

8.似刘之周斧。

第二十七图版

周代戚、斤、戣、瞿等铜兵图形

（见陆懋德氏著《中国上古铜兵考》）

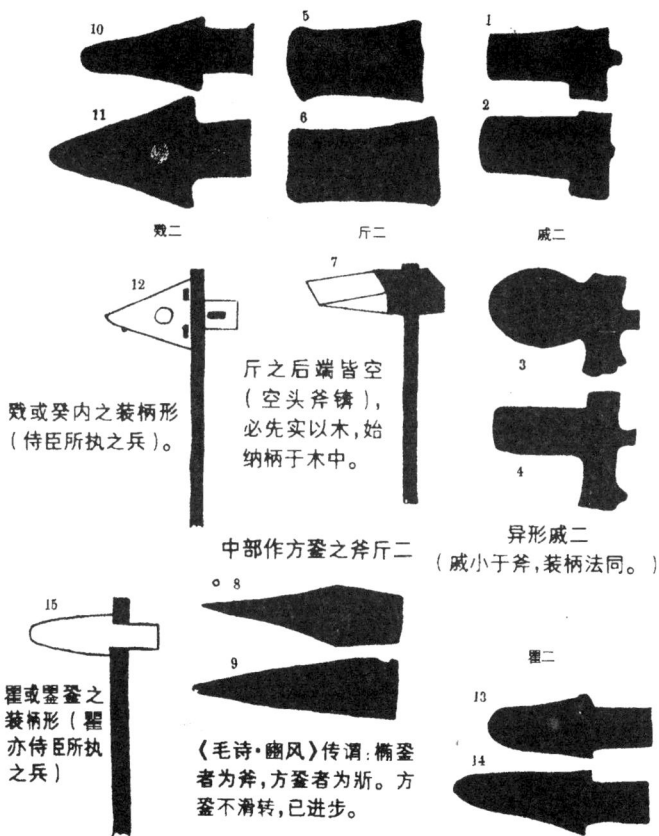

戣二

斤二

戚二

戣或癸内之装柄形
（侍臣所执之兵）。

斤之后端皆空
（空头斧铸），
必先实以木，始
纳柄于木中。

中部作方銎之斧斤二

异形戚二
（戚小于斧，装柄法同。）

瞿或瞿銎之
装柄形（瞿
亦侍臣所执
之兵）

《毛诗·豳风》传谓：橢銎
者为斧，方銎者为斨。方
銎不滑转，已进步。

瞿二

第二十八图版

周代异形铜戚、铜瞿

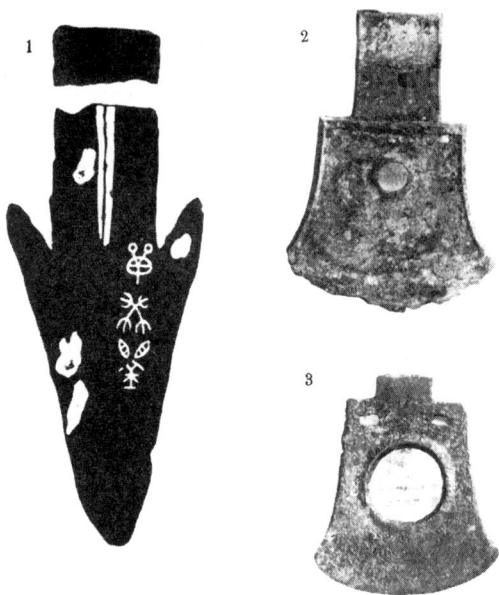

1. 周单癸瞿，《金石索》云："此器长建初尺七寸七分强。鹏按，瞿即瞿也。《书·顾命》篇，一人冕执瞿，即此之谓。兹据桂未谷拓本摹入，实属周器。考款识及《博古图》，载单癸卣云：单冏作父癸，卣疑即此人，且篆法亦相类。薛云氏：癸于单族，是其宗也。今录此瞿，可补金石诸书之缺。鹏按《周书》郑康成注云：'瞿盖今三锋矛。'观此可知其状矣。"

2、3. 铜戚（美国福开森氏藏器）。

第二十九图版

周铜剑与西伯利亚式及斯奇地安式、色马式诸古民族铜剑之比较图

(周代下半期之青铜剑)

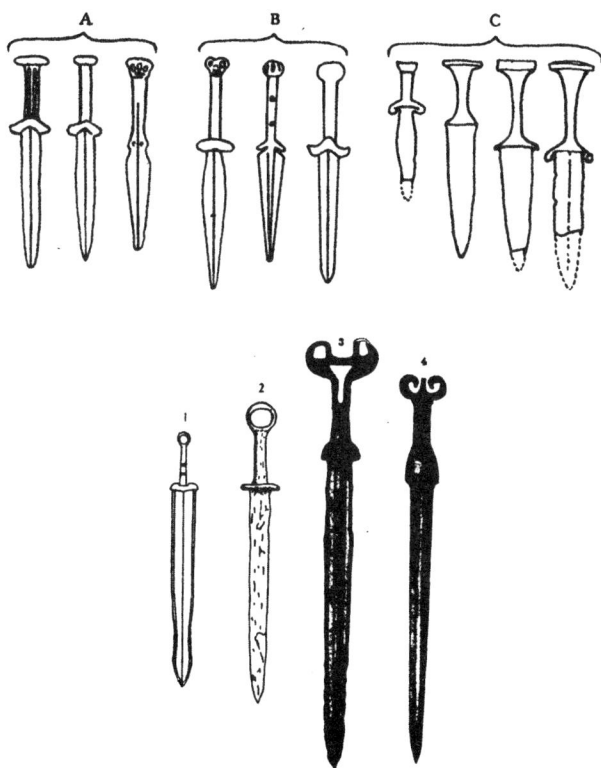

第二十九图版说明

A.西伯利亚出土斯奇地安—西伯利亚式小铜剑(见 Toll 著《欧亚北方古物》,第一八四页)。

B.中国渭河流域出土之小铜剑(Siren 氏藏器,见《亚细亚艺术》,第七册第二图版)。

C.越南清化东山出土斯奇地安—西伯利亚式小铜剑(见一九二九年 Golonbew 著《北越南及东京之青铜器时期》,第一六页)。

1.清吴兴陈经氏藏周铜剑(见《求古精舍金石图》)。

2.《高加索古邦》Vozvizenskaja Stanica, Kouban 出土古铜剑(见一八九九年 Otcet 著《斯奇地安民族(Skythen)及沙马特民族(Sarmaten)之剑》)。长八〇公厘。

3.日本出土中国古代铜剑(英伦 Eumorfoponlos 氏藏器,见一九二五年 P.Yetts 著《该氏铜器目》)。刃长三六五公厘,柄长一二三公厘。

4.丹麦出土古铜剑(哈尔斯塔特式古铜剑,见《北欧考古图刊》,第四十一册第四图版 Hallstatt)。刃长三九四公厘,柄长一四六公厘,全长五四〇公厘。

第三十图版

周代丙种铜剑

（介于甲、乙两种之间，而不相属之铜剑）

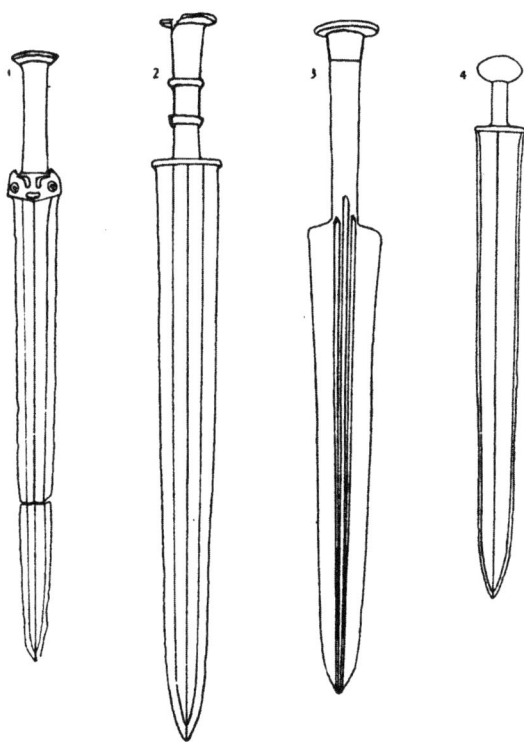

第三十图版说明

1.安徽凤台县出土铜剑(瑞典远东古物博物馆藏器)。乙种茎,甲种腊,长五八九公厘。

2.河南固始县出土铜剑(瑞典远东古物博物馆藏器)。乙种茎及腊,而有后如甲。长六八七公厘。

3.河北宣化县出土铜剑(瑞典远东古物博物馆藏器)。乙种茎,无腊,而刃有三棱(北中国铜剑〔?〕)。注:此形剑常有盂首扁茎,如一铜片作茎者。长六一三公厘。

4.鄂尔多斯(?)出土铜剑(瑞典远东古物博物馆藏器)。乙种茎与腊,而首作钵形,茎体特短。长五一六公厘。

第三十一图版

周代丁种铜剑

（扁平细茎无腊无首之铜剑）

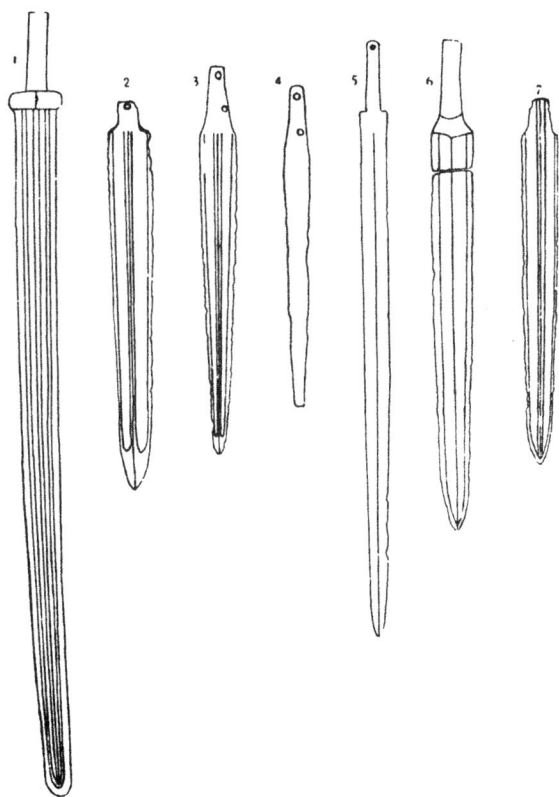

第三十一图版说明

1.安徽芜湖(?)出土铜剑(瑞典远东古物博物馆藏器)。长六九六公厘。

2.安徽寿州出土铜剑(瑞典远东古物博物馆藏器)。长三四六点五公厘。

3.中国出土铜剑。出处不详(瑞典远东古物博物馆藏器)。长三四五公厘。

4.中国出土铜剑。出处不详(瑞典远东古物博物馆藏器)。长二八六点五公厘。

5.河南固始县出土铜剑(瑞典远东古物博物馆藏器)。长五二八公厘。

6.安徽霍邱县出土铜剑(瑞典远东古物博物馆藏器)。长四三六点五公厘。

7.河南光州出土铜剑(瑞典远东古物博物馆藏器)。长三二四公厘。

第三十二图版

丁种剑之剑首及玉饰

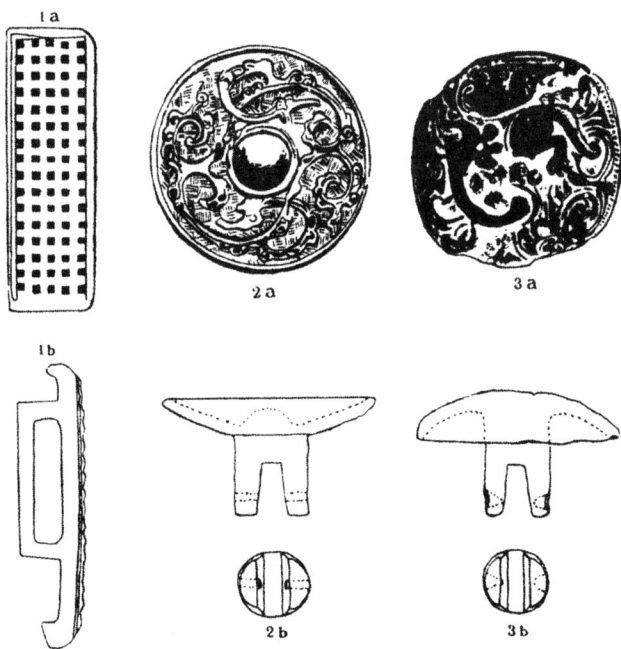

1.玉饰,出土处未详。宽二一公厘,长六四公厘。

2.丁种剑首,平面及侧面,出土地未详。直径四七公厘。

3.丁种剑首,平面及侧面,出土地未详。直径四五公厘。

第三十三图版

各种不同形式之中国古代铜剑

（原田淑人及驹井和爱两氏所图示）

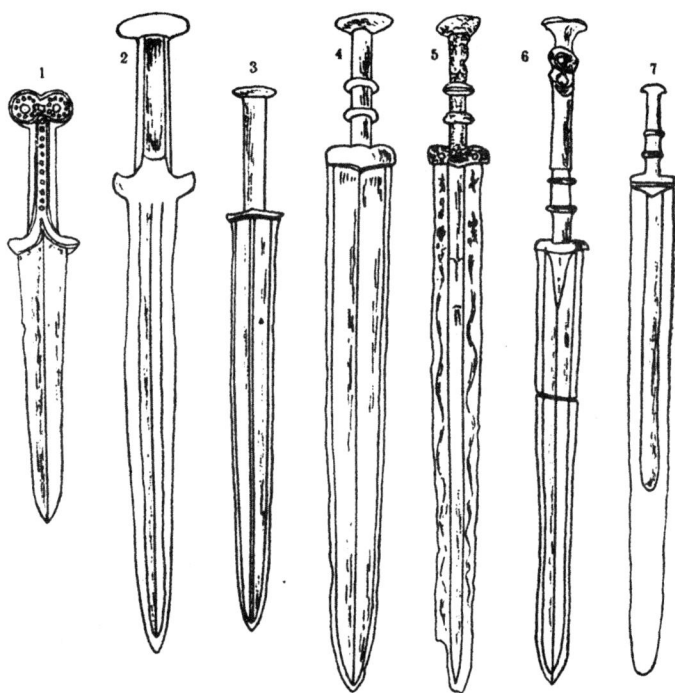

第三十三图版说明

1.长一尺,刃扁平,有中脊线,柄部有凸体斑点,柄端作双环形有三孔,护手作人字形(北平陆懋德氏藏)。

2.长一尺四寸五分,刃有半中脊及半宽平槽,护手作双耳形,柄体中部作凹陷形,柄端作圆锤形。此刃上窄下宽,而中间腹部特宽,尤较下部为宽,不多见(陆懋德藏)。

3.长一尺二寸三分,刃有中脊及凸边,护手作三角形,柄为圆体,柄端作扁圆形(陆懋德藏)。

4.长一尺五寸六分,刃有中脊及凸边,茎长三寸,有二轮节(鐷),柄端作扁圆体,似为周代中制士剑(日本东京帝国大学文学部藏)。

5.山西大同县城附近出土铜剑,法国人西伦(Siren)所藏,疑为秦物。剑上镶嵌金银丝片及土耳古石。

6.朝鲜平越南道大同江郡船桥里出土铜剑,长一尺七寸七分(朝鲜总督府博物馆藏)。柄端作龙首含珠形,曾镀金,系与前载有秦始皇帝二十五年铭文戟同出土者。

7.越南东京地方东山古墓出土铜剑,长一尺九寸八分,刃有半中槽,刃不尖而体平,柄仿周制,似为汉以前中国文化南渐时之所仿制者。

第三十四图版

异形文字之周代铜剑

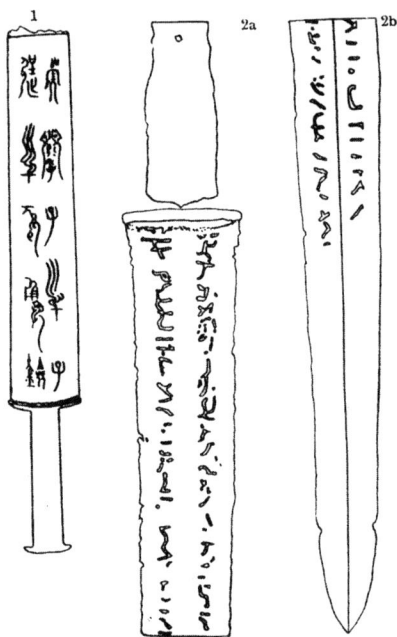

1.吴季子之子保之永用剑(见《金石索》),剑铭鸟篆文十字,其季字用字,与夏雕戈钩带相类,精古非常。以周尺度之,长三尺,腊广二寸半,重九锊,上士之剑也。铭在其腊,此康熙八年,孙退谷侍郎得于睢阳。袁氏所谓一字酬以十金者,《积古款识》述之甚悉(此剑拓本亦见《通艺录》)。

2.清罗振玉氏藏异文剑(见《梦郼草堂吉金图》)。此剑文字奇异,至今尚无人译出。

第三十五图版

玉具剑之玉首

（清程瑶田氏所藏）

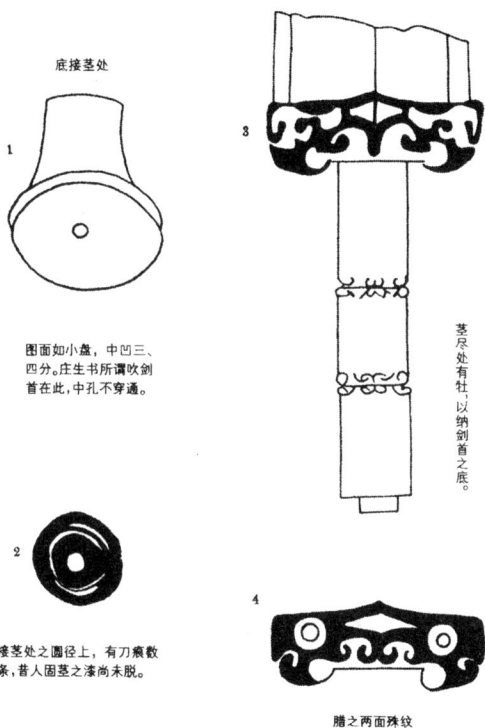

底接茎处

1

图面如小盘，中凹三、
四分。庄生书所谓吹剑
首在此，中孔不穿通。

2

接茎处之圆径上，有刀瘢数
条，昔人固茎之漆尚未脱。

3

茎尽处有牡，以纳剑首之底。

4

腊之两面殊纹

1、2.玉剑首

3.容玉首之铜茎

4.腊之另一面

第三十六图版
玉具剑之玉饰形制

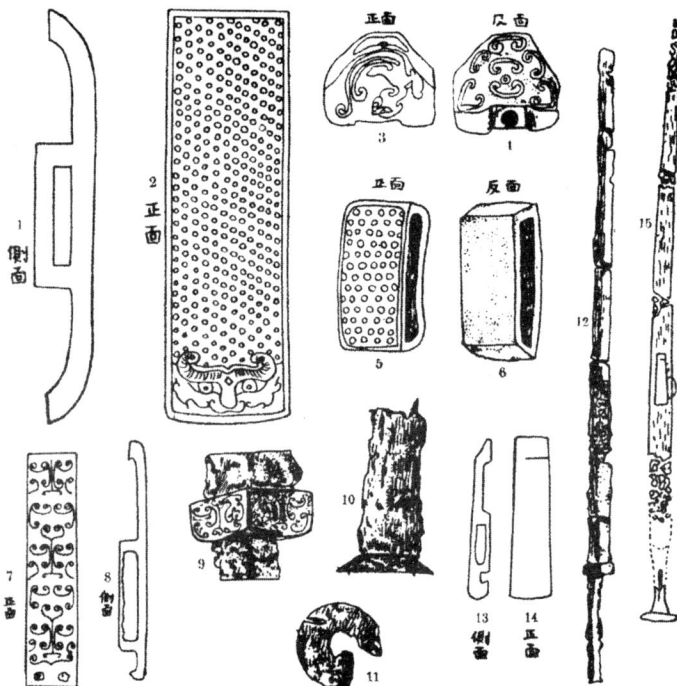

第三十六图版说明

1、2.宋人吕大临(亦作林)氏《考古图》所载璏玉璏(本采自李伯时《考古图》,李氏书已亡)。

3、4.清吴大澂氏藏青玉琫,即瞿中洛所谓穿背短璏。

5、6.清吴大澂氏藏白玉琫。

7、8、9、10、11.朝鲜乐浪郡古墓出土玉具铁剑之玉首(璏)、玉格(琕或镡)及鞘上之璏玉璏(昭文带)。7 长一一〇公厘,宽二五公厘。8 长一一四公厘。9 长六〇公厘。10 长八四公厘。11 直径四二公厘。

12.玉具铁剑。长一〇五〇公厘。

13、14、15.南口地方出土玉具铁剑及其璏玉璏(昭文带)。

第三十七图版
清高宗所藏周代玉具剑

（青铜刃玉柄。见乾隆铜版《西清古鉴》）

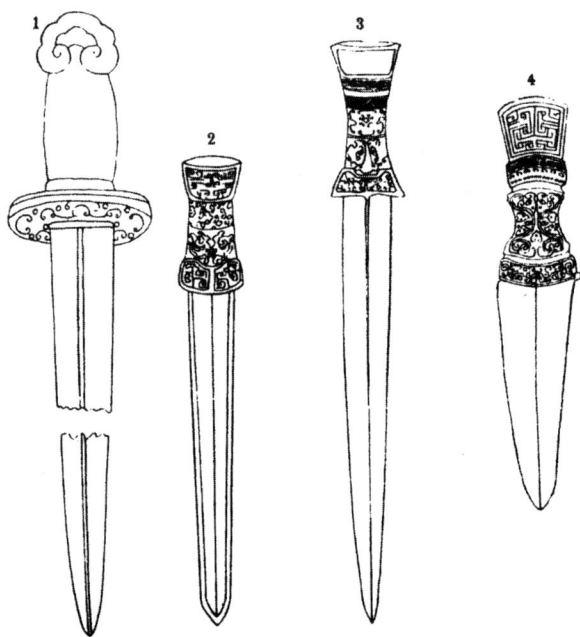

第三十七图版说明

1.周上士服剑。此剑身长一尺三寸四分,腊广一寸四分,两从各五分有半分,锷一分有半。以玉为茎与首,通重二十五两。按《周礼》注,六两半有零为一锊,则四锊有欠;然古权三当今之一,则此乃上士所服也。

2.周服剑。此剑身长八寸六分,腊广两从各四分,锷二分。以玉为茎与首,通重八两。

3.周服剑。此剑身长一尺一寸,腊广一寸一分,两从各三分有半分,锷一分有半分。以玉为茎与首,通重九两。

4.周匕首。此匕首身长五寸三分,阔一寸八分,重七两。按匕首似剑而身短,刘向《说苑》,尺八短剑头似匕,故名匕首。

第三十八图版

中国古铜剑之横切面形制图

（瑞典远东古物博物馆所藏）

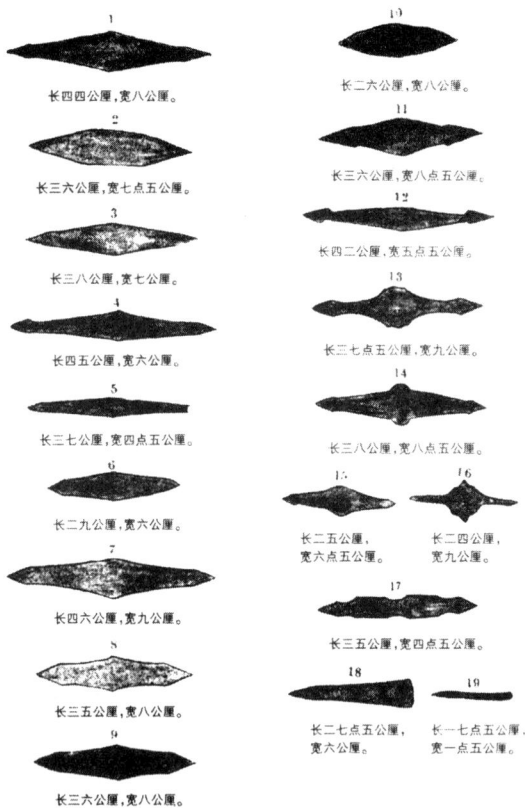

1

长四四公厘，宽八公厘。

2

长三六公厘，宽七点五公厘。

3

长三八公厘，宽七公厘。

4

长四五公厘，宽六公厘。

5

长三七公厘，宽四点五公厘。

6

长二九公厘，宽六公厘。

7

长四六公厘，宽九公厘。

8

长三五公厘，宽八公厘。

9

长三六公厘，宽八公厘。

10

长二六公厘，宽八公厘。

11

长三六公厘，宽八点五公厘。

12

长四二公厘，宽五点五公厘。

13

长三点七五公厘，宽九公厘。

14

长三八公厘，宽八点五公厘。

15

长二五公厘，
宽六点五公厘。

16

长二四公厘，
宽九公厘。

17

长三五公厘，宽四点五公厘。

18

长二七点五公厘，
宽六公厘。

19

长一七点五公厘，
宽一点五公厘。

注：大型者为剑，小型者为匕首。第 18、19 两号，则系铜刀切面。

第三十九图版

周代、战国及汉初之铜剑格

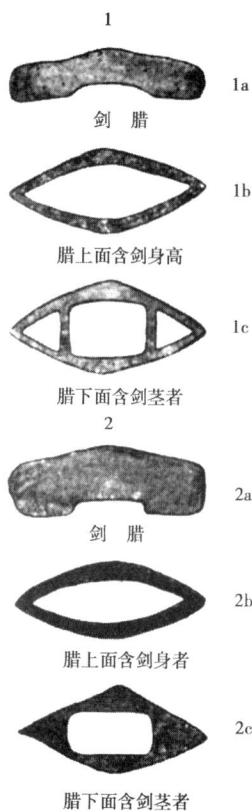

1

1a

剑腊

1b

腊上面含剑身高

1c

腊下面含剑茎者

2

2a

剑　腊

2b

腊上面含剑身者

2c

腊下面含剑茎者

3

1、2.程瑶田氏图示所藏周代铜剑之腊形二（见《通艺录》）。

3.东京帝室博物馆所藏汉代铁剑全面镀金中浮雕，两旁透雕三兽形之铜剑格，其剑长二尺六分（见《支那古器图考·兵器篇》）。

第四十图版

中国古铜剑之剑格及鞘之上下铜饰

（瑞典远东古物博物馆所藏）

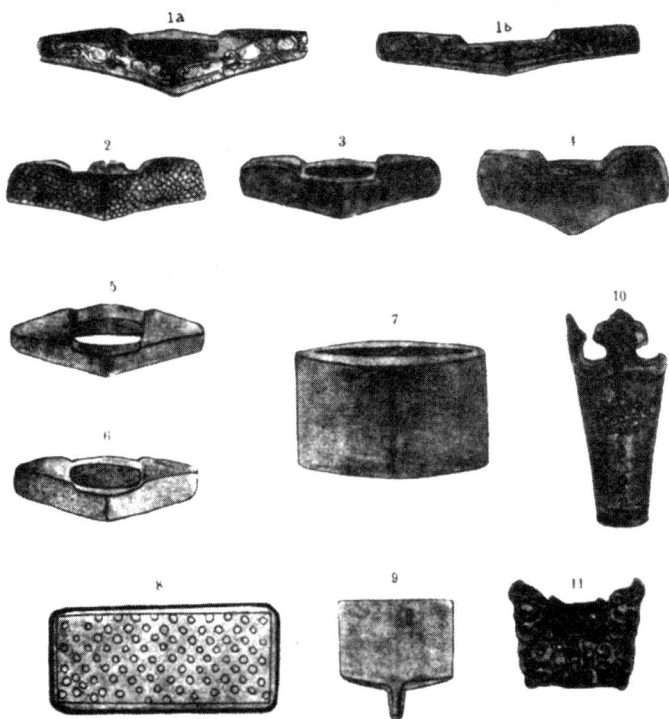

第四十图版说明

1.铜剑格,出处不详。长七〇公厘。

2.铜剑格,淮河流域出土。长五二公厘。

3、4、5、6.铜剑格,鄂尔多斯沙漠出土(?)。3长五二点五公厘。4长四八公厘。5长五〇点五公厘。6长四八公厘。

7.鞘下饰,淮河流域出土。长五〇公厘,高二八公厘。

8.璏,即昭文带,出处不详。长六〇公厘,宽二八公厘。

9、10、11.鞘之上下铜饰,鄂尔多斯沙漠出土(?)。9长三〇公厘,高三〇点五公厘。10长五五公厘,宽二六公厘。11长二九公厘,宽三五点五公厘。

第四十一图版

伊斯兰古剑之平面天然花纹名刃图形

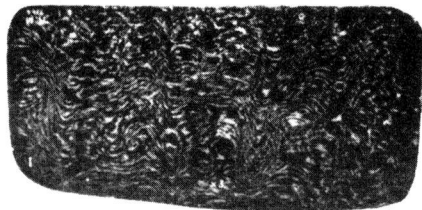

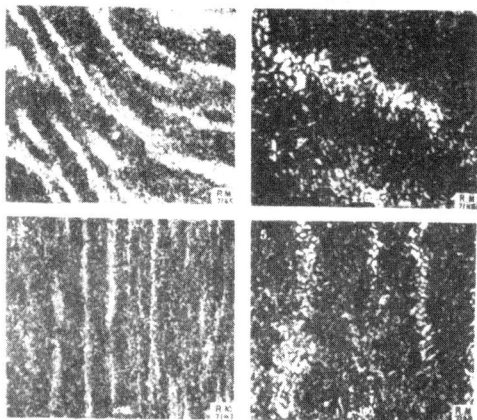

1.刃之一段。放大三倍。

2、3.刃宽处平切面显微透视图形。2放大四十六倍。3放大一百六十倍。

4、5.刃之直切面显微透视图形。4放大四十六倍。5放大一百六十倍。

（见瑞士徐理克大学冶金学磋概教授所著《打磨刃之研究》。载于巴黎《冶金杂志》一九二四年十一月第十一号。）

第四十二图版

马来民族所铸之克力士佩剑天然花纹糙面名刃图形

第四十二图版说明

1.平原芳草形（茎存柄失）。

2.簇锦排云形。

3.风羽缤纷形。

4.沿岸河流形。

5.瀑布直泻形（戴冠立人形铁柄与刃系一体铸成）。

（均法国里昂何尔斯泰因氏藏器。）

第四十三图版

战国时所铸糙面天然花纹之鱼肠剑

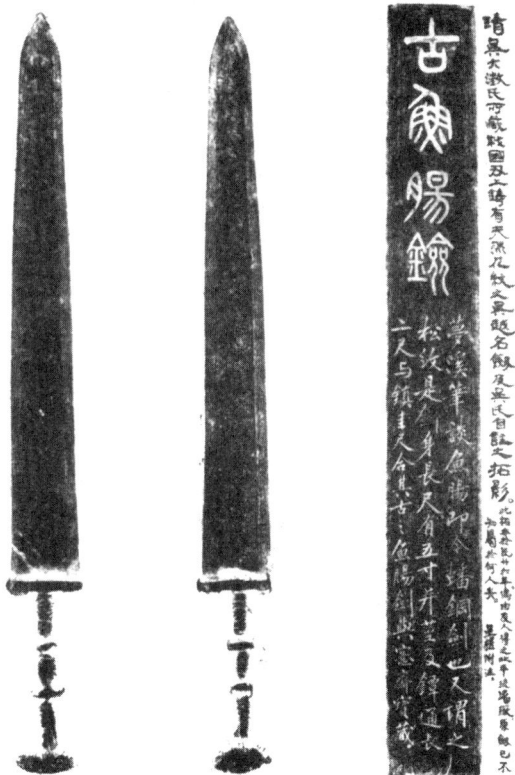

第四十四图版

战国时所铸糙面天然花纹之吴越名剑

（外人所藏周代铜剑刃上特铸天然花纹糙面名刃拓影）

第四十四图版说明

1.瑞典远东古物博物馆藏剑,据云得于江苏徐州。长四二〇公厘。

2.瑞典远东古物博物馆藏剑,据云得于安徽寿州。中段未列,上段长一五一公厘,下段长一五八公厘。

3.瑞典海微尔伯爵夫人藏剑花纹之形状。长一三〇公厘。

4.瑞典远东古物博物馆藏剑,出处未详。长二五五公厘。

5.瑞典胡马克氏藏剑,刃上花纹及图形甚奇,出处未详,约长三六八公厘,最宽处约三十六公厘。

第四十五图版

周代及战国铜镞

（见《支那古器图考・兵器篇》）

第四十五图版说明

1.河南安阳小屯出土铜镞。长一寸三分(北平中央研究院藏)。

2、3.东北南部老铁山麓刘家屯石墓出土铜镞(关东厅博物馆藏)。

4.东北南部牧羊城附近壃周墓出土铜镞(日本东京帝国大学文学部保管)。

5、6.京都清野谦次氏藏铜镞。长七寸二分,镞身长八分,三角锥形,茎之切面亦作三角形。

7、8.京都帝国大学文学部藏铜镞。长六寸九分,镞作三锥形,茎(矢柄)系铁制。

9-26.东北南部牧羊城出土铜镞(日本东京帝国大学文学部藏)。

第四十六图版

秦代青铜兵器

第四十六图版说明

1.秦代管体茎铜剑(见清李光庭氏著《吉金志存》)。

2.秦二十四年戈。内上铭为"廿四年邘陲□万命右军工戈夏𢀳竖"(见《金石索》)。

3.秦二十五年戈,内上有刃。出土于朝鲜大同江船桥里,铭为"廿五年上郡守□造高奴工师□承申□薪□"(见《支那古器图考》)。

4.秦左军戈(见清刘心源氏著《奇弧室吉金文述》)。

5.秦甲兵虎符。

6、7.秦十六年铜剑。尾形茎,缺首,刃上双行铭文甚多,中有"十六年"字样(南京古物保存所藏器)。

8、9.秦汉铜矛头。8号长八英寸。9号长六英寸五分(北平历史博物馆藏器)。

10.秦或楚铜矛头。长新尺六寸九分,重四两八钱,一九三四年于安徽寿县朱家集与楚器多件同时出土(安徽省立图书馆藏器)。

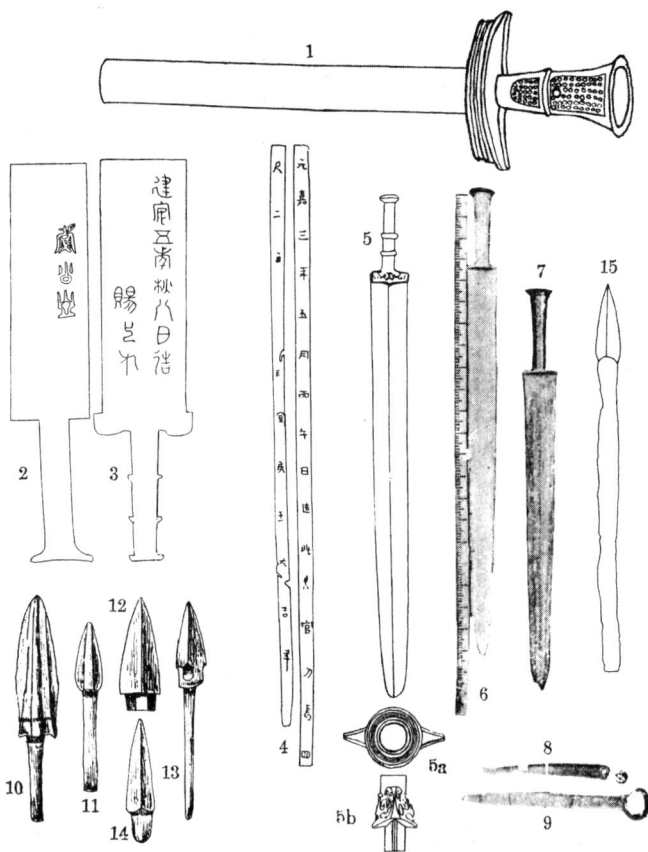

第四十七图版

汉代青铜兵器

第四十七图版说明

1.汉粟纹剑。长八寸一分,腊广九分,茎广一寸五分,长三寸一分,重十一两有半(见《西清续鉴》)。

2、3.汉铜剑(见清李光庭氏著《吉金志存》)。

4.汉元嘉长刀。铭曰:"元嘉三年五月丙午日造此□官刀,长四尺二□□□,宜侯王大吉羊。"(见《金石索》)

5.汉铜剑。长六〇公寸,宽四点五公寸。出土于越南清化东山汉墓中(越南河内博物馆藏器)。5a.剑首下视之形。5b.剑腊旁视之形。

6、7.汉代铜剑。6号刃上有铭(南京古物保存所藏器)。旁有英尺。

8、9.汉削刀。8号铜色黑,上端有一孔。9号铜色浅,上端有环(南京古物保存所藏器)。

10-15.汉铜镞。10、11、12、13直隶曲阳县出土。14、15.热河朝阳县出土(见章鸿钊氏著《石雅》)

第四十八图版

汉代青铜兵器

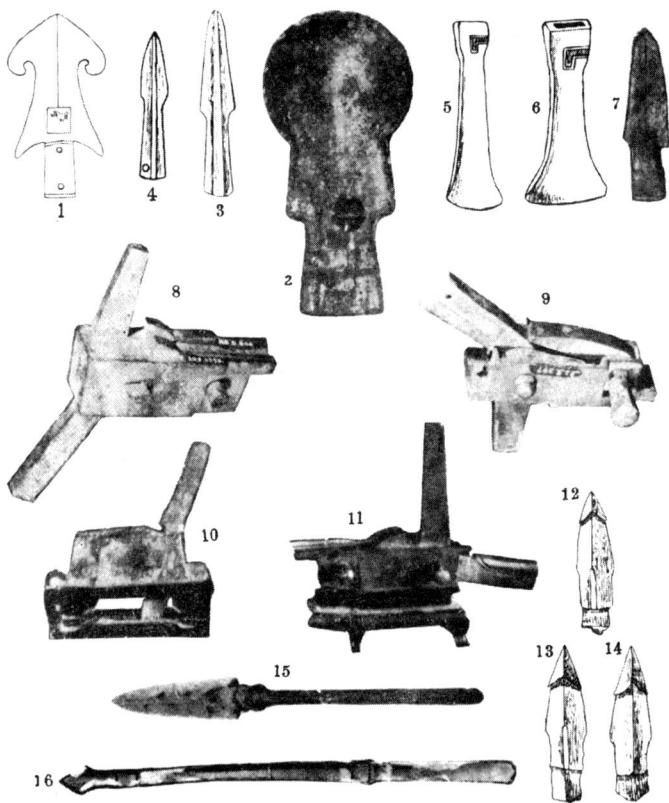

第四十八图版说明

1.汉代或蜀以内安柲之钺(四川成都华西协合大学藏器)。

2.汉代或蜀以简安柲之钺(四川成都华西协合大学藏器)。

3、4.汉代或蜀之铜矛头(四川成都华西协合大学藏器)。

5、6.汉代空头斧(四川成都华西协合大学藏器)。

7.汉瞿(南京古物保存所藏器)。

8.汉代(三国时)铜弩机。长一二点一公分。

9.汉代(三国魏)铜弩机。长一一点九公分。

10、11.汉代铜弩机。10 号影片底有木座(南京古物保存所藏器)。

12、13、14.汉镞或赵武灵王时之镞,河北邯郸插箭岭出土。

15.汉铜弩机之铜矢。长六英寸,三锋,安徽寿县朱家集出土(安徽省立图书馆藏器)。

16.汉铜弩机箭。长一英尺四英寸,安徽寿县出土(山东省立图书馆藏器)。

第四十九图版

中国青铜鼓

（此鼓现置焦山定慧寺法堂内）

　　镇江焦山自然庵所藏汉代伏波铜鼓。高英尺一尺六寸五分半，面直径二尺七寸一分。上有六蛙，两旁有双耳贯索。铜厚约一分半，最厚处二分。鼓身内空无底，系整铸无焊痕或钉口。（此鼓系于道光十年正月，由前河南总督延州张公井捐赠焦山者。注谓："据邝湛若考，系伏波骆越铜鼓，而非诸葛鼓。"）

第五十图版

中国及越南青铜鼓

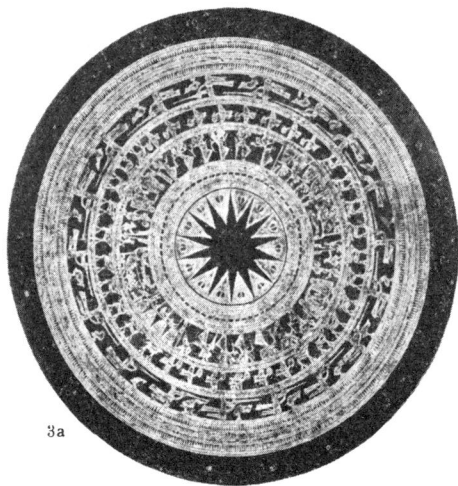

第五十图版说明

1.清吴大澂愙斋氏所藏汉代铜鼓。面直径四六六公厘,面周围一四八二公厘,胴围一三三二公厘,围足直径四六二公厘,围足周围一四五五公厘,鼓高二五六公厘(现归上海市立博物馆所有),图为原鼓十分之一大。

2.越南清化东山出土小铜鼓。面直径一二五公厘,高九八公厘。

3.越南河内州 Ngoc-lu 出土大铜鼓。高六三○公厘,面直径八五○公厘(本系河内州寺藏器,现购归河内博物馆所有)。

3a.3 号大铜鼓之面图,花纹有十九圈之多,雕刻极为精美细致,作舟车、战士、弓手、刀剑手、飞鸟、走鹿及长喙大鸟等形,精美可为各地出土铜鼓之冠。

第五十一图版

东南苗族及西北羌族青铜鼓

第五十一图版说明

1.陕西西安第一图书馆所藏铜鼓。面直径英尺一尺六寸半(云系宋代制铜鼓[?])。此鼓面花纹与第五十二图版13号鼓面花纹大致相同。

2.贵州贵阳附近出土苗族铜鼓。胴部高九寸五分,面直径一尺六寸五分,周围最阔处五尺五寸,重十九斤二钱,厚平均一分许,下微缺(鸟居龙藏氏藏器)。

2a.2号鼓面图。2b.2号鼓胴部自上而下花纹详图(十五晕)。2c.2号鼓面部平视花纹详图(十二晕)。2d、2e.面部两圈花纹放大图。(2号苗族鼓之面部及胴部花纹与1号羌族鼓之花纹相同,亦与第五十二图版13号鼓面花纹相似。1号鼓之第二圈酉字形甚显。)

第五十二图版

越南及马来群岛之青铜鼓花纹

第五十二图版说明

1.苏门答腊出土铜鼓上之雷纹。

2.老挝出土铜鼓面上雷纹(越南河内博物馆藏器)。

3.马来丹牙克族铜鼓之花纹。

4.巴达维亚博物馆所藏铜鼓面上蹲鸟形花纹。

5.河内博物馆所藏铜鼓面上飞鸟形花纹。

6、7、8、9、10、11、12.越南老挝出土铜鼓面胴上之人、鹿、飞鸟、走兽、鳄鱼等图形
(河内博物馆藏器)。

13.清吴大澂愙斋氏所藏铜鼓之面图(吴氏藏鼓八具,均系宦湘粤时所得,现已归
上海市立博物馆所得)。此鼓面花纹与第五十一图版1、2号鼓面花纹大致相同。第
二圈似为西字形。

14.《西清古鉴》铜鼓上之鸟首纹。

15、16、17.愙斋八鼓上之鸟首纹。

18、19、20、21.愙斋八鼓上之兽首纹。

第五十三图版

越南河内出土最精美铜鼓之胴部战船图形

1.长一九〇公厘。

2.长一九〇公厘。（河内博物馆藏器）

第五十四图版

越南河内出土最精美铜鼓之鼓面花纹一小部分图形

（河内博物馆藏器，即第五十图版 3 号鼓三分之二大）

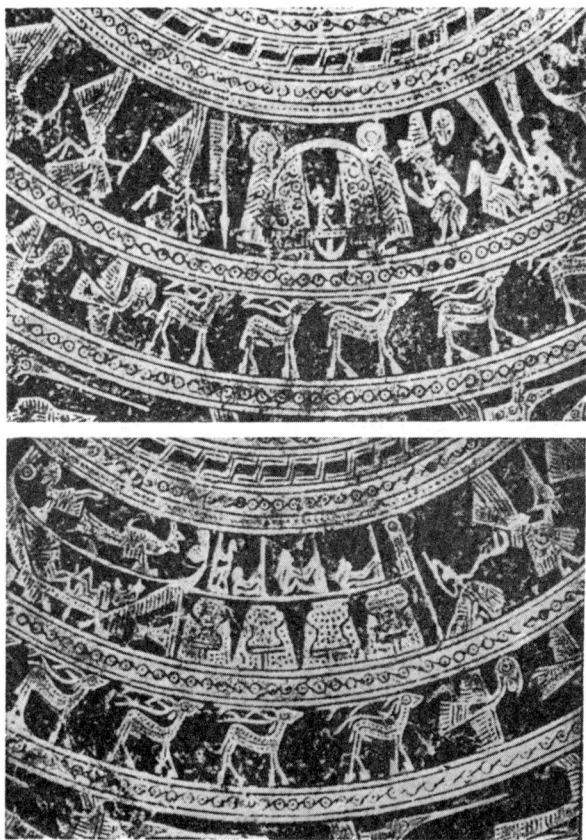

第五十五图版

两晋、五胡、六朝及唐代铜兵

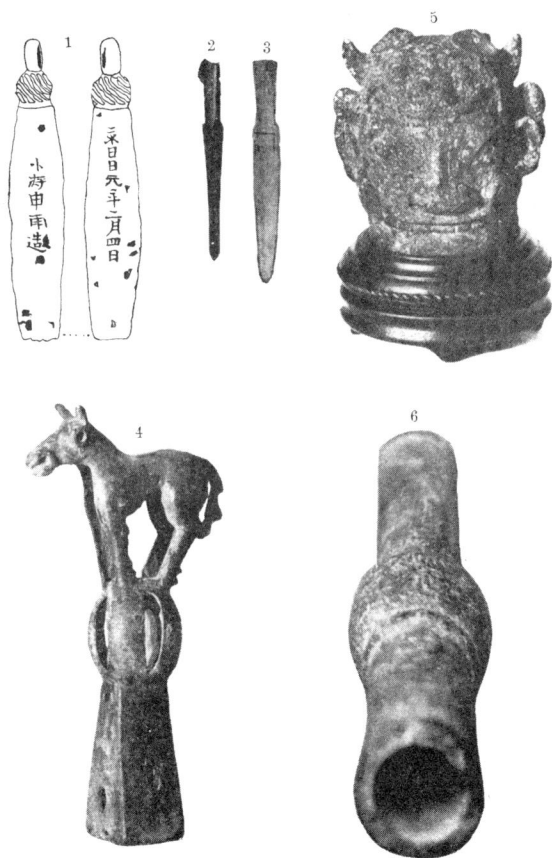

第五十五图版说明

1.东晋永昌铜椎(见《金石索》)。

2、3.晋代铜矛头。2号长八英寸。3号长九点五英寸,或系唐代器(南京古物保存所藏器)。

4、5.五胡铜旗首(福开森藏器)。

6.唐铜炮筒。篆铭"飞龙"。长十二点五英寸,口径上一点三英寸,下〇点七英寸(济南图书馆藏器)。

第五十六图版
两晋、五胡、六朝及唐代铜兵

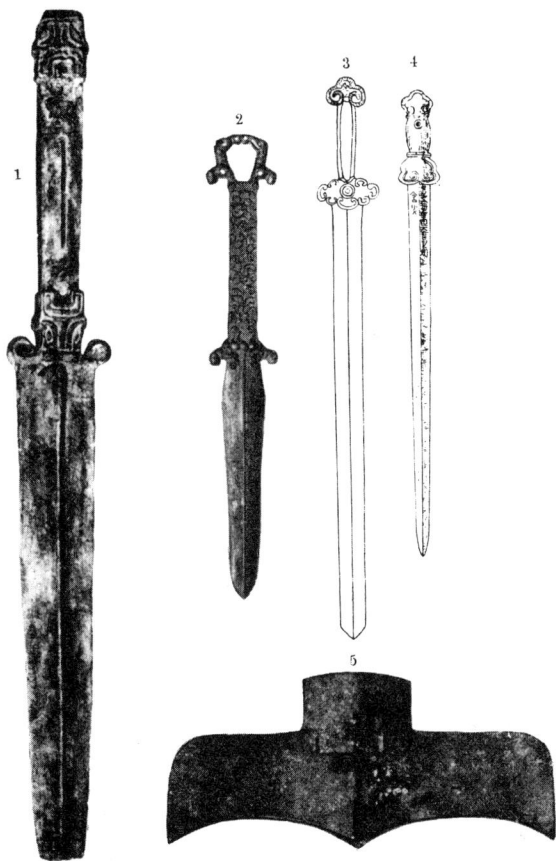

第五十六图版说明

1.五胡铜剑。柄长一一二公厘,刃除缺尖长一五九公厘,刃最宽处二二公厘(北平尊古斋主人黄濬氏藏器)。

2.晋代铜匕首。长英尺十二寸又八分之三寸,或魏曹丕所铸之器(?)(福开森氏藏器)。

3.唐代铜剑。刃、腊、茎、首,均一炉所铸,长七一公分。

4.晋代或唐代含光铜剑,长八四公分。(《列子》:"卫周孔之祖得殷剑三,曰含光、承景、宵练。"此剑虽名"含光",但字体剑形均不古,必非殷器。)

5.晋代或六朝大型铜剑格。下部最宽处一三六公厘,上部最窄处三八公厘(福开森氏藏器)。

第五十七图版

周汉铁兵

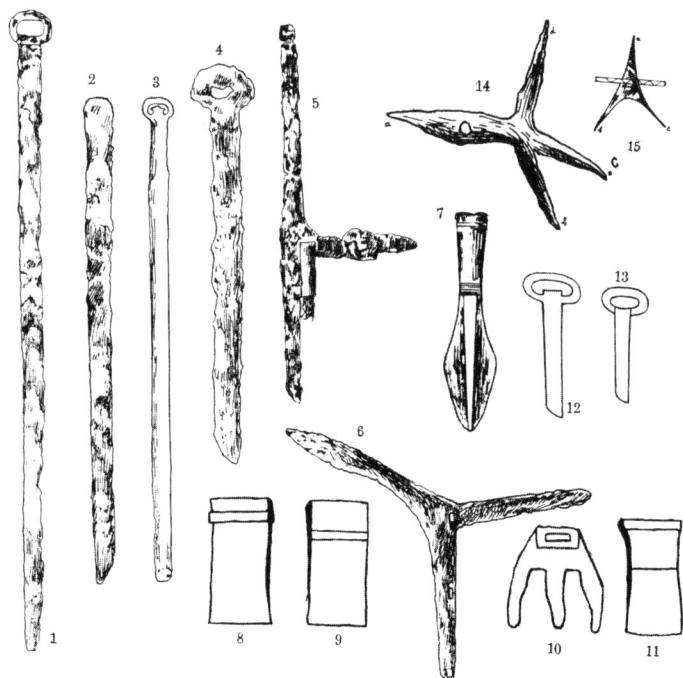

第五十七图版说明

1.铁刀。出土不详,长一〇一四公厘(瑞典远东古物博物馆藏)。

2.河南巩县出土铁刀。长五一九公厘(瑞典远东古物博物馆藏)。

3.朝鲜乐浪古墓出土铁刀。长三尺一寸五分,柄部长五寸五分,刃长二尺六寸,环头内作蕨手状(朝鲜平壤警察署保管)。

4.东北南部牧羊城出土铁刀。长九寸八分,柄部长三寸余,厚三分五厘,幅七分,刃部长六寸(日本东京帝国大学文学部藏)。

5.朝鲜乐浪古墓出土铁戟。长二尺三寸(朝鲜总督府博物馆藏)。

6.铁戟。长八寸,援折向上,周末之器(日本东京帝国大学文学部藏)。

7.铁矛头。周末或秦汉之器,长九寸强(北平历史博物馆藏器)。

8、9、11.周代铁斧或铁锛。长约十公分,济南近郊出土(济南图书馆藏器)。

10.周代铁钯或铁基。长约八公分,济南近郊出土(济南图书馆藏器)。(以上8、9、10、11四铁器,系与周戈数事同时出土者,且粘连于周戈之上,故断为周器。)

12、13.周代小铅刀。12号长十英寸,宽四英寸。13号长八英寸五分,宽三英寸,与周铜器十数件同出土于山东青州苏埠屯墓中(济南图书馆藏器)。

14、15.铁蒺藜。14号a、c长五九公厘,b、d长五二公厘。15号a、c长三三公厘,a、b长三五公厘,b、c长二五点五公厘(日本东京帝国大学文学部藏)。

第五十八图版

汉代铁兵

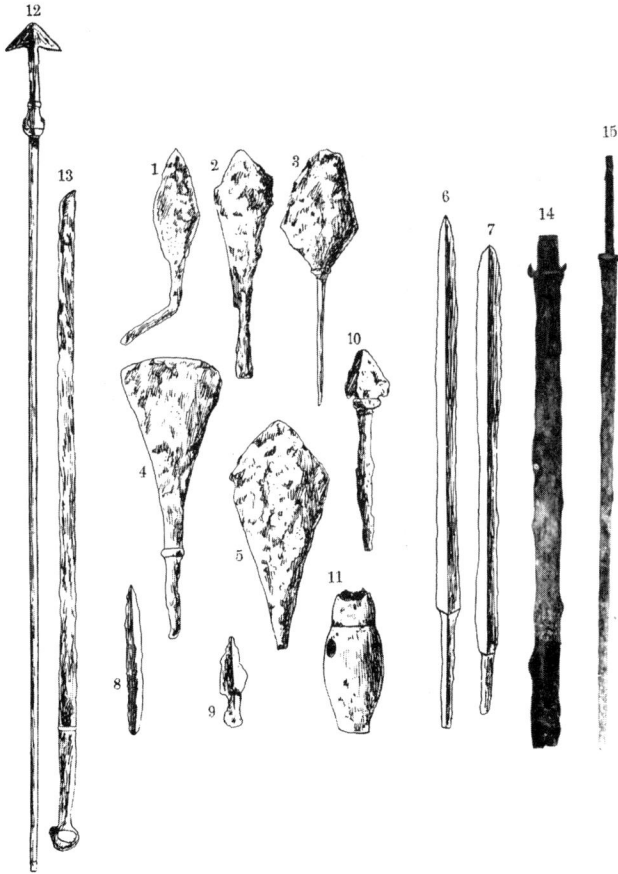

第五十八图版说明

1.东北南部牧羊城出土铁镞。镞身扁平作叶状,长一寸二分,断茎长八分(日本东京帝国大学文学部保管)。

2-5.朝鲜平越南道乐浪郡出土铁镞。镞身作扁平叶状又作扇状。2号长八十公厘。3号长九十公厘。4号长九十九公厘。5号长八十公厘(朝鲜总督府博物馆藏)。

6、7.朝鲜平越南道乐浪郡出土铁镞。镞身颇细长,作菱形。6号长一四〇公厘。7号长一二八公厘(朝鲜总督府博物馆藏)。

8、9.东北南部牧羊城出土铁镞。先端尖锐,作三角锥状。8号长五十二公厘。9号长二十三公厘(日本东京帝国大学文学部保管)。

10.朝鲜庆尚南道梁山夫妇冢出土鸣镝。长一二〇公厘(朝鲜总督府博物馆藏)。

11.上总国君津郡饭野村大字二间冢古坟出土鸣镝(日本东京帝国大学理学部人类学教室藏)。

12.奈良法隆寺藏鸣镝。长二尺七寸。桦之末端象牙制,铁镞作两翼形,鸣器水牛角制,有六孔。

13.越南七庙地方出土中国汉代铁刀。长一一一公分(越南河内博物馆藏器)。

14.汉铁剑,铁已腐蚀肭坠。长约二十三英寸,宽约二英寸(南京古物保存所藏器)。

15.汉铁剑。铜腊。刃长三十五点五英寸,茎长六点六英寸,宽约一点三五英寸,河南新乡汉墓出土(济南图书馆藏器)。

第五十九图版

六朝及唐代铁兵

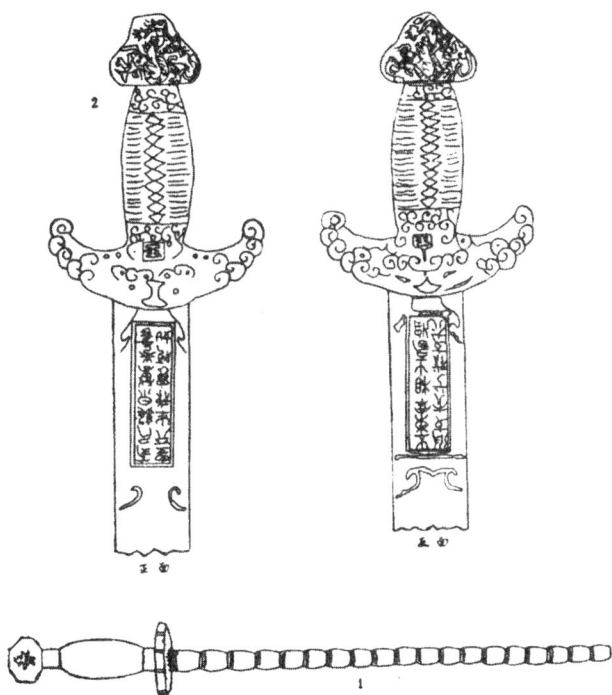

1.后梁招讨使王彦章铁鞭,亦名赤心报国鞭(见《金石索》)。旧在汶上西门外梁王太师庙中,清道光时,移贮汶上县库中。

2.唐代铁剑(见《吉金志存》)。两面各有诗二句,茎腊相接处有一"王"字。

第六十图版

宋代长杆铁枪

(见《武经总要》)

左枪十色,其制木杆,上镈下镈。骑兵则枪首之侧施倒双钩、倒单钩或杆上施环。步兵则直用素木或鸦项。鸦项者,以锡饰铁嘴,如鸟项之白。

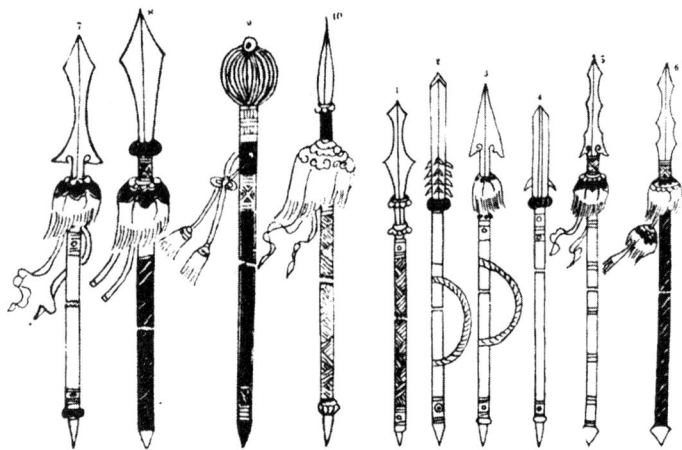

第六十图版说明

1.捣马突枪。其状如枪,而刃首微阔。

2.双钩枪。

3.单钩枪。

4.环子枪。

5.素木枪。

6.鸦项枪。

7.锥枪。其刃为四棱,形如麦穗,边人谓麦穗枪。

8.梭枪。长数尺,本出南方,蛮獠用之;一手持旁牌,一手标以掷人,数十步内,中者皆踣;以其如梭之掷,故云梭枪,亦曰飞梭枪。

9.槌枪。木为圆首,教阅用之。

10.太宁笔枪。首刃,下数寸施小铁盘,皆有刃,欲刺人不能捉搦也;以状类笔,故云。近有静戎笔,亦其小异也,今不悉出。

第六十一图版

宋代长杆铁枪

（见《武经总要》）

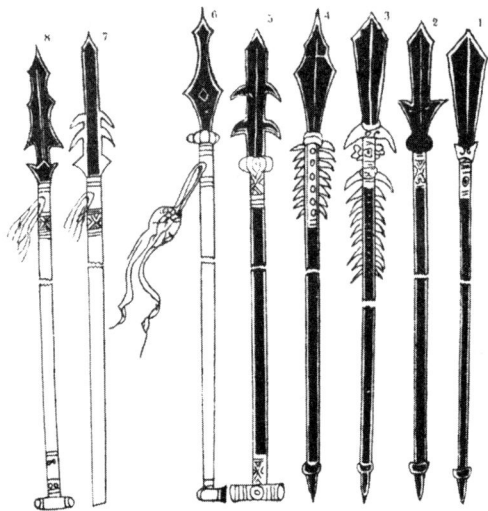

1.短刃枪。并袴长二尺,杆长六尺。

2.短锥枪。并袴长一尺二寸,杆长六尺。

3.抓枪。刃长一尺五寸,杆长六尺。

4.蒺藜枪。刃连袴长一尺三寸,杆长六尺。

5.拐枪。刃连袴长二尺五寸,杆长四尺。

6.拐突枪。杆长二丈五尺,刃连袴长二尺,后有拐。

7.抓枪。长二丈四尺,刃连袴长二尺。

8.拐刃枪。杆长二丈五尺,刃连袴长二尺,后有拐。

第六十二图版

宋代长柄铁刀

（见《武经总要》）

　　"刀之小别，有笔刀，军中常用。其间健斗者，竞为异制以自表，故刀则有太平、定我、朝天、开阵、划阵、偏刀、车刀、匕首之名。掉则有两刃山字之制，要皆小异，故不悉出。"（见《武经总要》）

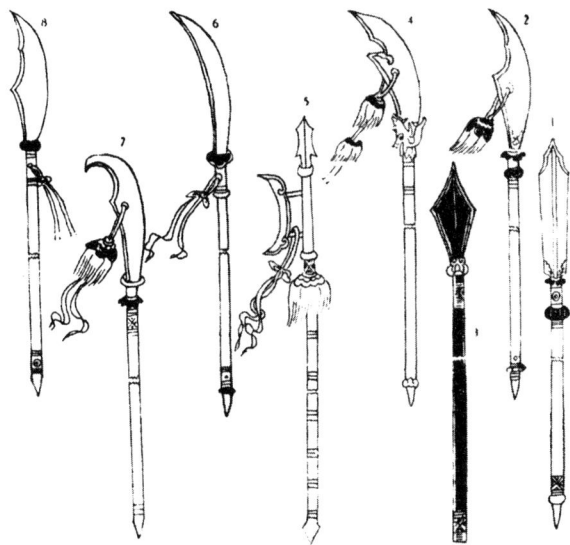

1.掉刀。2.屈刀。3.骣耳刀。4.掩月刀。

5.戟刀。6.眉尖刀。7.凤嘴刀。8.笔刀。

第六十三图版

宋代各种短兵

（一）蒺藜蒜头骨朵二色，以铁若木为大首。迹其意，本为胍肫，胍肫大腹也。谓其形如胍，而大。后人语讹，以胍为骨，以肫为朵。其首形制不常，或如蒺藜，或如羔首，俗亦随宜呼之。短柄铁链，皆骨朵类。特形制小异尔。

（二）铁鞭铁简三色，鞭其形大小长短，随人力所胜用之。人有作四棱者，谓之铁简，言方棱似简形，皆鞭类也。

（三）剑饰有银输石铜素之品。近边臣乞制厚脊短身剑，军颇使其用。

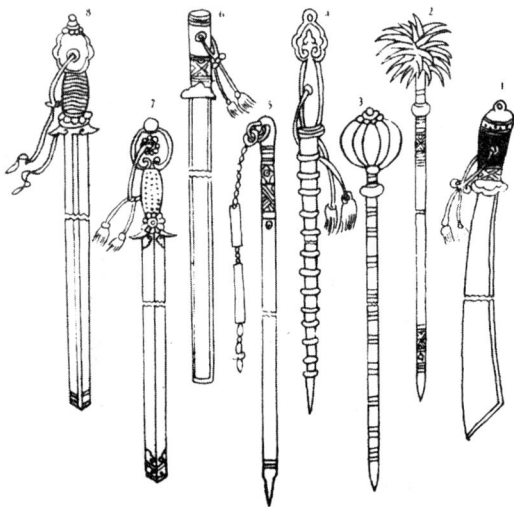

1.手刀。旁刃，柄短如剑。　2.蒺藜（亦名骨朵）。　3.蒜头（亦名骨朵）。

4.铁鞭。　5.连珠双铁鞭。　6.铁简。　7.铁剑。　8.铁剑。

第六十四图版

宋代各种短兵

（见《武经总要》）

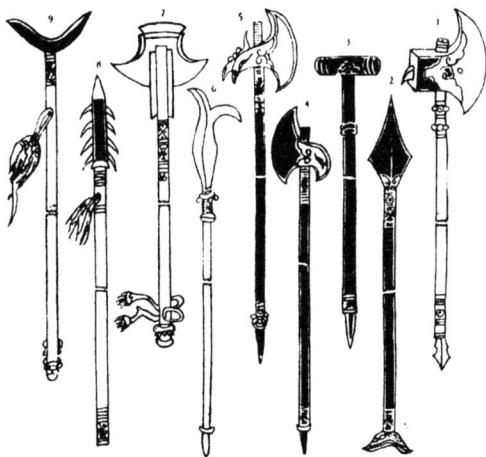

1.大斧。一面刃,长柯。近有开山、静燕、日华、无敌、长柯之名。大抵其形一耳。

2.烈钻。刃连袴长一尺五寸,阔八寸,柄长三尺,有拐。

3.镭锥。刃连袴长二尺,柄长二尺五寸。

4.峨眉镈。长九寸,刃阔五寸,柄长三尺。

5.凤头斧。头长八寸,柄长二尺五寸。

6.火钩。以双钩刀为刃。

7.锉子斧。刃长四寸,厚四寸五分,阔七寸,柄长三尺五寸,柄施四刃,长四寸。

8.钩竿。竿首三尺,加曲刃,如枪。

9.叉竿。长二丈,两歧用叉,以叉飞梯及登城。

第六十五图版

宋代铁棒

"铁链夹棒,本出西戎,马上用之,以敌汉人之步兵。其状如农家打麦之枷,以铁饰之,利于自上击下,故汉兵善用者,巧于戎人。取坚重木为之,长四五尺,异名有四:曰棒、曰轮、曰杵、曰杆。有以铁裹其上者,人谓柯藜棒。近边臣于棒首施锐刃,下作倒双钩,谓之钩棒。无刃而钩者亦曰铁抓。植钉于上如狼牙者,曰狼牙棒。本末均大者为杵。长细而坚重者为杆。亦有施刃镈者,大抵皆棒之一种。"(见《武经总要》)

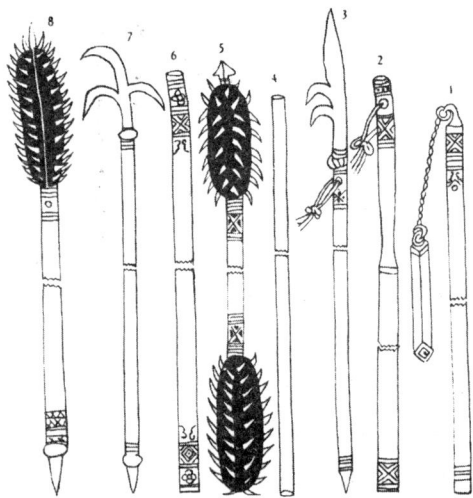

1.铁链夹棒。2.柯藜棒。3.钩棒。4.杆棒。
5.杵棒。6 白棒。7.抓子棒。8.狼牙棒。

第六十六图版

宋代弓箭

1-9.下其饰有黑漆黄白桦麻背之别,其强弱以石斗为等。箭有点钢、木朴头、鸣鹘。点钢,精铁也。木朴头,施于教阅。鸣鹘,戏射者。又有火箭,施火药于箭首,弓弩通用之;其傅药轻重,以弓力为准。(见《武经总要》)

10-13.以皮革为之,随弓弩及箭大小长短用之。(见《武经总要》)

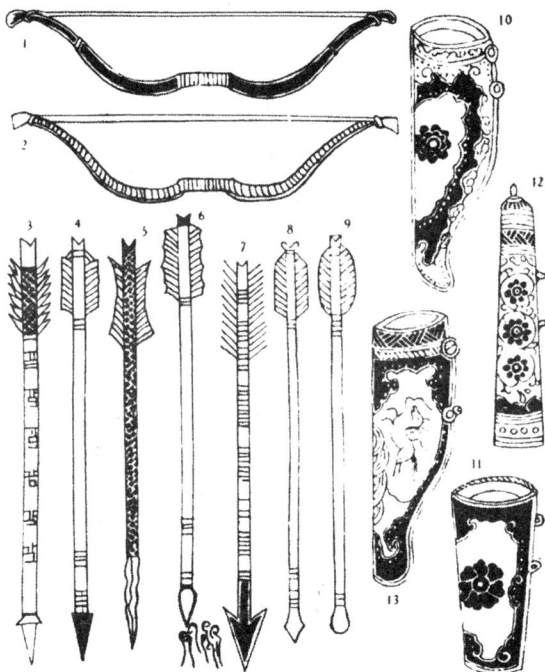

1.麻背弓(黑漆弓相似)。2.黄桦弓。3.鸣铃飞号箭。4.鸣鹘箭。5.鸟龙铁脊箭。6.火箭。7.铁骨丽锥箭。8.点钢箭。9.木朴头箭。10.弓靫。11.弓箭葫芦。12.箭靫。13.弓袋。

第六十七图版

宋代弩矢

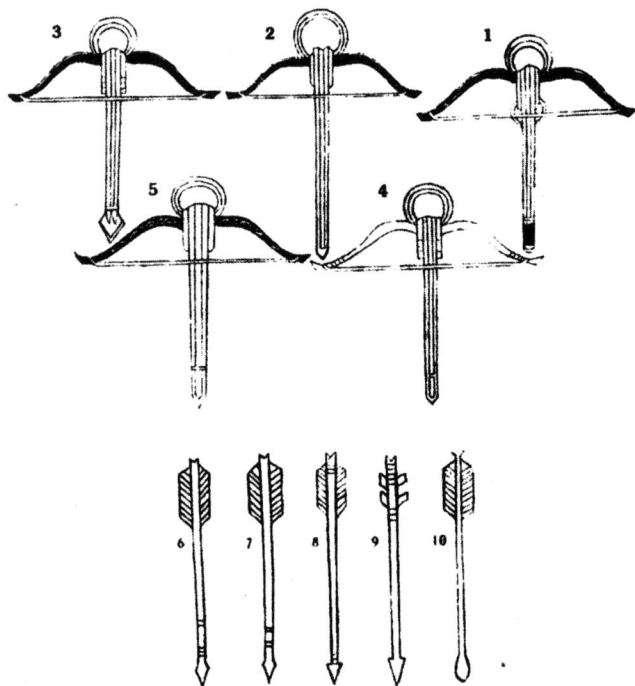

第六十七图版说明

"是五弩人自踏张者,其饰有黑漆、黄白桦、雌黄桦,稍小则有跳镫弩、木弩。跳镫亦曰小黄,其用尤利,木弩虽可施不能久,边兵不甚用,其力之强弱,皆以石斗为等,箭有点钢、木羽、风羽、木朴头、三停。木羽者,以木为竿羽,咸平初,军校石归宋上之,箭中人,虽竿去镞留,牢不可拔,戎人最畏之。风羽者,谓当安羽处,剔空两边,以容风气,则射时不掉,此不常用,备翎羽之乏耳。三停者,箭形至短,羽竿镞三停,故云三停箭,中物不能出,以短故也。"(见《武经总要》)

1.黑漆弩。2.雌黄桦梢弩。3.白桦弩。4.跳镫弩。5.木弩。6.三停箭。7.木羽箭。8.点钢箭。9.风羽箭。10.朴头箭。

第六十八图版

宋代大弩及矢

（见《武经总要》）

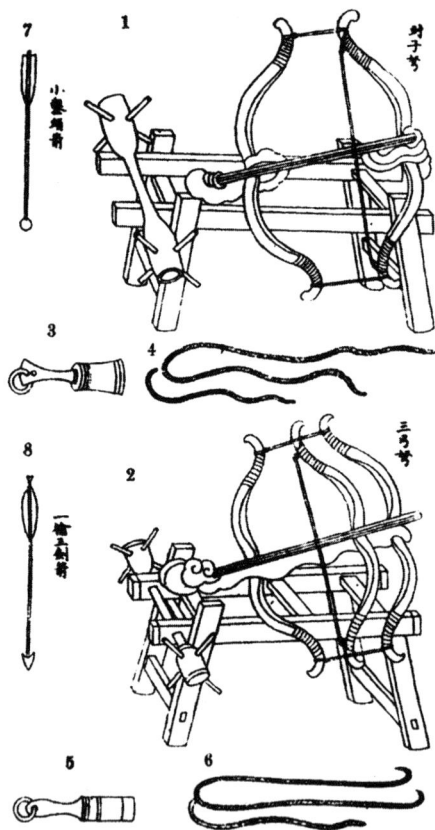

第六十八图版说明

1.双弓床弩。前后各施一弓,以绳轴绞张之,下施床承弩,其名有小大合蝉,有手射合蝉者,谓如两蝉之状,大者张时用十许人,次者五七人,一人准所射高下,一人以槌发其牙,箭用大小凿头箭,唯手射对子弩最小,数人就床张讫,一人手发之,射并及一百二十大步。

2.三弓床弩。前二弓,后一弓,世亦名八牛弩。张时凡百许人,法皆如双弓弩,箭用木杆铁羽,世谓之一枪三剑箭。其次者用五七十人,箭则或铁或翎为羽,三弓并利攻城,故人谓其箭为踏橛箭者,以其射着城土,人可踏而登之也。又有系铁斗于弦上,斗中着常箭数十支,凡一发可中数十人,世谓之斗子箭,亦云寒鸦箭,言矢之纷散如鸦飞也。三弩并射及二百大步,其箭皆可施火药,用之轻重,以弩力为准。

第六十九图版

宋元铁胄

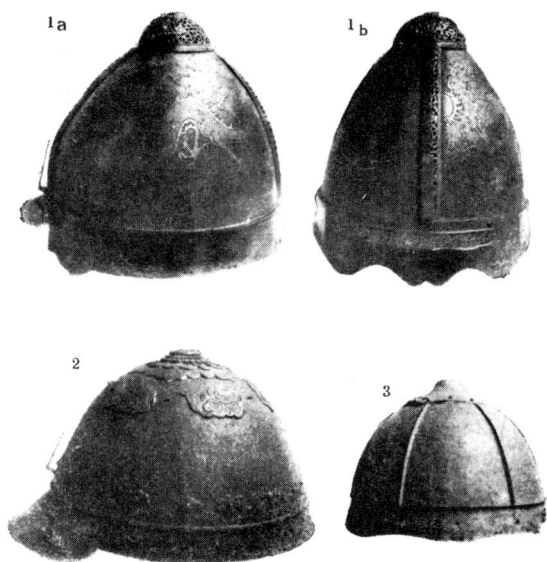

1.宋元间之铁胄。高七寸三分,钵长径长寸七分,短径六寸七分,钵顶及中轴空体挖花,钵体以金银镶嵌,作凸文双龙向日形,甚精美坚整。

2.宋元铁胄。高五寸四分,钵顶穿孔,周围有云形圈形叶形及珠形五层凸体花纹,下边作绳缘形及云头形花纹,钵内涂朱,眉庇亦铁质。

3.宋元铁胄。高五寸五分,形如便帽,似为士兵戴用之胄。与2号均似欧美现代军盔。

(此三图像,系采自《支那古器图考·兵器篇》)

第七十图版

宋代胄铠

（见《武经总要》）

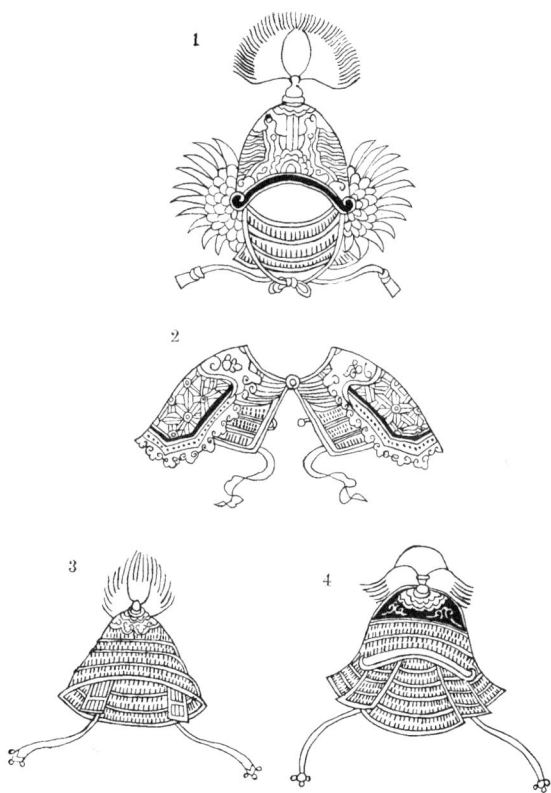

1.头鍪。2.掩膊。3.头鍪顿项。4.头鍪顿项。

第七十一图版

宋代胄铠

(见《武经总要》)

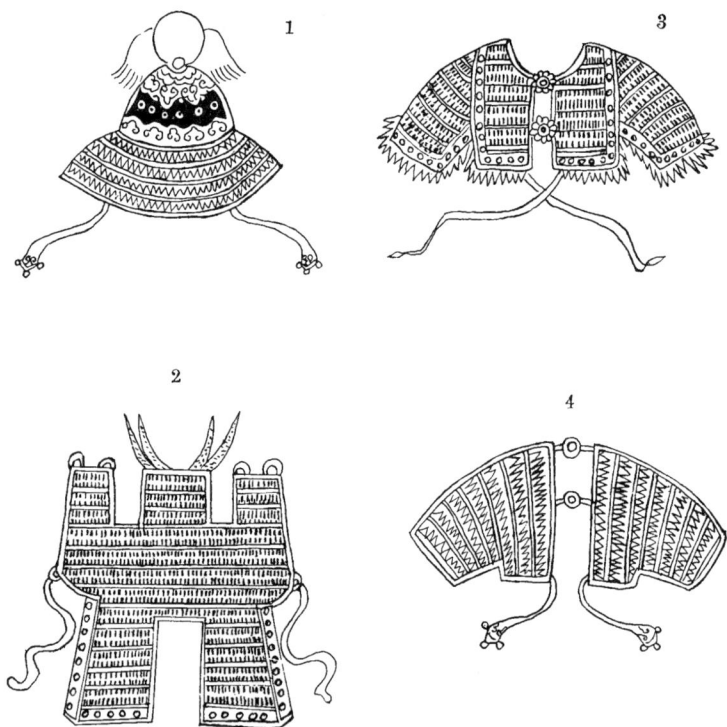

1.头鍪顿项。2.身甲。3.披膊。4.披膊。

第七十二图版

宋代甲胄

（见《武经总要》）

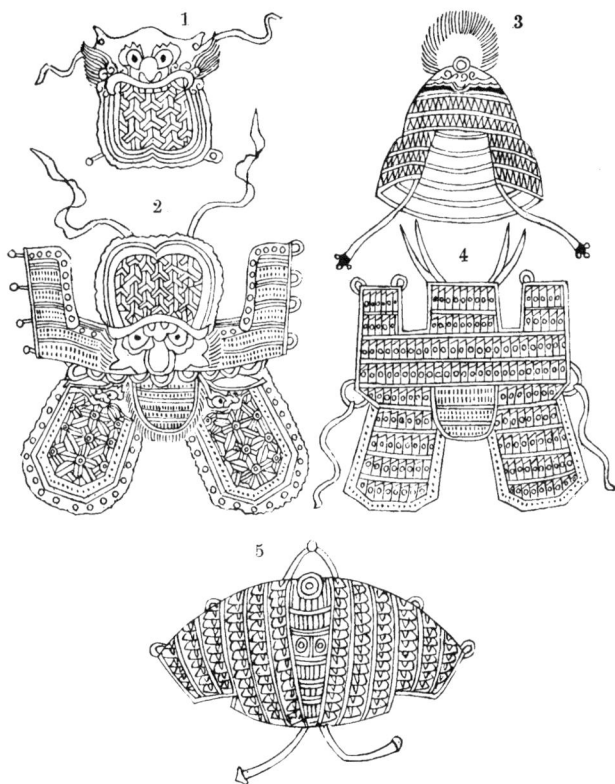

1.胸甲。2.身甲。3.头鍪顿项。4.身甲。5.披膊。

第七十三图版

宋代马甲

（见《武经总要》）

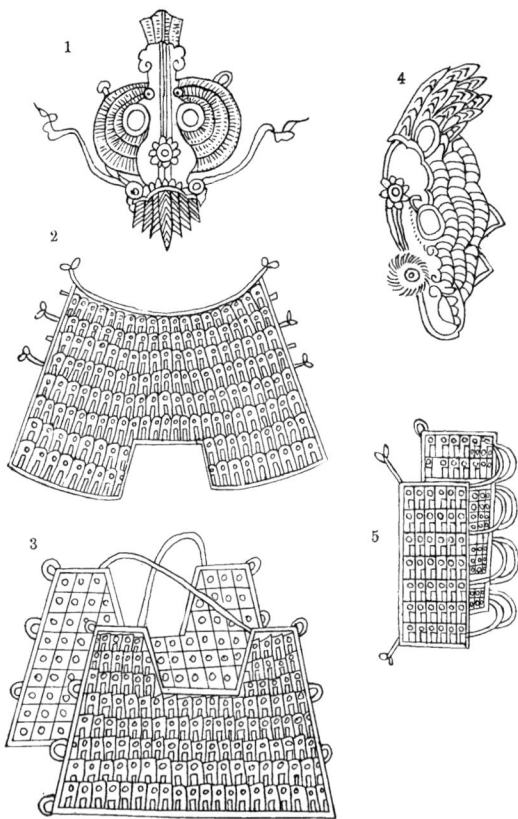

1.面帘。2.搭后。3.马身甲。4.马半面帘。5.鸡项。

第七十四图版

宋代防御武器

（见《武经总要》）

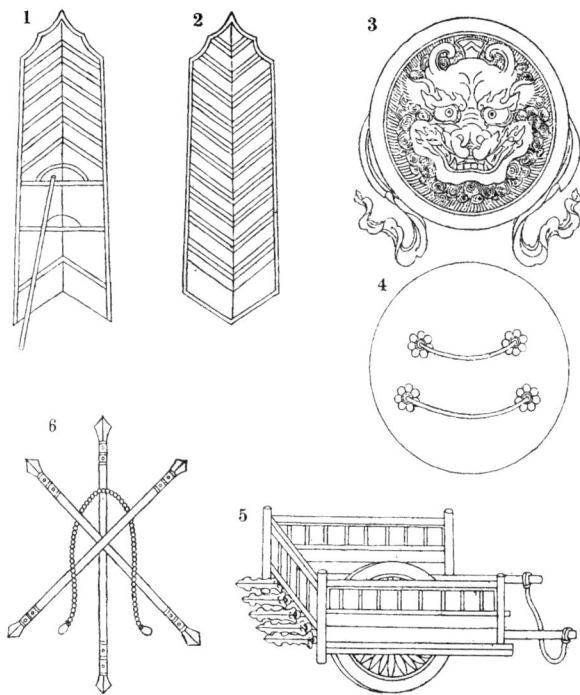

1.步兵旁牌里面。　　2.步兵旁牌正面。

3.骑兵旁牌正面。　　4.骑兵旁牌里面。

5.巷战车。　　6.拒马木枪。竹枪同。

第七十五图版
宋代防御武器

第七十五图版说明

1.砖樀。如樀形,烧砖为之,长三尺五寸,径六寸。

2.木樀。以木体重者为之,长四尺,径五寸。

3、4.铁菱角。如铁蒺藜,布水中,刺人马足。

5.挡蹄。斗四木为方形,径七寸,中横施铁逆须钉其上,亦拦马之具。

6.池涩。以逆须钉布版上,版厚三寸,长阔约三尺。

7.木女头。形制如女墙,以版为之,高六尺,阔五尺,下施两轮轴,施拐木二条,凡敌人攻城,摧坏女墙,则以此木女头代之。

8.铁蒺藜。并以置贼来要路,使人马不得骋,古所谓渠答也。

9.铁菱角。如铁蒺藜,布水中,刺人马足。

10.塞门刀车。以两轮车,自后出枪刃密布之,凡为敌攻坏城门,则以车塞之。

11.鹿角木。择坚木如鹿角形者断之,长数尺,埋入地深尺余,以阂马足。(均见《武经总要》)

第七十六图版

元时蒙古军铁兵

（根据英人 Langlés 抄录印度 Ain-I-Akbari 秘稿中所绘蒙王阿克巴尔之军器图）

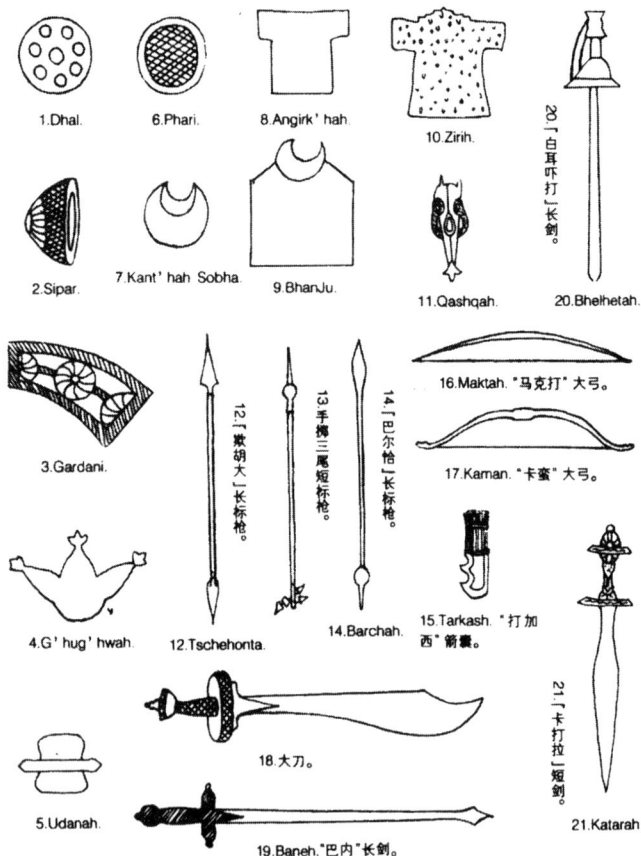

1.Dhal.

6.Phari.

8.Angirk' hah.

10.Zirih.

20.「白耳吓打」长剑。

2.Sipar.

7.Kant' hah Sobha.

9.BhanJu.

11.Qashqah.

20.Bhelhetah.

3.Gardani.

12.「欺胡大」长标枪。

13.手掷三尾短标枪。

14.「巴尔怡」长标枪。

16.Maktah. "马克打" 大弓。

17.Kaman. "卡蛮" 大弓。

4.G' hug' hwah.

12.Tschehonta.

14.Barchah.

15.Tarkash. "打加西"箭囊。

18.大刀。

21.「卡打拉」短剑。

5.Udanah.

19.Baneh."巴内"长剑。

21.Katarah.

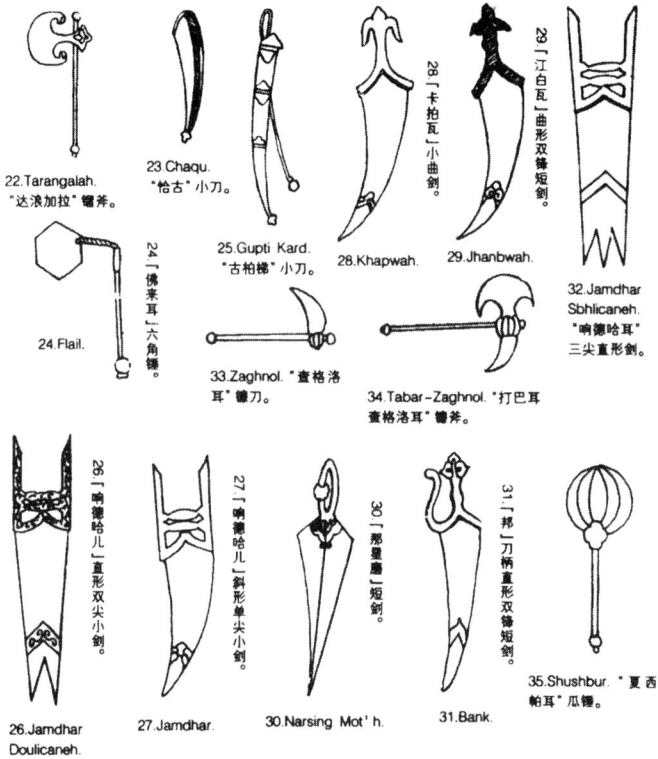

22.Tarangalah.
"达浪加拉"镏斧。

23.Chaqu.
"恰古"小刀。

24「佛来耳」六角锤。

24.Flail.

25.Gupti Kard.
"古柏梯"小刀。

28「卡拍瓦」小曲剑。

28.Khapwah.

29「江白瓦」曲形双锋短剑。

29.Jhanbwah.

32.Jamdhar
Sbhlicaneh.
"响德哈耳"
三尖直形剑。

33.Zaghnol."查格洛
耳"镏刀。

34.Tabar-Zaghnol."打巴耳
查格洛耳"镏斧。

26「响德哈儿」直形双尖小剑。

26.Jamdhar
Doulicaneh.

27「响德哈儿」斜形单尖小剑。

27.Jamdhar.

30「那星廊」短剑。

30.Narsing Mot' h.

31「邦」刀柄直形双锋短剑。

31.Bank.

35.Shushbur. "夏西
帕耳"瓜锤。

Indian Arms and Accoutrements in the Time of Akbar.

From Copy of Original Coloured Drawing, in Manuscript of the Ain-I-Akbari. Monuments Del'hindoustan Langlés Vol.1.p.228.

第七十七图版

蒙古(元代[?])铁剑

此十三剑,均清高宗乾隆时蒙古王公之进贡品,据云是元代物,但无甚确证,现由北平古物陈列所保管。

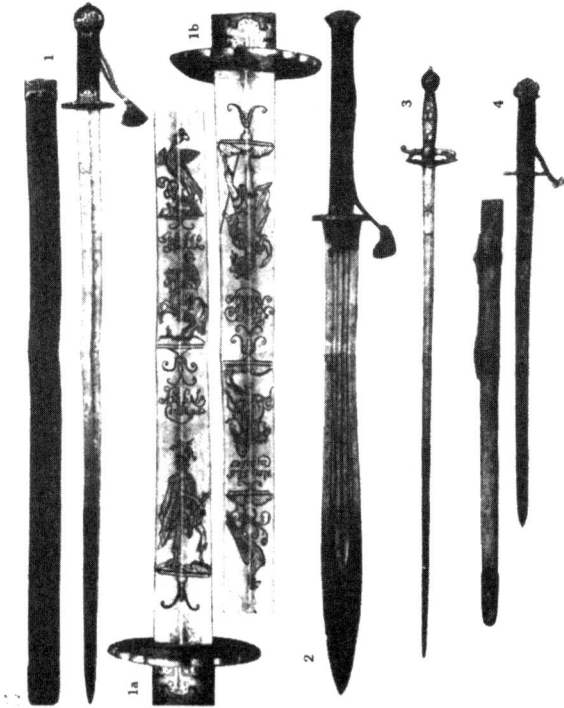

5　　　　6　　　　7　　　　8

11

9　　　10　　　　　12　　　13

第七十七图版说明

1号剑柄鞘仿中国式，刃则为罗马式，或威尼斯古良工之艺术品，雕刻极为精致。刃长三英尺四英寸，柄长七英寸，鞘长三英尺五英寸。铁柄嵌金花，皮鞘上下金花套饰。1a一面：刻一骑士，一步将及一鹰，上部拉丁文"只有上帝光荣"，下部拉丁文"迦太基国大将汉尼拔"。1b一面：刻花与1a相同，唯人形稍异，上部拉丁文"效忠王室"，下部拉丁文"罗马国大将锡比约"。按迦太基系二千数百年前腓尼基人在非洲西北创立之国，大将汉尼拔曾攻入罗马，横行二十年，罗马大将锡比约，复攻破迦太基，则此剑可称珍品。

2号剑之柄为中国式，刃则蒙古制而近于欧洲式。刃长二英尺七英寸五分，柄长一英尺二英寸，木柄缠丝带，柄饰及护手均铜底包金。

3号剑近于古意大利式，刃系欧洲产。刃长二英尺九英寸五分，铜柄雕花，铜皿形护手。刃尖锐能穿网甲，亦名透网剑。

（或者此1、2、3剑，可能于十字军东征时，伊斯兰教徒俘获欧洲王室名刃，复于元时献于蒙古大帝，后来蒙古王公乃转献与清乾隆者。若然，则此三剑若真为元代之物，洵系富有历史价值之名器。）

4号剑完全中国式，但刃系元代蒙古人所制，故无脊无棱无槽，既异中国之剑，亦与欧洲剑刃不同。刃长一英尺九英寸五分，柄长六英寸五分，鞘长二英尺四英寸。木柄铜饰，铜盘护手，鲨鱼皮鞘装雕铜套饰。

5号剑，花刃长一英尺五英寸五分，嵌宝石青玉，柄长五英寸五分，包铜叶木鞘长一英尺六英寸。

6号剑，花刃长一一英寸五分，青玉柄长四英寸五分，装玉套嵌宝石之漆木鞘长一英尺一英寸五分。

7号剑，刃长一一英寸，白玉柄长五英寸，皮铜鞘长一英尺五分。

8号剑,刃长十一英寸五分,白玉柄长五英寸,皮鞘饰铜长一英尺五分。

9号剑,刃长九英寸五分,刃之中部花纹嵌金,青玉柄长五英寸,木鞘包花银皮长十一英寸。

10号剑,刃长九英寸五分,白玉柄长五英寸,木鞘饰铜长十英寸五分。

11号剑,花刃嵌金长一英尺五分,白玉柄长五英寸,木鞘长一英尺三英寸五分。

12号剑,刃长九英寸五分,凸花碧玉柄长五英寸,木鞘饰铜长十英寸五分。

13号剑,雕钻细花嵌黄金刃长十英寸五分,白玉柄长四英寸五分,木鞘饰铜长十英寸五分。

（5至13号玉柄短剑,云系元时蒙古大帝铁木耳等于印度德里城等地方雇用波斯阿富汗等地名匠铸造者。刃质极佳,中部均钻花嵌金,玉柄亦均刻花,并镶嵌印度红绿宝石。此种短剑,现在印度王公及欧美收藏家与博物馆所藏颇多,但多非元代之器耳。）

第七十八图版

元代胄铠

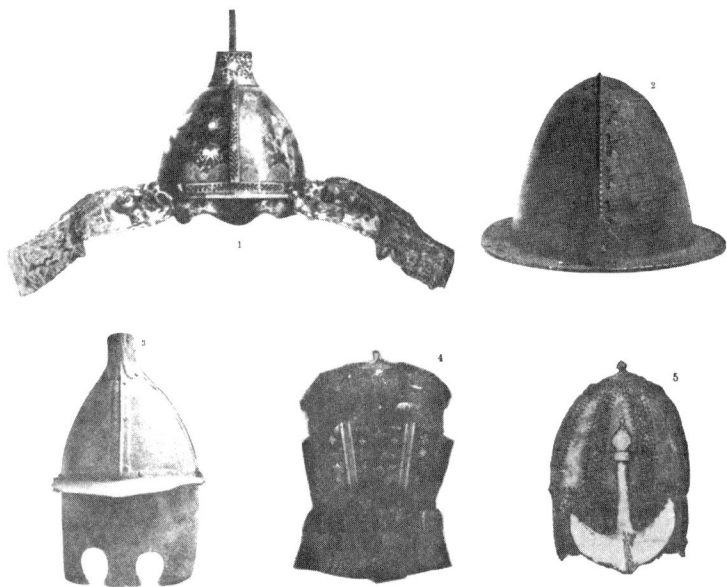

第七十八图版说明

1.铁胄。高九寸八分,钵为铁制,镶嵌金银作云龙海日等形。钵底及庇眉板空心挖花,铁质嵌金银,缀布犹存(日博多远藤甚藏氏藏器)。

2.铁胄。高六寸五分,铁钵之中部有鞭形凸垠,下有葫芦形座,两旁有凸体云雷花纹,嵌有银丝(日博多元寇纪念馆藏器)。

3.铁胄。高一尺八寸,铁胄之顶部有花纹,眉庇藏额部分颇长,恐钵部戴头之程度较浅,钵之下作双目孔形,钵下所缀之麻布无存(日博多元寇纪念馆藏器)。

4.元代胸铠。漆皮厚块制成,联以钢丝饰银,中部银花片,中部用两钩启闭。高六四〇公厘,重六公斤(法沙勒·毕丹氏藏器)。

5.蒙古重骑兵铁胄,蒙古名托拍。系阿利汗蒙王时代重骑兵之盔,蒙古帝国将崩溃时,只剩蒙王之卫队千人戴之。其盔系以钢铁板片及铜铁网索制成,护鼻器特大如船锚,兼扩眼骨及口(英伦敦大不列颠博物馆藏器)。

第七十九图版

明代铁兵——长枪及飞钩

（见明茅元仪氏著《武备志》）

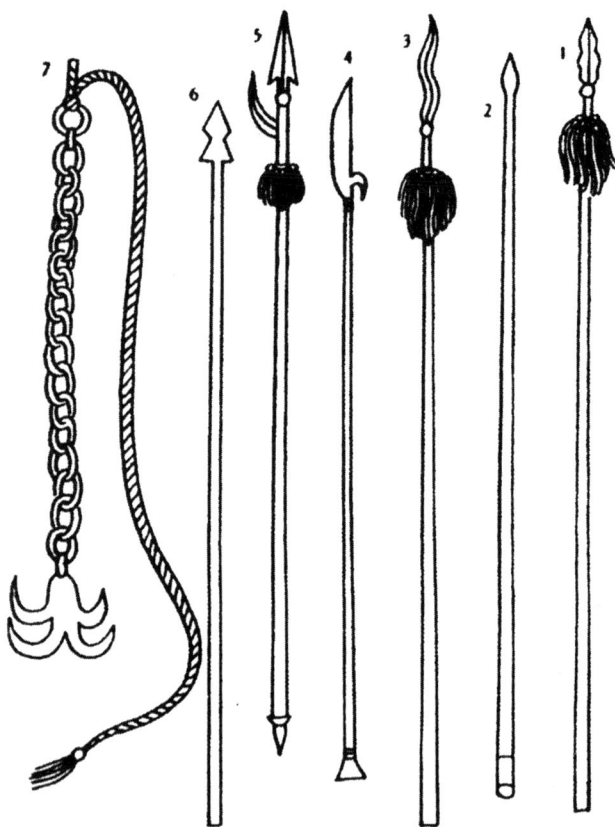

第七十九图版说明

1.枪。枪头长共六寸,重三两五钱,四两止矣。

2.枪。枪头长共三寸三分,重一两二三钱。1式壮盛,此式轻利。

3.枪。此古之矛也。枪头长七寸,重四两,其方棱扁如荞麦。前尖锐,利于透坚。

4.铁钩枪。攻守兼用,上铁刀连钩长一尺,攒竹竿径九分,长一丈二尺。或用竹竿亦可,军中长技,南兵角贯,随于挨牌,进攻便利。

5.龙刀枪。砍人亦可,锴人亦可。

6.标枪。或用稠木细竹均可,铁锋要重大,柄前重后轻,前粗后细为得法。

7.飞钩。一名铁鸥脚,钩锋长利,四刃,曲贯铁索,以麻绳续之环。敌人披重甲,头有鍪笠,又畏矢石,不敢仰视,候其聚,则掷钩于稠人中,急牵挽之,每钩可取二人。

第八十图版

明代铁兵——叉形长兵及长刀、短刀

(见明茅元仪氏著《武备志》)

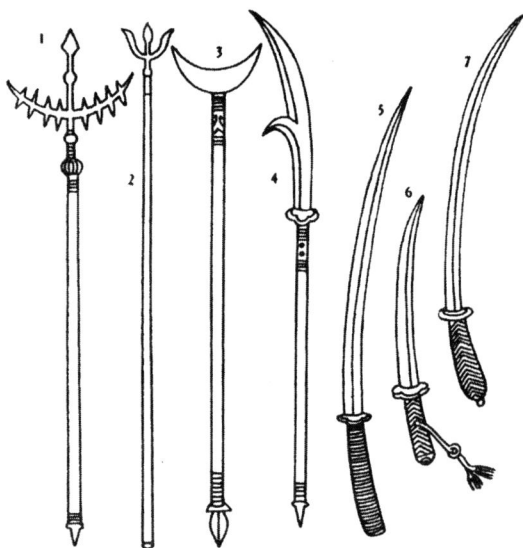

1.镋。以纯铁为之。

2.马叉。上可叉人下可叉马。

3.铲。长小尺一丈,尾有刃以便后刺。

4.钩镰刀。

5.长刀。刃长五尺,后用铜护刃一尺。柄长一尺五寸,共长六尺五寸,重二斤八两。

6.短刀。

7.腰刀。长三尺二寸,重一斤十两。

第八十一图版

明代特形长兵及绳系铁兵

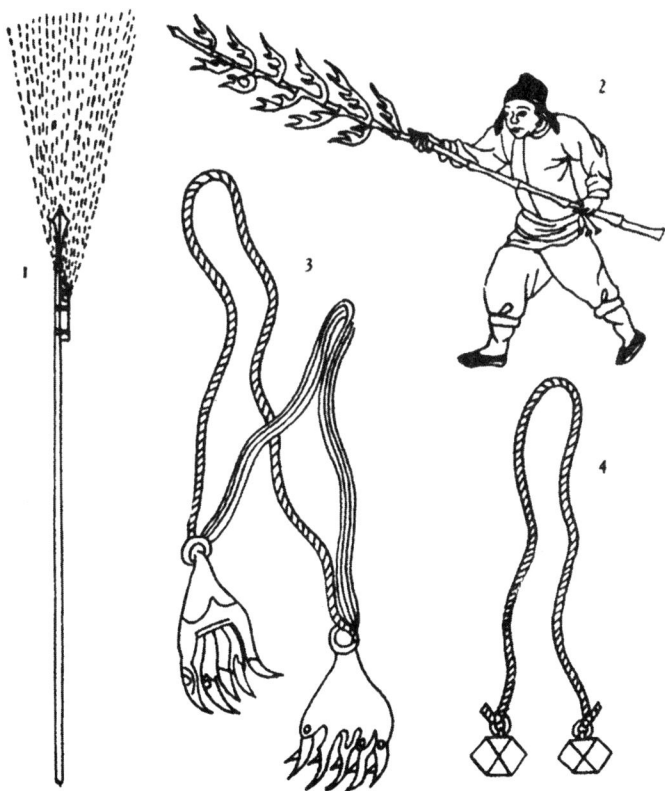

第八十一图版说明

1.梨花枪。以梨花一筒,系长枪之首,发射数丈,敌着药昏眩倒地。火尽则用枪刺敌。铁筒如笋尖,口宽三分,大头号口宽一寸八分,大头入药,闭以泥土,尖头安信燃放,筒可轮换(见明崇祯八年兵部侍郎毕懋康氏著《军器图说》)。

2.狼筅(长枪)。名狼筅,长一丈五尺,重七斤,有竹铁二种,附枝必九层,十层十一层尤妙。

3.双飞挝。用净铁照式打造,若鹰爪样,五指攒中,钉活,穿长绳系之。始系人马,用大力丢去,着身收合,回头不能脱走。

4.飞锤。飞锤,即流星锤也。锤有二,前者为之正锤,后面手中提者,为之救命锤。(3、4均见明茅元仪氏著之《武备志》中《军资乘战器械篇》。)

第八十二图版

明代铁兵

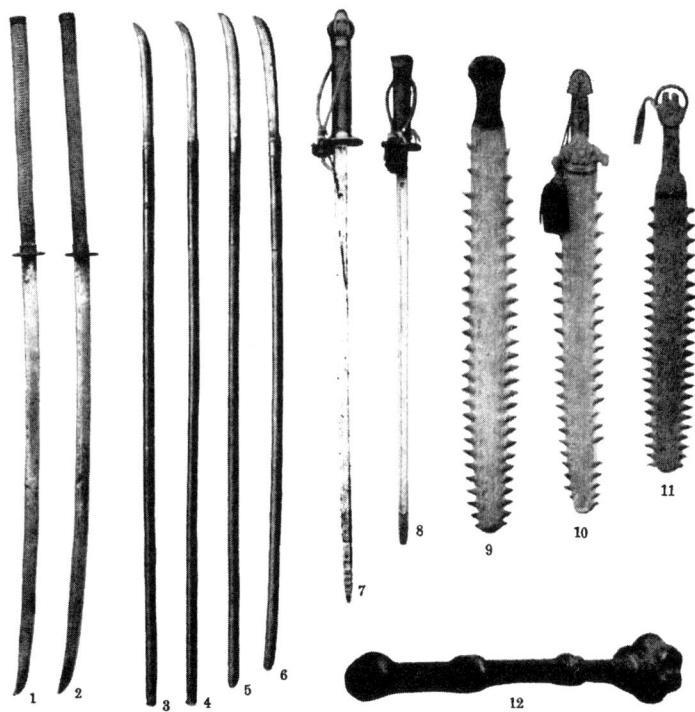

1　2　3　4　5　6　7　8　9　10　11　12

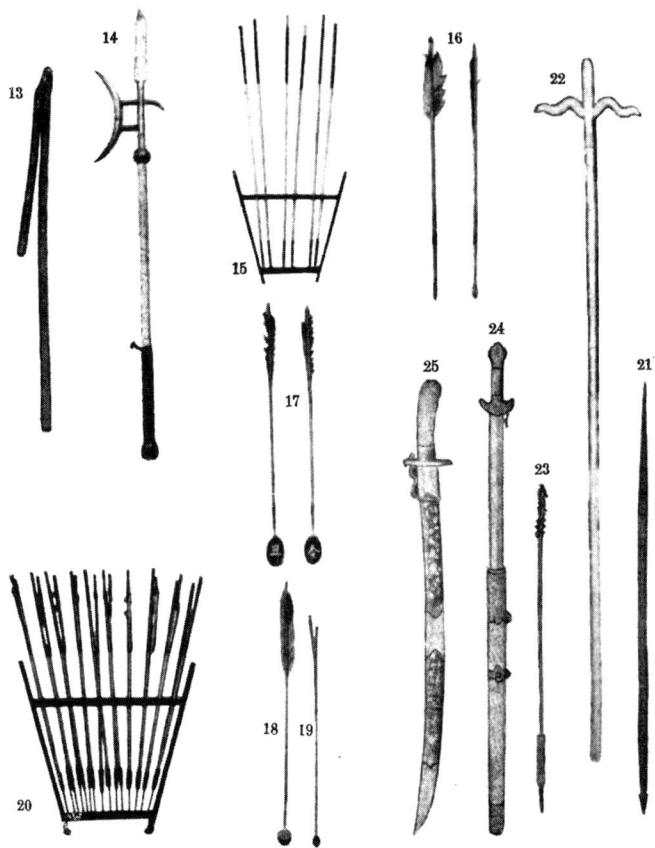

第八十二图版说明

1、2.明御林军大刀。均装铁木柄长一英尺十英寸,刃长三英尺六英寸五分。

3、4、5、6.明御林军长刀。均木柄长七英尺五英寸,刃长一英尺七英寸(以上六刀恐系日本进明室之器,长刀日名剃刀)。

7.明帝御用铁锏。铜柄长九英寸,刃长二英尺八英寸,上刻竹节花纹。

8.明帝御用铁锏。铜柄长五英寸,刃长二英尺三英寸,上刻云龙,下刻兽面花纹。

9.明帝御用鱼骨剑。漆木柄长五英寸五分,鱼骨刃长二英尺五英寸五分。

10.明帝御用鱼骨剑。木柄长七英寸三分,鱼骨刃长二英尺一英寸。

11.明帝御用鱼骨剑。铜环木柄长八英寸,鱼骨刃长一英尺八英寸。

12.铜首铁柄瓜锤。全长一英尺四英寸。

13.二节铁鞭。上长二七五公厘,下长五七〇公厘。

14.铁戟(双手带)。全长八〇五公厘。

15.明将周遇吉之遗箭。全长三八二公厘。步箭。

16.马箭。全长三七〇公厘。

17.令箭。全长三七七公厘。

18.球箭。全长四一〇公厘。

19.响箭(鸣镝)。全长三六〇公厘。

20.穿耳箭。全长二二三公厘。

21.铁标枪。全长六八〇公厘,枪头长二三五公厘,尾长七〇公厘。

22.短柄三叉(镋)。全长一点一〇五公尺,横叉长一四〇公厘。

23.长杆火箭。

24.七星剑。全长六二〇公厘,柔钢刃能屈伸,上嵌圆铜星七枚,铜护手,乌角柄,绿鲛皮鞘部分装铜。

25.马刀。全长八二〇公厘,钢刃能屈伸,牙柄,铜护手,均饰银片。红木鞘嵌明蛤花鸟及蝙蝠。三段银套刻寿字花纹。

第八十三图版
明代火器

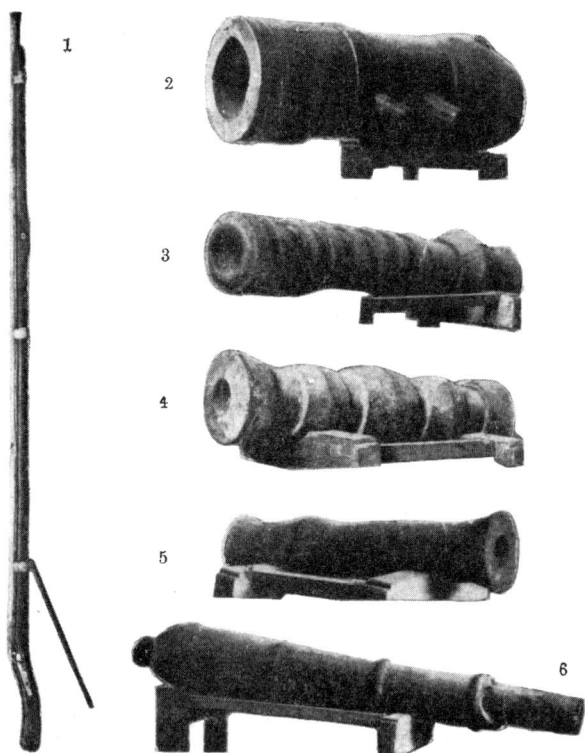

1.明代御制火枪。长十二英尺一英寸五分(清宫藏器,现归北平古物陈列所保管)。

2-6.明洪武年造之大炮(太原山西省立民众教育馆藏器)。

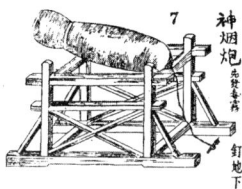

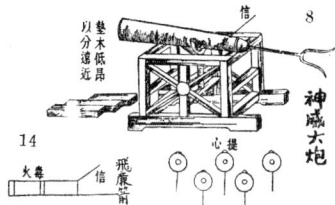

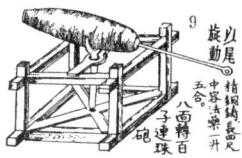

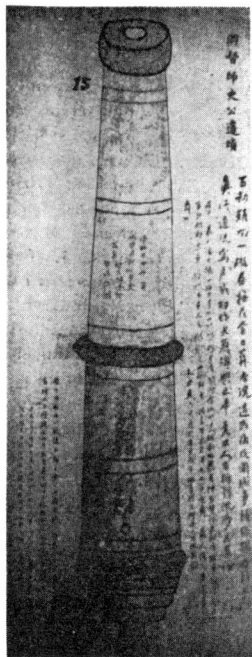

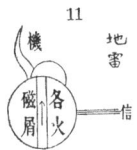

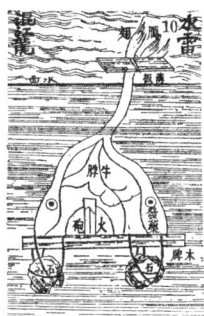

7-14.均明代或明代以前中国自制之各种火器(见宋应星氏著之《天工开物》一书。其中地雷、水雷、流星及万人敌,均猛烈爆炸器也)。

15.明末史督师可法造大炮。

第八十四图版

明代铁盔甲

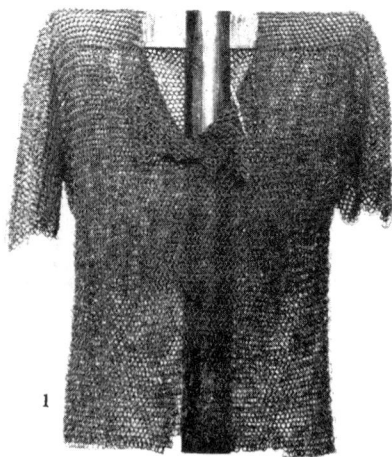

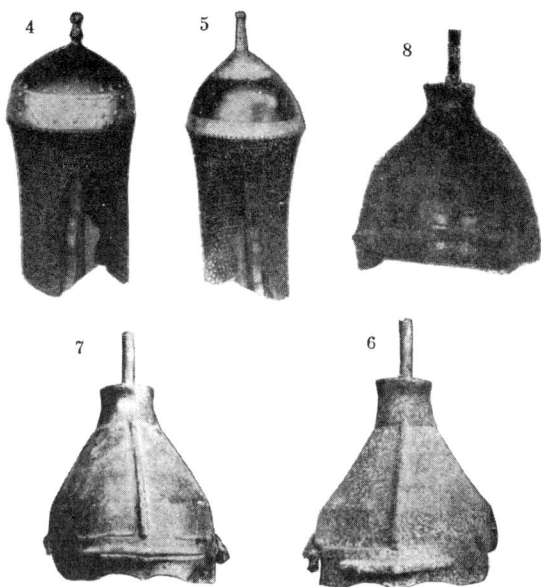

1.明代铁制连环锁子甲(四川成都华西协合大学藏器)。

2.明御林军用铁锁子甲。身长英尺二尺四寸,袖长一尺九寸,腰宽一尺十寸(清宫藏器,现由北平古物陈列所保管)。

3.明御林军用铁锁子甲。身长二尺五寸,袖长一尺六寸,腰宽一尺八寸(清宫藏器,北平古物陈列所保管)。

4.明御林军用铁锁子盔。圆径二尺二寸,盔高八寸,锁子长一尺(清宫藏器,北平古物陈列所保管)。

5.明御林军用铁锁子盔。圆径二尺,盔高八寸,锁子长九寸(清宫藏器,北平古物陈列所保管)。

6.明代铁盔。高十一寸五分,直径九寸(陕西长安省立第一图书馆藏器)。

7.明代铁盔。高十一寸二分,直径九寸(陕西长安省立第一图书馆藏器)。

8.明代铁盔。高二四五公厘。盔上雕刻双龙向日形,金银嵌饰(法国毕丹氏藏器)。

第八十五图版

清代铁兵——长枪、锒、钯及长刀、短刀

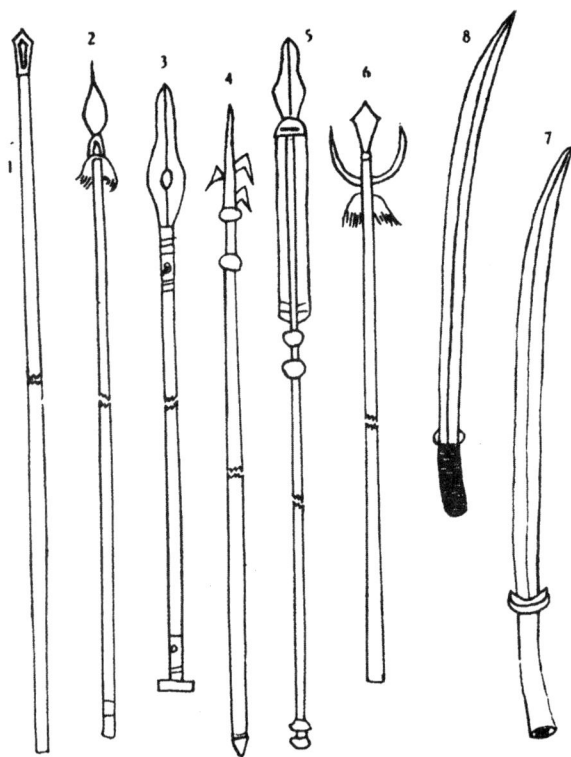

(见清吴宫桂氏或袁宫桂氏著《洴澼百金方》,乾隆年刊本。上图系从南京龙幡
里国学图书馆之藏本中摹出。)

第八十五图版说明

1.长枪。

2.线枪或透甲枪。锋用钢三寸,左右刃用钢一尺。长九尺,重三斤。

3.拐突枪。长二丈五尺,上四棱麦穗,铁刃连袴长二丈,后有拐。

4.钩枪。枪有双钩或三钩,杆上施环,骑兵用之,步兵则直用素木。

5.三眼枪。柄长八尺,粗半寸,利刃有两锋,中有一脊,长一尺,重四斤。

6.锐钯。此器可击可御,兼矛盾两用,马上最便。

7.长刀。刃长五尺,后用铜护刃,柄长一尺五寸,共长六尺五寸,重三斤八两。

8.腰刀。长三尺二寸,柄长三寸,重一斤十两。

第八十六图版

清代宝刀及各种长兵

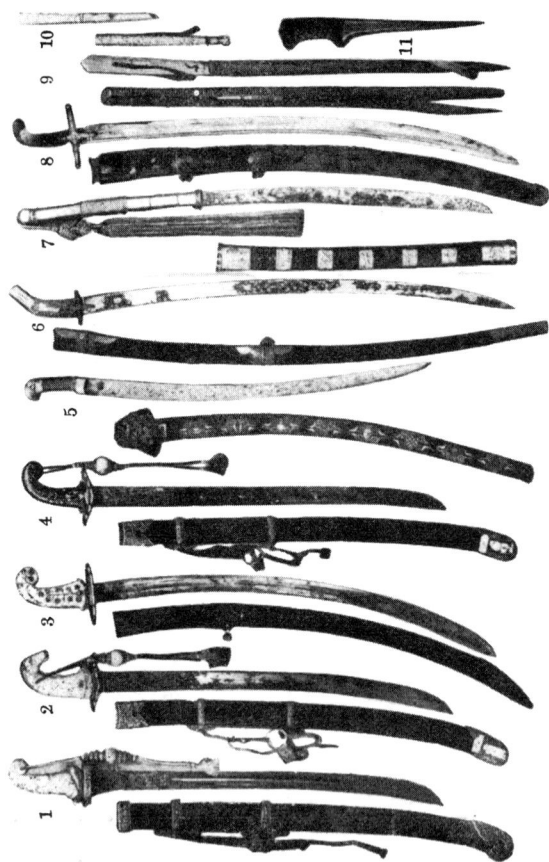

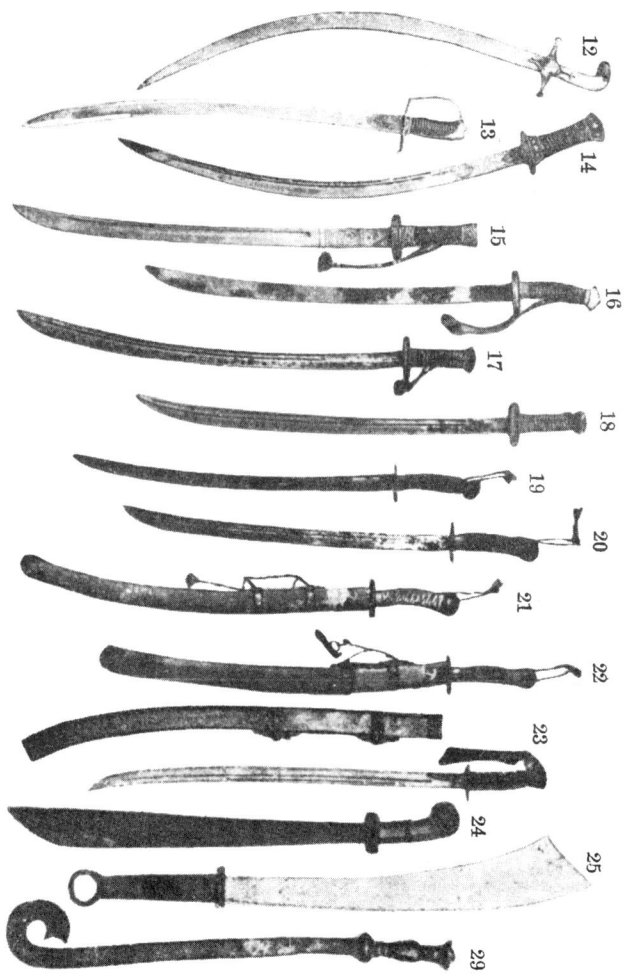

12

13

14

15

16

17

18

19

20

21

22

23

24

25

29

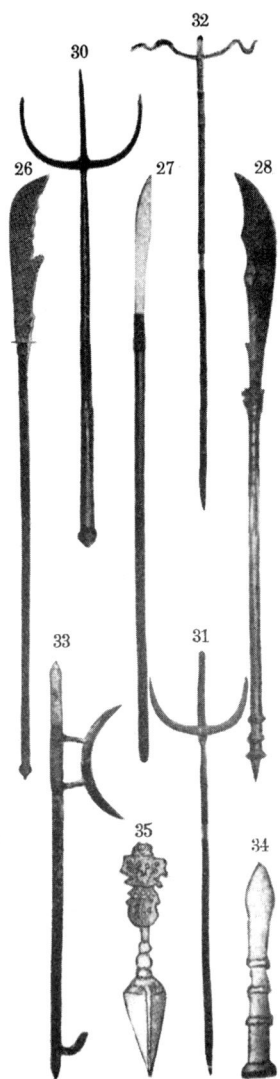

第八十六图版说明

1、2、4.系尼泊尔国廓尔喀王贡进乾隆帝之刀。1号刃长英尺（下同）二尺四寸五分，上嵌彩霞及云纹和乾隆年制地字十四号等字。嵌金花白玉柄长五寸五分，铜护手。金漆嵌铜鞘，长二尺七寸。2号刃长二尺五寸，刃上嵌云纹及铺练二件和乾隆年制人字十二号等字。白玉柄长六寸，铜护手。金漆嵌铜鞘长二尺七寸。4号刃长二尺五寸，上嵌云纹，并嵌有善胜及乾隆年制地字十七号等字。石嵌宝白玉柄，长六寸，铜护手。金漆嵌铜鞘，长二尺八寸。

3.为英王赠送乾隆帝之中国式刀，印度名刃雕刻佛像人像及莲花遍刃身，长二尺九寸。白玉柄满嵌宝石，长五寸五分，铁护手。黑皮嵌铁鞘，长二尺十一寸。记载中曾述及英国以斩钉截铁之宝刀贡乾隆帝，可能即此刀也。

5.为廓尔喀王贡刀。刃长二尺六寸五分。铁柄，长五寸。木鞘，长三尺，红缎绣花套。

6.为土尔扈特贡刀。刃长二尺八寸五分，鲨鱼皮包柄长五寸，木鞘包青绒长三尺。

7.为缅甸贡刀。刃长一尺十寸。镀金嵌宝石铜柄，长一尺二寸。木鞘包绒，长一尺十寸三分。

8.为厄鲁特台吉达什达瓦贡刀。刃长二尺九寸。铁柄，长四寸五分。皮鞘，长二尺十寸。

9.廓尔喀王贡刀。刃长一尺十寸，上嵌金花。骨柄，长九寸。皮鞘，长二尺三寸五分。

10.西域回回贡刀。刃长六寸五分。白玉柄，长五寸。木鞘包金叶，长十一寸。

11.廓尔喀王贡刀。刃长一尺。牛角柄，长五寸。

12.廓尔喀王贡刀。刃长二尺九寸。骨柄长四寸五分。铁护手。

13.廓尔喀王贡刀。刃长二尺五寸,有金梅花纹。牙柄长四寸五分,铜护手。

14.乾隆时制刀。刃长二尺八寸,刻有波折纹。木柄,长六寸五分。铜护手。

15.乾隆时制刀。刃长二尺五寸,上嵌有风标及乾隆年制天字五号等字,下有龙纹。铜柄长六寸。

16.乾隆时制刀。刃长二尺四寸五分,木柄长六寸五分,铜护手。

17.乾隆时制刀。刃长二尺二寸五分,木柄长五寸五分,铁护手。

18.乾隆时制刀。刃长二尺五寸,木柄长五寸五分,铁护手。

19、21、22.皆清代腰刀。钢刃有槽。柄曲,木鞘上裹染色鲨鱼皮,缠丝,铜盘护手。柄头鞘端均饰铜。

20.清代普通马刀或腰刀。刃长二十二寸,宽一寸四分。柄微曲,长六寸四分,铜盘护手。

23.清代普通式腰刀。平底皮鞘。

24.清代直形腰刀,或刑形刀。通长九〇公分。

25.清步兵用之大刀。长七二公分。　26.清代长杆大刀。

27.清代长杆大刀,可能为黑旗军之大刀。　28.清代青龙偃月大刀。

29.清代铁钩。　30.清代月牙镗。　31.清代士兵用月牙镗或叉。

32.清代士兵用之排叉。　33.清代月牙铁戟。下有钩。通长一点〇六五公尺。

34.清代铁枪头。铜箍,长二〇八公厘。

35.清代蒙古式手锥。铜首雕人头形。长二四七公厘。

第八十七图版

清代宝剑及弓箭

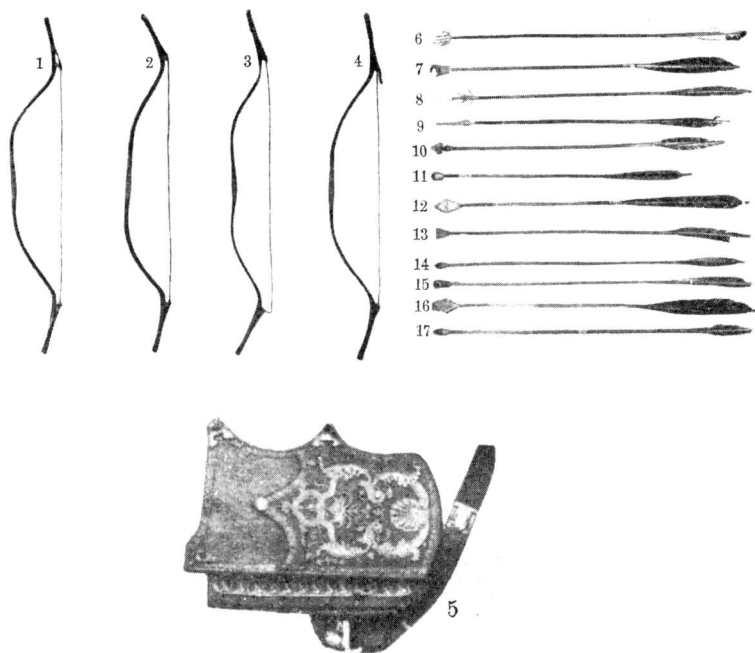

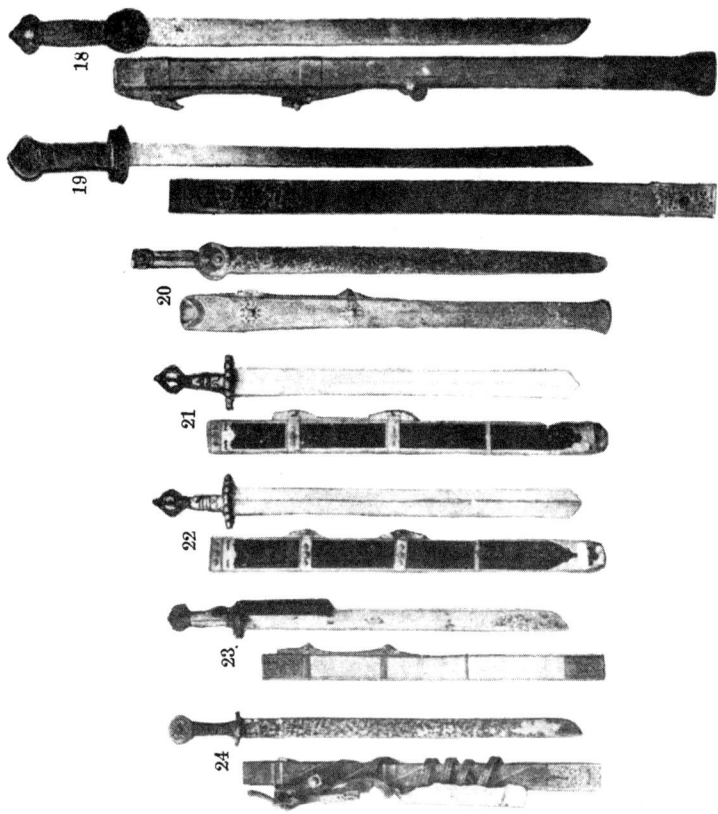

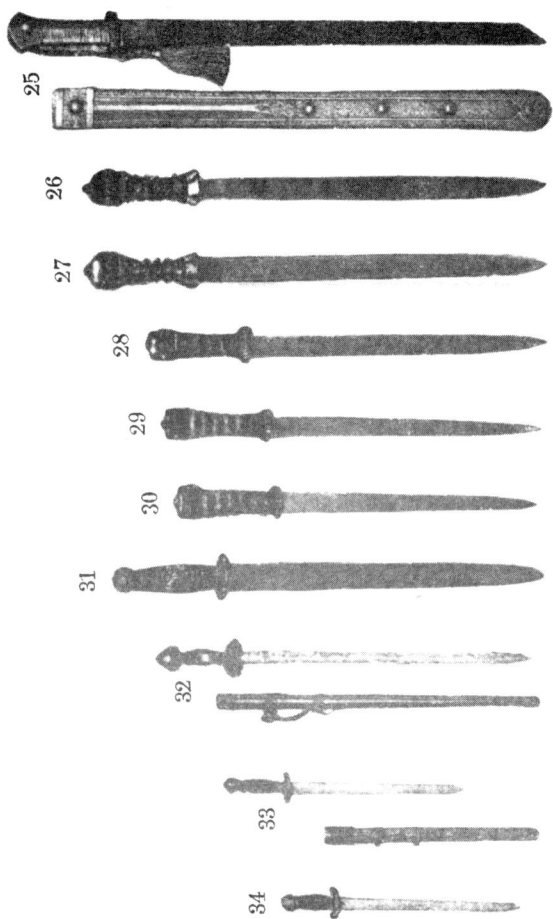

26

27

28

29

30

31

32

33

34

第八十七图版说明

1.桦皮弓,康熙时制,长英尺(下同)五尺四寸。

2.桦皮弓,雍正时制,长五尺五寸五分。

3.卍福锦地桦皮弓,乾隆时制,长五尺六寸。

4.桦皮弓,乾隆时制,长五尺四寸五分。

5.箭囊。

6.渔叉箭,长三尺三寸。

7.射虎包头,长三尺四寸。

8.兔儿叉箭,长三尺四寸。

9.枚针箭,长二尺八寸五分。

10.啸箭,长三尺三寸。

11.包头,长三尺一寸。

12.射虎披箭,长三尺四寸。

13.射虎披箭,长三尺四寸。

14.啸箭,长三尺一寸。

15.射虎包头,长三尺五寸五分。

16.射虎披箭,长三尺五寸。

17.啸箭,长三尺四寸。

18、19、25、31.四剑系尼泊尔廓尔喀王赠乾隆帝之器,刀形钢刃,系印度产,柄鞘作中国式。18 号刃长二尺零七分,柄长七寸,鞘长二尺五寸五分,柄鞘饰鲨鱼皮。19号刃长二尺一寸五分,柄长六寸,鞘长二尺三寸五分,柄鞘饰鲨鱼皮,铜护手。25 号刃长一尺七寸。铜鞘嵌宝石,长一尺九寸,西藏式,或系西藏赠品。31 号刃长一尺四寸,木柄长五寸五分。

20、23.二剑系瓦寺宣慰司贡物,柄形上方下圆。20 号刃长二尺四寸,柄长七寸五分,鞘长二尺八寸,外饰鲨鱼皮柄嵌宝石。23 号刃长二尺二寸,柄长五寸,鞘长二尺三寸,鲨鱼皮柄嵌宝石。

21、22.系呼图克图贡品,柄系印度产,柄首作僧冠形。21 号刃长二尺三寸五分,柄长六寸,鞘长二尺七寸五分。铜柄黄绒鞘。22 号与 21 号同长。

24.系土尔扈特贡品,回族刀形刃,剑铗。刃长二尺三寸,铁柄长五寸五分,绿皮鞘长二尺四寸。

26、27、28、29、30.五短剑嵌大粒宝石五行至六行,形式特殊,世界罕见,但刃不甚佳。26 号刃长一尺五寸五分,柄长五寸五分。27 号刃长一尺五寸五分,柄长五寸五分。28 号刃长一尺三寸,柄长五寸五分。29 号刃长一尺一寸五分,柄长五寸。30 号刃长一尺一寸,柄长五寸。

32.系德国十六世纪末年之产品,钢刃极佳,两面均深刻行猎图,作狮虎熊象狼鹿兔犬猴及野猪等兽形及猎者追逐形。银柄漆鞘均嵌大块碧玉,银护手雕镂甚精。此剑完全为中国式,抑或系明末清初中国之物。

33、34.系短体鸳鸯剑,亦完全为中国式。双剑同鞘,刃长四〇五公厘,柄长一六〇公厘。

第八十八图版

清代铜盔、铁甲、军装及刀剑

5

6

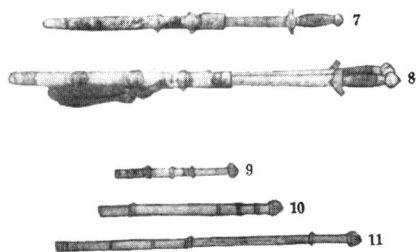

7

8

9

10

11

第八十八图版说明

1.清代武官之军装:a.铜盔,b.铜星护项,c.铜星战衣,d.铜星战裙上绣团龙,e.铜护心镜(成都华西协合大学藏器)。

2.清代军官或骑兵之军装(甘肃民众教育馆藏器)。

3.清代虎兵之军装。衣裤及包头均作虎皮形,藤牌甚大(甘肃民众教育馆藏器)。

4、5.均清代武官战服,厚布绣团龙云彩,内衬长方铁片,外饰多数凸面小铜星。衣身长英尺二尺三寸,两袖相距四尺八寸,腰宽二尺。裙长二尺七寸,每幅宽一尺九寸(陕西长安第一图书馆藏器)。

6.清代铜盔。通高新度二尺三寸,重新衡三十二两四钱。此系清代武官大礼服之铜盔,秋季阅兵时戴之(安徽图书馆藏器)。

7.清代宝剑。长五八公分,玳瑁鞘,铜护手,柄鞘装雕花铜饰,刃上刻有法国军官名字,著者于巴黎购得。

8.双剑(鸳鸯剑)。清初之器。刃长七二公分,木柄,鱼皮鞘饰黑漆铜(著者藏器)。

9、10、11.均清代云南出产之小刀。刃刻花,银鞘银柄均圆体,刃质尚佳。9 号刃长二五五公厘。10 号刃长三七五公厘。11 号刃长四二五公厘(著者藏器)。

第八十九图版
清代战服及藤盾

第八十九图版说明

1.清高宗乾隆帝之战服。一九二五年时尚存北平雍和宫,章嘉活佛服之摄此影片。a.铜盔。b.铜星护项。c.铜星护膊。d.铜星衷甲战衣。e.铜护心镜。f.铜星蒙甲战裙。g.战靴。h.西藏式直刀。i.以印度进贡克靼儿(Kutar)短刀装杆改制之长兵。

2.清代战盔。盔高二二五公厘,连护颈高四八〇公厘。盔系皮底包铜片,作龙凤蛇鸟等形。红绒护颈,饰铜星及玳瑁片(法国毕丹氏藏器)。

3.清代战袍。重九公斤又五分之一。丝底绣花袍,外面饰多量小凸铜星,肩上加饰铜条,里面满衬长方大块明蛤或玳瑁片,联以漆皮条片,以护胸背,质厚可御矢镞及鸟枪弹(法国毕丹氏藏器)。

4.清帝铁盔。

5.清帝铠甲。

6.清帝铁盔及战袍(均清宫藏器。向存北平故宫博物院)。

7.清合符。a 文曰:"外火器营合符。同治元年月日制。"b 文曰:"调前锋护军营官兵。"(北平故宫博物院藏器)

8.清代军用藤牌。荷叶凸帽形。直径三三英寸(北平历史博物馆藏器)。

第九十图版

边疆少数民族之武器

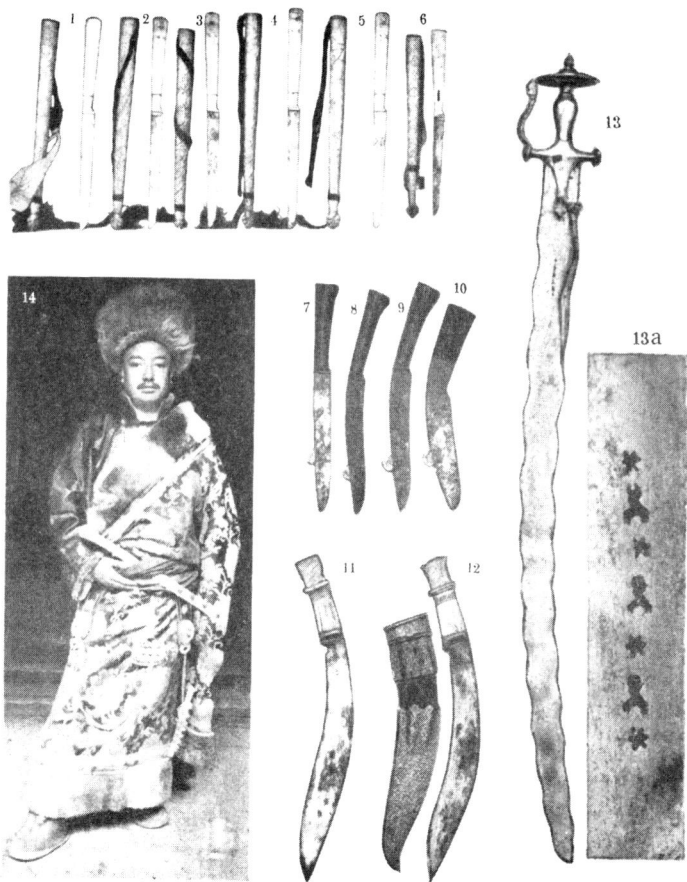

第九十图版说明

1-6.牙柄银鞘小腰刀,乾隆时西域贡品。1 号刃长英尺六寸二分,柄长五寸二分,鞘长十一寸五分。2 号刃长六寸三分,柄长五寸二分,鞘长十一寸五分。3 号刃长六寸三分,柄长五寸二分,鞘长十一寸五分。4 号刃长六寸三分,柄长五寸二分,鞘长十一寸五分。5 号刃长六寸三分,柄长五寸二分,鞘长十一寸五分。6 号刃长五寸五分,柄长四寸,鞘长九寸五分。

7-10.木柄小刀,乾隆时土司贡品。均刃长四寸,柄长二寸五分。

11、12.牙柄腰刀,乾隆时云南土司贡器。11 号刃长一尺五分,柄长四寸五分。12 号刃长一尺一寸,柄长四寸五分,鞘长一尺一寸五分。

13.棱磨宣慰司思丹怎进贡铜柄波形刃长剑,亦名火焰刃。刃长二尺十寸,柄长五寸五分。

13a.为 13 号剑刃上文字放大之图形。

14.阿坝土司之装束。

15.携械山行之喇嘛。

16、17、18、20.廓落克"番子"。

19.向拉萨朝圣之喇嘛。

21.草地骑行之边民。

22.射猎之"羌民"。

23.酣卧大雪中之"番子"。

24.铁棒喇嘛。

25."戎民"之古武士歌装。

第九十一图版

边疆少数民族之武器

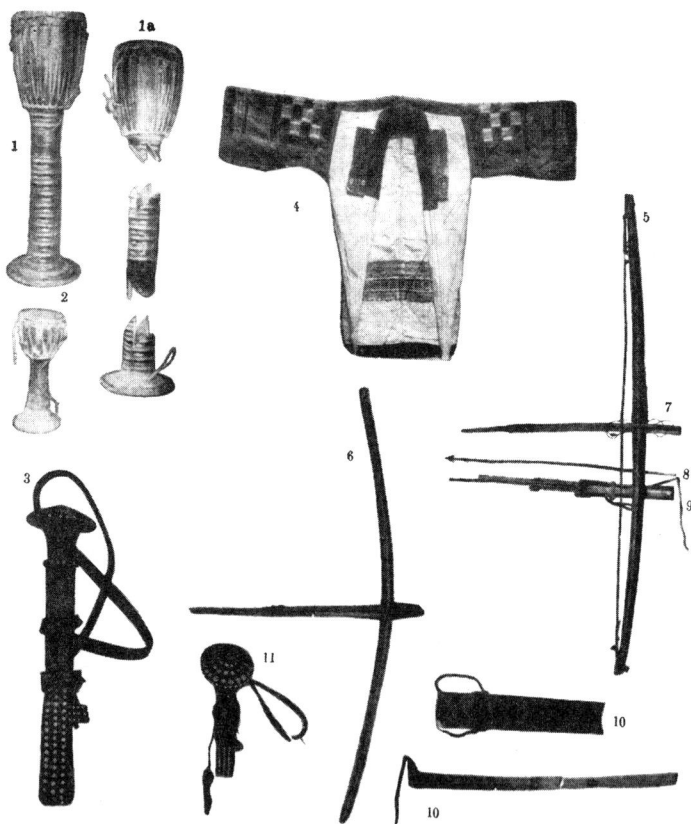

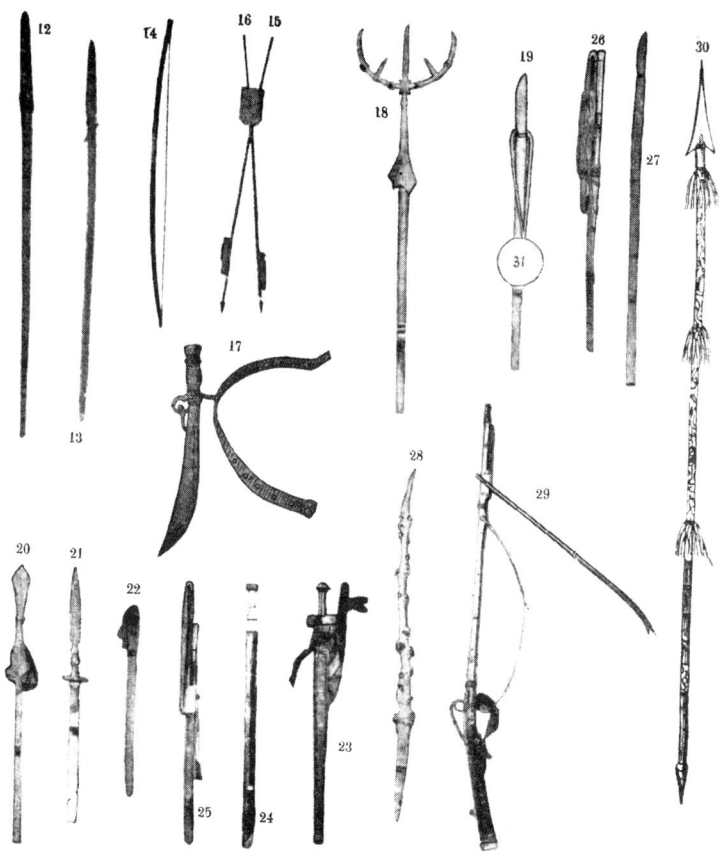

第九十一图版说明

1、1a.云南摆彝(今称为傣族)之九皮鼓,亦名大象脚鼓,高英尺三尺一寸,面径九寸半,鼓身漆黑黄色。1a为此鼓之装置情形,系用三段空木或竹切槽凑合而成,鼓皮不用钉,而用长绳网扣之,以便伸缩。

2.云南摆彝之九皮鼓,亦名小象脚鼓。高一尺四寸又四分之三,面直径六寸又八分之一。

3.四川之大小凉山等地倮倮族(今称为彝族)之皮箭袋,亦可盛标枪,且可发声为鼓,与11号相同。此类器之形式及花纹犹如台湾高山族之武器,均与埃及苏丹族之武器大相类似(成都华西协合大学藏器)。

4.广西大藤瑶山瑶族之军衣(湖南武冈农民教育馆藏器)。

5、6、7、8、9.贵州苗族之弩,弓箭及箭筒(成都华西协合大学藏器)。

10.广西大瑶山瑶族之刀及竹制刀鞘。

11、12、13.西康、四川、西藏等地羌族之鼓及标枪。鼓亦可作枪矢之囊。

14、15、16.西康、四川、西藏等地羌族之弓矢。

17.四川南部少数民族之刀。

18、19、20、21、22、27、28.均松花江一带赫哲族之兵器(中央研究院历史语言研究所藏器)。18号为月牙镋,全长五尺八寸,刃长一尺十一寸,两外刃距离一尺一寸又四分之一,铁质。19号为长柄短刃刀,柄包蛇皮,全长三尺五寸,刃长九寸又四分之三。20号为小标枪,全长三尺三寸,刃长一尺四寸半,上有二铜戒,三铁片。21为铁矛头。22为铜柄小剑,全长一尺七寸又四分之一,柄长四寸又四分之三。27为长柄短刃刀,柄包蛇皮,全长四尺六寸又四分之一,刃长六寸半。28为祖师棍,木质,尖蹲,全长四尺六寸又二分之一。

23.云南摆彝之佩剑,全长二尺十寸又八分之七,柄长五寸五分,此剑为一面鞘。

24.云南摆彝之腰刀,全长二尺又二分之一,柄长五寸,木柄包银皮钻花,上有牛角圆头上面铜皮,鞘包黑皮下镶铜。

25.云南摆彝之山头刀,连柄长二尺五寸,鞘长二尺五寸又二分之一。

26.云南摆彝之崩竜户撒刀,全长三尺三寸又八分之一,鞘长二尺七寸又八分之一。此类鞘仅一面有鞘,皮制,另外一面仅横加绳线数道,外人抽插颇难。

29.藏族用之火绳叉子枪,平地马背均可叉起射击,甚易瞄准。

30.四川南部少数民族之梭镖,全长一丈五尺。

31.铜护心镜,直径一尺又四分之一。

第九十二图版

边疆少数民族之武器

第九十二图版说明

1.西藏武士之全套军装（贡觉仲尼先生自拉萨摄赠）。a.铁盔。b.连环锁子铁甲衣及 e 裤。c.铁护心镜。d.铁片护腰甲。f.饰铜箭袋。g.刀。h.箭。i.长枪。j.火绳叉子枪。地面马上，均可叉架瞄准射放。k、l.西藏式之圆首双锋刀（藏人亦呼刀）。m 弓。

2.四川大凉山小凉山彝族之皮盔胄（成都华西协合大学藏器）。

3.四川大凉山小凉山一带彝族之皮胸甲，常用生牛皮制造（成都华西协合大学藏器）。

4.四川西北松理茂汶一带地方之羌族皮甲（成都华西协合大学藏器）。